지식탐구를 위한 과학 ②

현대생물학의 기초

나남
nanam

한국연구재단 학술명저번역총서
서양편 372

지식탐구를 위한 과학 ②
현대생물학의 기초

2015년 10월 15일 발행
2015년 10월 15일 1쇄

지은이_ 존 무어
옮긴이_ 전성수
발행자_ 趙相浩
발행처_ (주) 나남
주소_ 413-120 경기도 파주시 회동길 193
전화_ (031) 955-4601 (代)
FAX_ (031) 955-4555
등록_ 제 1-71호(1979. 5. 12)
홈페이지_ http://www.nanam.net
전자우편_ post@nanam.net
인쇄인_ 유성근(삼화인쇄주식회사)

ISBN 978-89-300-8782-7
ISBN 978-89-300-8215-0 (세트)

책값은 뒤표지에 있습니다.

'한국연구재단 학술명저번역총서'는 우리 시대 기초학문의 부흥을 위해
한국연구재단과 (주)나남이 공동으로 펼치는 서양명저 번역 간행사업입니다.

지식탐구를 위한 과학 ②
현대생물학의 기초

존 무어 지음 | 전성수 옮김

나남
nanam

Science as a Way of Knowing
The Foundations of Modern Biology

지식탐구를 위한 과학 ②
현대생물학의 기초

차 례

제 3 부 고전 유전학

제 4 부 발생의 수수께끼

고전 유전학

제11장

범생설

생명체의 근본적 특징은 무생물계의 물질과 에너지를 전환하여 거의 자신과 동일한 생명체를 생산하는 능력이다. 유전학(*genetics*)은 이런 복제 현상을 이해하고자 하는 탐구 분야이기에 모든 생물학에 대한 기초로 여겨져야 한다. 복제 그리고 다른 모든 생명 현상은 유전 물질인 핵산의 구조와 기능이 반영된 것이다. 형태학(*morphology*)과 생리학(*physiology*)은 세포로부터 전체 개체에 이르기까지 모든 단계에서 유전 물질의 활성이 작용한 구조적이자 기능적인 결과이다. 발생생물학(*developmental biology*)은 복제된 개체의 생장과 분화를 다룬다. 생태학(*ecology*)은 환경과 유전적으로 프로그램된 개체나 개체군의 상호작용을 다룬다. 진화생물학(*evolutionary biology*)은 복제의 장기적인 면을 조사하는 분야이다. 계통생물학(*systematic biology*, 분류: *classification* 또는 분류학: *taxonomy*)은 장기간에 걸쳐 환경에 의해 조절을 받는 복제의 결과인 생명체의 다양성을 연구하는 분야이다.

따라서 유전적인 복제보다 더 근본적인 생명 현상이 존재하지 않기 때문에 생물학에서 유전학보다 더 근본적인 과정은 있을 수 없다. 무엇보다도 가정 먼저 유전학은 — 이 분야 학문의 장기적인 표출이랄 수 있는 진화생물학을 포함하여 — 모든 생물학적 개념과 데이터의 통합체이다. 지극히 옳은 말이긴 한데 어떻게 연구를 시작해야 할까?

질문이 무엇인가?

놀랍게 보이겠지만 자연계를 이해하는 데 가장 커다란 장벽은 어떤 질문을 던져야 할지를 모른다는 점이다. 예를 들어, 산을 대상으로 살펴보면 이 점을 제대로 파악할 수 있다. 지질학을 잘 모르는 사람은 산에 대해서 어떤 과학적 질문을 제시하기 힘들 것이다. 전문 지질학자는 산의 나이, 조성, 그리고 형성 방법 등에 대해 많은 정보를 제공할 수 있지만 산을 관찰하는 것만으로는 답은 거의 얻을 수 없다. 대신에 침적, 방사성 붕괴, 침식, 화산활동, 화학, 광석학, 그리고 지각판구조학 등의 분야에서 많은 관찰과 실험을 통합하여야 이해할 수가 있게 된다.

　이는 무엇이 유전에 관여하는지를 이해하기 위해 과학자들이 겪었던 어려움을 살펴보면 아주 잘 드러난다. 현재 가장 왕성한 연구 분야이자 개념적으로도 가장 완벽한 생물학 분야인 유전학은 겨우 우리 생애에 불과한 시기에 이런 단계에 도달했다. 수천 년간 인류는 쓸모 있는 질문을 제대로 하지 못했기 때문에 유전에 대해 쓸모 있는 답을 얻지 못했다. 과학에서 쓸모 있는 질문이란 관찰과 실험으로 개정되어 답을 얻을 수 있는 것을 말한다. 따라서 인류 역사의 대부분 기간 동안 유전은 정확한 규칙이나 예측 가능한 가치를 지니지 않은 애매모호한 법칙이었다. 예를 들면, 19세기 중반에 아주 쉽게 얻을 수 있는 종류의 데이터를 고려해보자. 사람의 부부 사이에서 나온 아이들은 대체적으로 서로 많이 다르다. 어떤 아이는 여성이고 어떤 아이는 남성으로서 매우 커다란 차이를 보인다. 도대체 무엇이 근원적 이유란 말인가? 더욱이 아이가 일란성 쌍둥이가 아닌 한 형제자매도 외모나 개성이 현저히 다를 수도 있다. 한 아이는 부모와 별로 닮지 않을 수도 있고 다른 아이는 가족을 아주 많이 닮기도 한다. 어떻게 동일한 부모에 의한 생식이라는 같은 원인이 그렇게 가지각색의 결과를 낳는가?

그러나 이러한 현상에도 일부 규칙성이 인식되었다. 아메리카 원주민, 아프리카 아메리카인, 아시아인, 그리고 백인의 아이들은 각기 자신들의 종족이 가진 일반적 특성을 보이는 것으로 관찰되었다. 그러나 자식의 특징을 부모의 특징과 연관시키는 어떤 정확한 규칙을 찾을 수는 없었다. 이러한 모호한 답들은 모두 "유전의 본성은 무엇인가?"라는 모호한 질문에서 나올 수 있는 것들이다. 20세기에 들어서기 전까지는 유전이 유사성과 차별성, 심지어는 새로운 것의 전달로 구성된 것처럼 보이는 관찰을 설명할 수 있는 그럴싸한 방식이 없었다.

과학의 가치는 그 자체가 제공하는 정보뿐만 아니라 그 정보를 얻는 방식에도 있다. 때문에 유전의 본성을 이해하려던 과거의 시도를 살펴보는 것도 가치 있는 일이다. 생물학의 많은 다른 토픽처럼 이것도 그리스의 철학자로부터 시작하는 것이 편리하다. 아주 종종 그들은 문제를 정의하곤 현 시대에도 유효한 주요 가설을 제안했다. 우리는 히포크라테스와 아리스토텔레스 두 사람만 여기서 살펴볼 것이다.

히포크라테스와 아리스토텔레스

의학에 관한 그의 견해는 이미 살펴보았지만 히포크라테스는 유전에 대해 꽤 재미있는 언급을 했다. 유전에 대해 그럴 듯한 메커니즘을 생각해 보았던 모든 이는 다음의 기본 질문을 해결해야 했다. "유전" (inheritance)은 부모로부터 자식에게 "어떤 무엇"(something)이 전달된다는 의미인데 무엇이 이 "어떤 무엇"(something)이 될 수 있을까?

기원전 약 410년경에 쓴 글에서 히포크라테스는 유전에 대한 설명적 가설로서 범생설(pangenesis)을 제안했다. 범생설은 유전이 몸의 모든 부위에 의해 나온 특정입자(씨앗; seeds)의 생산과 수태 시에 이러한 입자가 후손에게 전달되는 데 바탕을 둔다고 가정한다. 오랜 시기 후에 다윈도 유사한 설명적 가설을 채택하여 범생설은 19세기 말까지 유전에 대한 유일한 일반이론으로서 남아 있게 되었다.

히포크라테스가 이렇게 믿도록 이끈 한 가지 관찰은 아주 길쭉한 머리를 가진 다소간 신비스런 종족인 마크로세팔리(Macrocephali)인과 관계가 있다. 기다란 머리는 고귀함을 상징한다고 생각되어 마크로세팔리 종족의 부모는 갓 태어난 자식의 부드러운 두개골을 틀에 넣어 원하는 모양으로 만들려고 했다.

> 따라서 그 특징은 처음에는 인위적인 수단으로 얻게 되었지만 시간이 지나자 유전되는 특성으로 변해 그러한 행위가 더 이상 필요하지 않았다. 씨앗은 몸의 모든 부위에서 나오는데 건강한 부위에서 건강한 것이, 병든 부위에서 병든 것이 나온다. 그러므로 보통 대머리인 부모에서 대머리인 아이가, 회색 눈을 가진 부모에서 회색 눈을 가진 아이가 나오고 사팔눈을 가진 부모에서 사팔눈을 가진 아이가 나온다면 기다란 머리를 가진 부모가 왜 기다란 머리를 가진 아이를 갖지 않겠는가? (히포크라테스,

히포크라테스는 또한 획득형질의 유전 개념도 제안하고 있었다. 이 견해는 18세기에 장 바티스트 라마르크가 진화적 변화의 메커니즘으로 채택한 것인데 20세기가 한참 지나서도 많은 이들이 수용한 이론이다.

유전에 대한 히포크라테스의 가설이 기념비적 출발이 아닌 것처럼 보이겠지만 실제로는 그렇지 않다. 그는 (아마도 가장 어려운 단계라고 할 수 있는) 과학적 문제를 찾아내었고 설명적 가설을 제안했으며 우리가 이해할 수 있는 방식으로 기술했다. 그런 과학적 분석이 2천5백 년 전에 일어났다는 것은 아주 예외적이다. 비록 대부분의 비과학적 사고방식은 (유대교와 기독교의 성경을 통해) 고대 유대인으로부터 유래되었지만 과학적 현상에 대해 우리가 생각하는 방식의 기원은 그리스인으로부터 나온 것이다.

아리스토텔레스(기원전 384~322년)는 히포크라테스보다 한 세기 후에나 활동했다. 그의 저서 《동물의 발생》(*Generatione Animalium*)은 유전학과 발생학의 문제를 모두 다루고 있다. 외견상 아주 별개의 두 분야를 이렇게 연결 지은 것은 확연히 현대적인 느낌을 준다.

아리스토텔레스는 "정액"(*semen*; 그는 이 용어를 양쪽 성 모두의 생식적 요소에 대해 사용했다. 오늘날 우리는 난자와 정자를 모두 '배우체'(*gamete*)라고 칭한다) 속에 유전의 물리적 바탕이 있어야만 한다고 가정했다. 오늘날 우리에게는 너무나 명백한 이 점이 미래의 모든 연구에 기초가 되었다. 더 이상 유전이 어떤 모호한 정신이나 감정이 아니라 부모에 의해 전해지는 물질(*substance*)에 의해서 야기된다고 생각되어졌다.

그러자 정액(배우체를 칭함—역자)의 본성을 이해해야 하는 문제가 생겼다. 아리스토텔레스는 주도가설인 범생설을 논하면서 이를 지지하는 4가지 관찰과 주장을 열거했다. 첫째로, (사람에게서) 성교가 몸 전체에 즐거움을 주는 것에 주목하면서 몸 전체가 정액에 기여하는 것이 틀림없다고 주장했다. 둘째로, 돌연변이의 유전을 암시하는 관찰을 했다. 그런 경우의 한 예가 팔에 낙인이 찍힌 한 남자가 살던 칼케돈[Chalcedon; 현재 터키의 보스포루스(Bosporus). 소아시아 북서부에 있던 옛 도시—역자]에서 나왔다. 나중에 태어난 그의 아이는 팔에 결함이 있었다. 셋째로, 자식이 전체적으로는 물론 종종 현저히 특정적인 방식으로 부모를 닮은 것이 흔히 관찰되고 있다. 따라서 특정 형질이 정액의 일부가 되는 특정 물질을 생산한다고 가정할 수 있다. 그리고 넷째로, 전체를 만드는 정액이 생산될 수 있다면 몸의 특정 부위가 정액을 만드는 데 기여한다고 보지 않을 이유가 없다.

그런데도 아리스토텔레스는 자신에게 더 설득력 있어 보이는 관찰에 근거해 범생설을 거부했다. 아이가 부모의 모습뿐만 아니라 목소리나 걸음걸이 등 다른 특징도 닮는 것을 주목하면서 그는 구조적인 것이 아닌 특징이 어떻게 정액을 만드는 물질을 생산할 수 있는지에 대해 의구심을 가졌다. 그런데다 수염과 회색 머리카락을 가진 아버지의 아기들이 태어날 때는 부모처럼 털이 텁수룩하지 않다. 또한 아이들이 부모의 정액에 거의 기여할 수가 없었던 더 먼 조상의 특성을 물려받은 것처럼 보이는 경우도 관찰되었다. 따라서 (그리스 펠로폰네소스의 북서부에 있는) 엘리스(Elis)의 한 여인이 무어인(Blackamoor; 당시에 아주 검은 피부를 가진 사람 누구에게나 적용되는 용어)과 성관계를 맺어 낳은 그녀의 딸은 백인이었지만 그녀의 손녀는 흑인이었다.

범생설에 상반되는 다른 증거로 일부 부위를 쉽게 제거할 수 있는 식물의 경우에 훼손된 식물도 전체가 완전하게 완벽한 후손을 생산한다는 점을 들 수 있다. 그리고 만일 사람처럼 부모 두 사람이 몸의 모든 부분들에 대한 아구(gemmule)가 담긴 정액을 생산한다면 머리가 둘이며 팔이 4개나 되는 식의 자손을 기대해야 하지 않겠는가라는 근사한 주장도 있었다.

이러한 주장과 더불어 다른 많은 주장과 관찰은 아리스토텔레스가 범생설을 거부하고 "정액 자체가 바로 피와 살이라고 주장하기보다는 정액으로부터 피와 살이 형성될 수 있다는 것을 왜 흔쾌히 받아들일 수 없단 말인가?"라고 묻게 만들었다(아리스토텔레스, 《동물의 발생》, p. 65). 여기서 중요한 구분이 생겼는데, 즉 특징(feature) 그 자체가 유전되는 대신에 후손에서 특징으로 발생(development)되는 어떤 무엇이 전달된다는 점이다. 오늘날 우리는 '유전 정보가 유전된다'라고 표현한다. 이런 잠정적 가설은 이후 2천 년 동안 개념적 한계가 되었다.

과학적 질문에 대한 흥미는 교회가 인간정신에 대한 지배권을 행사하던 기나긴 세기 동안 서구 세계에서 거의 사라졌다. 유전에 대한 이해를 증진하기 위해 체계적인 방식의 관찰과 실험이 시도된 것은 르네상스가 한참 지난 후였다. 심지어 그때에도 앞서와 마찬가지로 생산적인, 즉 당시의 유력한 정보와 방법으로 답을 구할 수 있는 질문을 찾는 게 불가능했기 때문에 진보가 지극히 더디었다.

18세기와 19세기에 유전에 대한 정보를 찾는 표준적 방식은 이형개체 간에 교배를 하는 것이었다. 서로 다른 동일한 종의 다른 개체들을 교배하여 자손을 연구하였다. 그 결과, 자손은 대략적으로 중간형이었으며 간헐적으로 한쪽 부모와 더 닮기도 했다. 그러나 유전을 더 깊이 이해하기 위해 이렇게 수세기 동안 관찰해온 결과를 사용할 확실한 방법이 없어 보였다. 사실상 19세기가 10년 남을 때까지도 거의

진보가 없어서 아리스토텔레스로부터 다윈에 이르기까지 이론적 중요
성을 지닌 것이 거의 등장하지 않았다는 결론을 내릴 수 있다.

다윈의 답

다윈은 유전을 설명하려고 시도했던 멘델 이전의 과학자로서 특히 교
훈적인 예가 된다. 그리고 그의 실패담에서 그보다 앞서 진보가 거의
이뤄지지 않은 일부 이유를 볼 수가 있다. 알고 보면 다윈은 자신의
《종의 기원》에 의해서뿐만 아니라 산호초, 지렁이의 습관, 현존과
화석 조개삿갓(이매패)의 분류학, 동물행동, 식물학, 난의 수정처럼
다양한 생물학적 주제를 폭넓은 범위로 다룬 기초연구에서도 엄청난
능력을 가진 사람으로 인정받았다. 유전을 이해하려는 그의 노고는 두
권으로 된 1868년 저서 《사육동물과 재배식물의 변이》(*The Variations of
Animals and Plants under Domestication*)에 기술되어 있다.

유전이라는 주제가 당혹스러워 무지에 의존했던 다른 이들과 마찬
가지로 다윈의 문제는 "어떻게 제대로 탐구를 시작할 수 있을까?"라는
물음이었다. 그에게 이 탐구는 지극히 중요했다. 자연선택에 의한 종
의 기원에 대한 그의 중대한 가설은 세대와 세대를 거쳐 선택이 작용
할 수 있도록 지속되는 새로운 변이의 끊임없는 공급에 전적으로 달
려 있었다. 그는 "유전되지 않는 변이는 종의 파생을 이끌지 못할 뿐
만 아니라 사람에게도 이득이 되지 못한다"(《사육동물과 재배식물의
변이 2권》, p. 1)라고 썼다. 따라서 유전되는 변이가 없으면 개체군이
동일하게 남게 되어 진화가 있을 수가 없다.

19세기 중반에는 누구나 미미한 차이의 유전이 아주 중요하다거나

엄격한 규칙을 따른다고 믿지는 않았다. 개체가 서로 다른 주 이유는 유전이 아니라 환경이라는 견해가 지지를 받았다. 메마른 땅에서 자란 곡식은 비옥한 땅에서 자란 것과 달랐다. 잘 먹인 동물은 식량이 부족한 동물과 달랐다. 부모의 특징이 자손에게 완전히 그대로 전해지지 않았고 자손은 그들의 조상에게서는 드러나지 않은 새로운 특징을 갖기도 한다. 다윈은 이러한 견해를 반영하여 "그 본성이 무엇이던 새로운 형질이 나타날 때는 일반적으로 적어도 일시적으로 때로는 아주 오래 유지되는 방식으로 유전되는 경향이 있다"(《사육동물과 재배식물의 변이 2권》, p. 2)라고 했다.

다윈은 다른 종류의 개체들을 실험적으로 교배함으로써 유전에 대한 데이터를 얻고자 했다. 그는 다양한 변종 비둘기의 유전을 연구했고 교신과 문헌조사를 통해 다른 연구자들의 결과를 폭넓게 알게 되었다. 그는 유전이 널리 적용되며 어느 정도는 정확하면서도 중요한 현상임이 틀림없다고 확신했다.

중요한 관찰이나 시험에 대한 자신의 뛰어난 안목으로 말미암아 너무나 이상하여 우연이나 환경적 영향 모두가 적절한 설명으로 보이지 않는 아주 눈에 띄는 유전의 예들을 그는 특히 중시하게 되었다. 두드러진 예의 하나가 "돼지인간"(Porcupine Man)이었다. 1733년에 마친(Machin)은 왕립학회에 당시에 10대였던 에드워드 램버트(Edward Lambert)라는 사람의 이상한 피부 상태를 보고하였다. 에드워드는 서퍽(Suffolk)에 살던 노동자의 아들이었다.

그의 피부는 (그렇게 부를 수가 있다면) 정확하게 그의 몸 모든 부위와 딱 들어맞는 우툴두툴한 나무껍질이나 짐승의 가죽으로 만들어진 거무스름한 색깔의 두꺼운 덮개처럼 보이는데 일부 부위에는 강모가 나 있었

다. 강모가 있는 경우 얼굴이나 손바닥 그리고 발바닥을 제외하곤 전체
(부위)를 강모가 덮고 있어 강모가 없는 부위는 벌거벗고 있고 나머지
부위가 옷을 입은 것 같은 모습을 보였다. 피부가 굳고 무감각하여 베이
거나 난자질을 당해도 피를 흘리지 않았다. 1년에 한 번씩 가을 무렵에
보통 피부 두께가 약 2㎝ 정도로 자라서 그 아래에서 돋아나는 새로운 피
부가 밀쳐내어 허물을 벗는다고 알려져 있다.

어린 에드워드는 다른 모든 면에서 매우 건강하고 정상적으로 보였
다. 그의 아버지는 에드워드가 태어날 때는 정상적인 피부를 가졌지
만 생후 약 두 달 무렵부터 피부가 변하기 시작했다고 보고했다. 그
아이는 아픈 적도 없었기에 어떤 명백한 원인이 없었다. 아이를 가졌
을 때 어머니가 경기를 한 적도 없었다. 형제자매 중 누구도 그런 상
태를 보이지 않았다.

1756년에 베이커는 추가적인 정보를 제공했다. 그 시기에 이르러
에드워드 램버트는 이미 결혼을 했었다. 그는 결함을 보였지만 생존
중인 아들 한 명과 결함으로 이미 죽은 아들 5명을 가졌었다. 베이커
는 손으로 피해자의 피부를 쓸면 바스락거리는 소리가 난다고 보고했
다. 생존한 아들은 결혼하였고 나중에 그의 아이들 중 2명이 동일한
결함을 보였다. 다윈에 따르면 네 세대에 걸쳐 결함을 보인 것이 관찰
되었는데 항상 남성에게만 한정되어 있었다. 이 증후에 대한 현대적
의학용어는 중증성 호저피상 어린선(ichthyosis hystrix gravior)이다.

흔히 볼 수 없는 이 사건들을 어떻게 설명할 수 있을까? 이것이 단
순히 우연의 문제인가 (그것이 어떤 의미인지는 몰라도) 아니면 어떤 알
려지지 않은 환경적 영향의 결과인가? 사육동물과 재배식물의 변이에
서 다윈은 환경적 영향이 관여할 가능성(possibility)을 막연히 부인한

정도가 아니라 실제로 그럴 확률(*probability*)이 없다고 배제하였으며 이런 경우나 이와 유사한 예를 "어떤 무엇"(*something*)이 부모로부터 자식에게 전해지는 증거로 여겼다.

동일한 나라에서 동일한 삶의 일반적 조건에 노출된 수백만의 사람 중에서 단 한 명의 개인에게 이상한 어떤 특이한 일이 나타났다는 사실을 반영하면 그리고 또한 바로 그 이상한 어떤 특이한 일이 때때로 아주 다른 조건의 삶을 사는 개개인들에게도 나타났다는 사실을 반영하면 이러한 특이성이 직접적으로 주변조건의 작용에 의한 것이 아니라 개체의 조직이나 기구에 작용하는 미상의 법칙 탓이라는 결론을 내리게 된다. 즉, 이러한 특이성은 주변 조건과 더 밀접한 관계는 아니다. 만일 이것이 사실이라면 부모와 아이 모두에게 출현한 동일하고 이상한 특성은 이상한 조건에 노출된 탓으로 볼 수 없다. 이를 전제로 한 다음의 문제는 그 결과가 단순한 우연의 일치가 아니라 공통적인 어떠한 구성요소를 물려받은 가족구성원에게는 꼭 일어나는 일로 고려할 가치가 있다. 커다란 개체군에서 어떤 특정 성향이 백만에 하나 꼴로 나타나고 개인이 임의적으로 그런 영향을 받을 선험적 확률이 겨우 1백만분의 1이라고 가정하자. 6인 가족 기준으로 천만 가족으로 구성된 6천만의 개체군을 가정하자. 이러한 데이터로 스톡스(Stokes) 교수는 나에게 천만 가족 중 부모의 한쪽과 두 아이가 특이성의 영향을 받지 않는 가족이 전혀 없을 확률이 83억 8천 3백만 분의 1이라고 계산해주었다. 그러나 한 부모의 그 드문 특이성의 영향을 여러 아이가 받는 경우는 많이 있을 수 있으며 이 경우에 특히 손주를 계산에 포함한다면 우연의 일치에 의한 확률은 매우 낮아 거의 계산이 불가능하다(《사육동물과 재배식물의 변이 2권》, pp. 4~5).

심지어 오늘날에도 "어떤 무엇"(*something*)이 에드워드 램버트로부터 그의 아들들에게 전해졌다는 주장을 이보다 더 잘하기는 어려울 것이다. 피부상태가 환경적 자극의 결과일 가능성은 아주 낮다. 호저피상 피부상태와 유사한 변이의 유전에 대한 물리적 바탕이 있다면 전달을 지배하는 법칙을 찾는 게 가능할 것이다.

데이터의 수집

다윈은 자신의 시대에 받아들여질 만한 과정으로 이러한 법칙을 발견하려고 착수했지만 곧 보게 되듯이 성공하지 못했다. 이후에 전혀 다른 접근법을 사용하여 다른 이들이 마침내 유전학의 블랙박스를 밝혀낼 수 있었다. 그는 자신의 자서전에서 어떻게 위대한 연구를 시작하게 되었는지 이야기하고 있다.

> 영국으로 돌아온 후(1836년 비글호의 항해가 끝나자) 지질학에서 라이엘의 예를 따르면 사육종이나 자연종 동식물의 변이와 관련된 모든 사실을 수집함으로써 아마 전체 주제에 대한 단서를 찾을 수 있을 것처럼 보였다. 1837년 7월에 첫 번째 노트북을 펼쳤다. 나는 베이컨 방식의 귀납법 원리에 바탕을 두고 연구했는데 이론을 세우지 않은 채 대규모로 특히 사육종의 생산과 관련된 사실을 교신, 숙련된 교배 기술자나 정원사와의 인터뷰, 문헌연구를 통하여 수집하였다(바로우, 1958년, 《다윈의 자서전》, p. 119).

그리고 그는 "사육종의 생산"과 연관된 막대한 양의 정보를 기록으로 남겼다. 대략 "사육동물과 재배식물의 변이"의 절반이 사육동물과

재배식물의 야생형 조상으로부터 기원되었다는 가설에 대한 정보를
제공하고 있다. 여기에는 인간이 바람직하다고 생각하여 선택한 유전
적 변이가 관여된다고 가정했다. 애완용 개와 고양이로부터 시작하여
말, 당나귀, 돼지, 소, 양, 염소, 토끼, 비둘기, 닭, 오리, 거위, 공
작, 칠면조, 카나리아, 금붕어, 꿀벌, 누에, 일반적인 곡식류, 야채
류, 과일 등 이용 가능한 데이터를 수집하였다. 모두가 인간에 의해
급속히 작동하는 인위선택이 종의 기원을 설명하는 지극히 느린 자연
선택에 대응하는 것이라는 가설과 잘 들어맞았다. 유전된 변이가 존
재했으며 세심한 교배로 동식물의 변종을 인간의 용도에 바람직하도
록 완벽하게 만들 수가 있었다.

　다윈은 유전의 문제와 연관이 있다고 가정한 다른 종류의 관찰 데
이터도 수집하였다.

　　동일한 가족의 형제자매는 종종 거의 같은 나이에, 이전에는 그 가족에
　　게 나타나지 않았던 이상한 질병에 자주 걸린다(《사육동물과 재배식물
　　의 변이 2권》, p. 17).
　　토끼의 한 배에서 난 새끼 중에서 귀가 하나만 있는 것이 있었다. 이놈으
　　로부터 꾸준히 하나의 귀를 가진 토끼의 품종이 만들어졌다(2권, p. 12).

　　카나리아의 교배 육종가들에게서 연한 황색을 띤 새를 얻으려면 연한 황
　　색을 띤 카나리아 한 쌍을 짝짓는 것으로 충분치 않다. 오히려 그럴 경우
　　새끼의 색깔이 너무 강하게 나오거나 심지어는 갈색이 되기도 한다고 확
　　신을 받았다(2권, pp. 21~22).

　　검은 스페인 수탉과 흰 게임(Game, 싸움닭의 일종 — 역자) 품종 닭 또
　　는 흰 코친(Cochin) 품종 닭 사이에서 나온 11개의 달걀이 부화하였을

때 7마리의 병아리는 흰색이었고 겨우 4마리만이 검은 색이었다. 깃털의 흰색이 강하게 유전된다는 사실을 입증하려고 나는 이 사실을 언급했다(1권, p. 240).

유대교를 믿는 3명의 의사는 할례가 수세대 동안 행해졌지만 유전은 되지 않는다고 나를 확신시켰다(2권, p. 23).

한편 다윈은 손상 부위가 유전된다고 제안한 한 권위자의 말을 인용했다. "프로서퍼 루커스(Prosper Lucas) 박사는 믿을 만한 소식통으로부터 유전되는 손상부위에 대한 아주 긴 목록을 나에게 제공했는데 이를 믿지 않기가 힘들다."(2권, p. 23) 다윈은 1900년 이후로 유전의 이해에 대한 진보에서 결정적인 역할을 하는 많은 관찰의 예를 기록했다.

어떤 미상의 원인으로 생기는 색맹은 여성보다 남성에게서 훨씬 자주 일어나기에 여성을 통해 전달되는 것은 매우 취약하다(2권, p. 72).

혈우병, 색맹 그리고 일부 다른 증상은 아버지로부터 아들들에게는 직접 유전되지 않지만 딸들에게 잠재적으로 유전되어 이 딸들의 아들들에게서만 증상이 나타난다. 따라서 아버지, 손자, 그리고 증조부에게서 이상이 나타나고 어머니, 딸, 그리고 고조모에서는 잠재적인 상태로 전달된다(2권, p. 73).

잡종과 그들 자손의 형성에 대한 관찰들은 유전의 법칙에 대한 중요 데이터를 제공하기 마련이다. 다윈의 시대에는 이런 데이터가 모호했지만 다음의 인용문은 멘델 유전의 핵심이 될 현상을 기술하는 데 특별히 흥미를 끈다.

일반적인 법칙으로 잡종교배한 첫 번째 세대의 후손은 거의 부모의 중간형이지만 손주나 그 뒤 세대는 정도의 차이가 크건 작건 지속적으로 조상 중 한쪽이나 양쪽 모두의 형태로 되돌아가려고 한다. 여러 저자들은 잡종이나 튀기가 양쪽 부모의 모든 특성을 포함하지만 서로 융합된 것이 아니라 단지 몸의 다른 부위마다 다른 비율로 섞인 것이거나 노댕(Naudin)이 표현한 바처럼 잡종은 너무나 완벽하게 서로 섞여 있어서 부조화스러운 요소를 눈으로는 구별할 수 없는 살아 있는 모자이크 작품이라고 주장해왔다. 어떤 의미에서는 이것이 사실이라는 것에 전혀 의문을 가질 수가 없다. 잡종에서는 양쪽 종의 요소가 각기 자기 것으로 분리되는 것을 보게 되기 때문이다. 노댕은 더 나아가 두 가지의 특정요소 또는 정수가 암수의 생식적 문제에서 현저하게 나타나는 것을 믿었기에 뒤이은 잡종의 세대들에서 거의 공통적으로 원래 상태로 되돌아가려는 경향을 설명했다(2권, pp. 48~49).

이렇게 유전에 대한 데이터를 체계적이고 광범위하게 조사한 후 다윈은 설명적 가설을 구체화했다. 다윈은 이 데이터를 포괄적인 유전 가설에 의해서 설명되어야만 하는데 이를 다음의 10가지 부류의 현상으로 묶을 수 있다.

유전되는 일부 특성들

이러한 예의 대부분은 몸의 크기나 색깔의 패턴 등 사소한 변이의 끝없는 목록처럼 구조와 관련이 있다. 색맹이나 혈우병처럼 생리적 특성도 유전된다. 유전되는 특성이 크거나 작을 수가 있고 중요하거나 그렇지 않을 수도 있으며 때로는 유전되지만 때로는 유전이 되지 않을 수도 있다. 유용한 가설이라면 특징이 때로는 유전되지만 항상 유전되지는 않는 까닭을 설명할 수 있어야만 하는데 그것은 지극히 어려운 난제이다.

신체훼손의 유전 여부

일부 인간 사회에서는 습관적으로 치아를 부러뜨리거나 귀나 코에 구멍을 뚫는다. 또는 남자 아기에게 할례를 시키거나 손가락 한두 개를 절단하지만 이들의 아이들이 동일한 결함을 나타내지는 않는다. 신체훼손이 유전되는 것처럼 보이는 다른 경우들도 있는데 이런 예는 매우 권위 있는 출처에서 나왔기에 다윈은 "믿지 않기가 어려웠다." 다윈은 "사고로 인한 화농 때문에 뿔이 빠진 암소가 같은 편 머리에 뿔이 나지 않은 송아지 3마리를 낳은" 경우를 여러 번 인용하였다(2권, p. 23). 그는 "부상으로 훼손되거나 질병으로 변형된 구조의 유전에 대해서는 어떤 명확한 결론에 도달하기가 힘들다"(2권, pp. 22~23)라고 결론을 지었다.

격세유전

이것은 한 개체에서 바로 윗대의 선조가 아니라 먼 조상에게서 존재했던 것으로 믿어지는 어떤 특성이 나타나는 것이다. 예를 들면, 사육용 양의 조상인 야생 양은 검은색이었다고 믿어진다. 따라서 세심하게 교배를 해온 흰 양떼에서 검은 양이 나타났을 때 어떤 장기간 잠재했던 유전적 영향력의 유지로 설명되었다.

반성유전

데이터로 보면 대부분의 경우 특성들은 양쪽의 어느 부모로부터 치우침 없이 동일하게 유전되는 것처럼 보인다. 그런데도 다윈은 색맹이나 혈우병처럼 그렇게 되지 않는 경우를 알고 있었다. 다윈은 "따라서 우리는 중요한 사실인 유전의 전달과 발생이 별개의 힘이라는 사실을 배우게 되었다"라는 흥미로운 결론을 내렸다(2권, p. 84).

근친교배

만일 두 개체를 교배한 후 이들의 자손을 수세대에 걸쳐 서로 교배하면 이것을 근친교배라고 말한다. 그 결과로 비교적 동질의 개체군이 만들어진다.

> 두 품종을 교배하면 그들의 특징이 서로 밀접히 융합되지만 일부 특징은 섞이지 않고 변형되지 않은 상태로 양쪽 부모로부터 또는 한쪽 부모로부터 전달된다. 회색 쥐를 짝지우면 그 새끼들이 얼룩이거나 중간인 엷은 색깔이 아니라 순수한 백색이나 평범한 회색을 띤다. 게임 품종 닭을 교배하는 데 권위자인 더글러스(J. Douglas) 씨는 "이상한 사실로 들리겠지만 만일 검은 닭을 흰 게임 품종 닭과 교배하면 양쪽 품종에서 모두 가장 깨끗한 색깔을 얻게 된다"라고 말했다. 헤론(R. Heron) 경은 여러 해 동안 흰색, 검은색, 갈색, 그리고 황갈색의 앙고라토끼를 교배했지만 한 번도 같은 동물에서 이런 색깔이 섞여 나온 적은 없지만 한 배에서 4가지 색깔을 가진 새끼가 나온 적은 종종 있었다(2권, p. 92).

또다시 유전 데이터는 엄격한 법칙이나 규칙성을 따르는 것처럼 보이지 않았다. 이 데이터를 설명하기 위한 어떤 포괄적 가설도 이 어려운 사실에 부합되어야만 한다.

인위선택

고의적이거나 의도 여부와 상관없이 선택은 인간에게 아주 유용한 다양한 동식물을 생산하는 방법이다. 농업시대 초부터 이 방법은 사용되었다. 만일 농부가 닭의 크기를 증가시켜 고기의 양을 증가시키기 바란다면 그는 가장 큰 암탉과 수탉을 부모로 선택한다. 매 세대마다 그는 동일한 선택을 계속한다. 비록 한계가 있지만 이 과정으로 보통 몇 세대 내에 바람직한 특성을 가진 동식물을 개발할 수 있다. 선택에서 가장 난해한 면의 하나는 조상의 개체군에서 존재하지 않았던 특징을 가진 개체들을 생산해내는 능력이었다. 예를 들면, 다윈의 단골 실험재료인 비둘기는 조상종인 유럽의 양 비둘기와는 전적으로 매우 다른 이상한 품종을 만들도록 선택되었다. 선택은 새로운 어떤 것을 창조할 수가 있다. 인위선택은 몇 세대 내에 같은 속의 여러 야생종이나 심지어는 다른 속의 종이 다른 만큼 세부구조에서 서로 다른 변종을 만들 수 있는 게 분명했다.

변이의 원인

"이 주제는 불명확하지만 우리의 무지함을 탐사하는 것이 유용할 수도 있다. 일부 저자는 가변성을 원래의 법칙이나 생장 또는 유전처럼 생식에 부수적으로 필요한 것으로 여긴다"(2권, p. 250). 다윈은 모든 재배종과 야생종이 변이를 보인다고 믿었다. 변이의 차이는 많은 특이한 품종이 선택된 재배종에서 특히 명백하다(다윈은 1천 2백 품종의 히아신스를 유지했던 한 네덜란드 원예가의 보고서를 찾았다). "생명의 조건에서 어떤 종류의 변화, 심지어 극히 사소한 변화라도 종종 변이성을 유발하기에 충분하다. 아마도 과잉영양이 가장 효율적인 자극 원인일 것이다."(2권, p. 270) 변이의 종류는 "변화된 조건의 성질보다는 생물체의 조성이나 본성에 훨씬 더 큰 정도로 좌우된다."(2권, p. 250) (이 마지막 인용문은 자신의 시대에 상존했던 혼란을 넘어서 미래의 연구가 확립해야 할 바를 분명히 본 다윈의 엄청난 능력에 대한 수많은 예 중의 하나이다)

재 생

도마뱀의 꼬리나 다리가 절단되면 손실된 부위는 대체된다. 손실된 부위를 재생하는 능력은 많은 동식물에서 흔히 나타난다. 다윈은 발생에서 원래 구조의 형성과 손실된 부위의 대체가 모두 유전적인 바탕에서 이뤄진다는 것을 깨닫고 있었다. 왜냐하면 두 현상에서 모두 최종 구조는 그 종의 특성을 나타냈기 때문이다.

생식양식

무척추동물인 히드라처럼 일부 생물체는 무성생식과 유성생식을 모두한다. 수정된 난자로부터 발생하는 히드라는 무성생식에 의한 출아로 생긴 것과 동일하다. 따라서 부모에서 자손으로 전해지는 것이 난자와 정자에 국한될 수는 없다. 새로운 개체를 형성하기 위해 출아되는 히드라의 체세포도 역시 유전 정보를 전달해야만 한다.

지연성 유전

어느 과학적 분석에서도 초기 단계에서는 신뢰할 만한 데이터와 신뢰하지 못할 데이터를 구분하기는 어렵다. 모턴 경(Lord Morton)의 아라비아 밤색 암말이 그 예이다. 이 암말을 지금은 멸종된 남아프리카 얼룩말과 교배했다. 이 결합에서 나온 새끼는 모양과 색깔에서 중간형으로 전혀 놀랄 만한 결과가 아니다. 이 암말을 다른 농장에 보내어 흑색 아라비아 종마와 번식하였더니 두 종류의 새끼가 나왔다.

> 이 망아지들은 부분적으로 암갈색을 띠었으며 진짜 잡종이나 심지어는 얼룩말보다 더 단순하게 다리에 줄무늬가 있었다. 2마리의 망아지 중 하나는 목과 일부 몸의 다른 부위에 무늬가 있었다. 다리의 무늬는 물론이고 몸의 무늬와 암갈색은 아주 드물게 나타났다. 그러나 이 경우가 더욱 눈에 띄는 까닭은 이 망아지들의 털이 얼룩말을 닮아서 짧고 뻣뻣하게 선 형태였기 때문이다. 따라서 얼룩말이 차후에 흑색 아라비아 말이 낳은 자손의 특성에 영향을 미친 것에 의심의 여지가 없다(1권, p. 404).

이것은 확실히 설명하기가 힘들다. 그런데도 많은 말 육종가들은 만일 순수 혈통의 암말을 덜 우수한 종마와 교배하면 암말이 영구히 오염되어 차후의 교배에서 나온 자손이 순수하다고 여길 수 없다고 믿었다. 다윈은 이러한 지연성 유전의 예를 "가장 높은 이론적 중요성을 가진 것"이라고 여겼다. 그러나 그가 내놓은 다른 것들처럼 유전에 대한 하자가 있는 가설의 원인이 되었다.

귀납법에 의한 가설 설정

유전을 설명할 수 있는 유용한 가설이라면 지금 열거한 10가지 종류의 데이터를 설명할 수 있어야만 한다. 모두가 유전과 관련이 있는 것으로 생각되는 이렇게 아주 다른 종류의 데이터를 설명할 수 있는 가설이 즉각 마음에 떠오르지는 않는다. 따라서 베이컨이 열의 본성과 연관된 자신의 데이터를 표에 배열하면서 사용했던 것과 유사한 방법을 활용해야만 한다. 일부 데이터는 제거하고 남아 있는 것으로부터 가설을 세우는 식으로 해야 하는데 여기 어떻게 추론해야 될지에 대한 예들이 있다.

(A) 일반적 특징뿐만 아니라 특정 형질에서도 자식이 부모를 닮은 것을 보여주는 관찰이 너무나 많기 때문에 유전에 대한 물리적 바탕이 있다는 결론을 내려야만 한다. 이것은 위의 1번 부류에 의해 제안된 것이며 다른 9가지 부류의 데이터로 부정되진 않았다.

(B) 몸의 바깥에서 합쳐지는 난자와 정자를 방출하는 생물체에서 난자와 정자가 유일한 세대 간의 물리적 고리이기 때문에 모든 유전적 요소가 그 속에 들어 있어야만 한다.

(C) 그러나 일부 생물체들에서는 외견상 동일한 자손이 유성생식뿐만 아니라 무성생식으로도 생산될 수 있기 때문에 난자와 정자가 유전적 요인을 가진 유일한 소유자일 수는 없다(9번 부류).

(D) 위의 C 관점과 더불어 손실된 부위의 재생(8번 부류)에 대한 관찰은 몸의 많은(대부분 또는 전부?) 세포가 모든 유전적 요소를 갖고 있다는 것을 제시하고 있다.

(E) 유전적 요소가 존재하지만 단기적 관점(조부모와 손주에게 나타나는 형질이 부모에게 나타나지 않는 경우)이나 장기적 관점(격세유전; 3번 부류)에서 표현되지 않는다. 이것은 유전적 요소가 심지어

잠재적일 때에도 비교적 영구적이며 안정적이라는 사실을 강력히
제시한다.

(F) 유전적 요소가 변하거나 새로운 변종의 갑작스런 등장처럼 완전히
새로운 것이 형성되기도 한다.

(G) 유전적 요소가 세대를 거쳐 존재하기 때문에 이들을 복제하기 위한
어떤 메커니즘이 존재하는 것이 틀림없다.

(H) 유전적 요소는 모턴 경의 암말 경우처럼 한 개체의 세포가 다른 개
체의 세포를 침범한다는 점에서 전염매개체와 유사한 방식으로 작
용한다(10번 부류).

따라서 우리는 유전적 요인들이 적어도 몸의 많은 세포에 존재하며
배우체를 거쳐 전달되며 어떤 한 세대에서 표현되거나 잠복될 수 있
으며 수세대 동안 변하지 않은 채 유지되며 어떤 알려지지 않은 조건
아래에서 변하기도 하며 수가 늘어날 수도 있다는 결론을 잠정적으로
내릴 수 있다. 이 모든 것이 오늘날 우리가 유전자에 대해 아는 바와
일치한다.

그러나 H부류는 명백히 현대 유전학의 일부가 아니다. 고등 동식
물의 유전적 요소, 즉 유전자는 보통 모턴 경의 암말 경우에서 보인
것처럼 몸에서 돌아다니지 않는다. 그 경우가 잘못 해석되었으며 암
말이 얼룩말의 정액에 의해 오염된 것이 아니라는 것이 이제는 알려
져 있다. 유사한 예외가 아라비아와 영국 경주마의 새끼들에게서 나
타났다. 다윈은 그 사실을 몰랐고 자신의 관찰이 옳다는 그의 확신이
잘못된 가설을 만드는 데 중요한 요인으로 작용했다.

어떻게 이런 이질적인 데이터를 하나의 개념적 틀로 통합할 수가
있을까? 다윈은 다음과 같이 시도했다.

귀납적 논리학의 역사가였던 휴월(Whewell)이 언급했듯이 "가설은 어떤 불완전한 부분이나 심지어 오류가 수반될 때 종종 과학에 도움이 된다." 이런 견해를 바탕으로 나는 모든 개개의 원자나 단위라는 의미로서 모든 구조가 스스로 생식하는 것을 암시하는 범생설을 감히 내세우려고 한다(2권, pp. 357~358).

다윈은 이런 생식의 미세한 단위를 아구(*gemmule*)라고 불렀다. 아구는 다음의 특징을 소유하는 것으로 가정했다. 개체의 모든 각 부분, 심지어는 세포의 부분이 특정 유형의 아구, 즉 간은 간의 아구를 눈은 눈의 아구를 생산하는 것으로 가정되었다. 아구는 몸 전체를 움직일 수 있어 난자와 정자를 포함한 몸의 모든 부위가 완전한 세트의 유전요소를 함유하는 것으로 가정했다. 발생 과정 동안 서로 또는 부분적으로 형성된 세포가 아구와 합쳐져 원래 그들을 만들었던 유형의 새로운 세포를 만든다고 가정했다. 새로운 아구는 지속적으로 생산된다고 가정했다. 아구는 보통 자손에서 활성을 띠지만 수세대 동안 동면상태로 있을 수도 있다.

범생설은 10가지 부류의 현상을 각기 설명할 수가 있었다. 데이터를 설명할 수 있도록 가설을 세웠기 때문에 이것이 놀라운 일은 아니다.

(1) 부모로부터 자손에게 전달되는 특성은 부모 몸에서 특정 아구의 생산, 배우체에서 아구의 결합, 그리고 자손에서 아구의 발생으로 설명할 수 있다. 에드워드 램버트의 피부세포는 호저피상 어린선 피부형 아구로부터 생산되었으며 그의 정자를 거쳐 자식에게 전해졌다.

(2) 신체훼손은 정상적인 구조를 만드는 아구가 신체훼손이 일어나기 전에 이미 만들어졌기 때문에 보통 유전되지 않는다. 따라서 도마뱀 다리의 재생은 이미 다리 아구가 몸 전체에 걸쳐 존재하며 다리

절단 후에 새로운 다리를 만들기 위해 조립될 수 있기 때문에 가능하다. 신체훼손이 유전되는 것처럼 보이는 극소수의 경우는 병든 부위가 관여하는 것처럼 보인다. 다윈은 이런 경우들을 다음처럼 설명했다. "이 경우에는 손실된 부위의 아구가 부분적으로 병든 표면에 모두 끌려와 파멸되었기 때문으로 추측된다"(2권, p. 398).

(3) 격세유전은 장기간 동면상태였던 아구가 수세대가 지난 후 활성화된 결과로 설명할 수 있다. 이것은 특히 불필요한 가정이다. 한 계보에서 어떤 특성이 여러 세대 동안 존재하지 않다가 다시 나타나기 때문에 만일 아구에 의해 특성이 결정된다면 아구가 동면상태라야만 하기에 더 이상 부연설명이 필요 없다.

(4) 성연관유전은 아구가 한쪽 성에서 동면상태인 결과이다. 따라서 색맹인 남자는 색맹의 아구를 자신의 딸에게 전달하지만 딸에게서는 동면상태로 남아 있다. 그 딸이 색맹의 아구를 자신의 아들에게 전달하면 아들은 색맹이다.

(5) 두 가지 다른 형태를 교배하면 보통 관찰되는 혼합은 각 부모의 아구가 자손에게서 섞이게 된 결과이다. 한쪽 부모의 특성이 우세한 경우들은 그 부모의 아구가 "다른 쪽 부모에서 유래된 아구보다 수적으로나 친화성 또는 활력에서 이점을 보인" 결과이다.

(6) 인위선택은 바람직한 특성을 가진 개체들을 선택함으로써 바람직한 아구를 가진 개체를 부모로 선택하기 때문에 가능하다. 바람직한 특성을 가진 부모를 지속적으로 동종교배함으로써 서서히 필요한 종류의 변종을 만들 수 있다.

(7) 변이의 기원은 불분명하지만 어떤 식으로든 그러나 단순히 라마르크 방식으로는 작용하지 않는 환경이 원인임에 틀림없다. 그러나 일단 새로운 변이가 나타나면 이들은 새로운 종류의 아구를 만든다. 이것은 생식세포가 아닌 체세포가 난자와 정자의 유전적 조성에 영향을 미친다는 것을 암시하는데 훨씬 나중에 아주 심각한 유전적 이단이론으로 여겨진 견해이다.

⑻ 재생은 몸 전체에 걸쳐 모든 구조를 만드는 아구가 나타나기 때문에 몸의 어느 부위나 주변의 손실된 부위를 대체할 힘을 갖는 것으로 설명할 수 있다.

⑼ 무성생식과 유성생식이 동일한 결과가 나오는 것은 몸의 모든 부위가 모든 부분을 만드는 아구를 갖기 때문이다. 출아되려는 히드라의 체세포뿐만 아니라 배우체도 마찬가지로 동일한 부류의 아구를 갖고 있다.

⑽ 흑색 종마로부터 나온 아구는 정액을 통해 모턴 경의 암말로 전달되어 처음에 생긴 새끼에게 영향을 미쳤다. 뿐만 아니라 암말의 난소에 유입되어 암말이 아라비아 종마와 교배하여 2마리의 망아지를 낳았을 때에도 표현되었다.

뭐라고 해야 할까? 다윈은 엄청난 양의 데이터를 수집하는 데 커다란 기여를 했고 진정한 의미에서 유전분야를 정의했다. 그가 내놓은 범생설은 2천 년도 더 이전에 히포크라테스가 제안한 범생설에 비하면 확연한 진전이었다. 아마 다윈의 가장 중요한 기여는 유전이 물리적 바탕을 가지며 그 메커니즘에 대한 규칙을 찾을 수 있다고 강조한 점일 것이다. 그는 자신의 범생설에 대한 취약점을 깨닫고 이를 체계화하려고 노력했다. 그의 노고가 아무 소용이 없다고 하더라도 적어도 다른 과학자들이 출발할 장소와 어떤 유전의 포괄적 이론으로 설명해야만 하는 데이터 종류에 대한 목록, 그리고 주요 문제에 대한 논의와 검증할 수 있는 가설은 제공했다고 평가할 수 있다.

골턴의 토끼

오랫동안 찰스 다윈의 연구에 관심을 가져왔던 다윈의 조카 프랜시스 골턴(Francis Galton, 1822~1911)은 범생설을 검증하고자 했다. 그의 검증은 간단하고도 직접적이었다. 범생설은 몸의 모든 부위가 아구의 모든 성분을 함유하고 있다고 주장했다. 따라서 모든 것이 혈액 속에 존재할 것이다. 골턴은 한 동물에서 다른 동물로 혈액을 수혈할 수 있으며 이것은 "잔인한 수술이 아니다"라는 것을 알고 있었다. 그는 마취시킨 다른 품종의 토끼 간에 수혈하고 그 자손을 조사할 것을 제안했다. 이 가설의 한 가지 명백한 연역추론은 만일 검은 토끼의 피를 은회색 토끼들에게 주입한 후 이 은회색 토끼들을 서로 교배한다면 검은 토끼의 피가 일부 영향을 미칠 것이라는 점이다. 즉, 두 마리의 수혈된 은회색 토끼 사이에서 나온 새끼는 수혈되지 않은 은회색 토끼 사이에서 얻은 토끼와 다를 것이다. 골턴은 자신의 실험대상인 은회색 토끼가 모두 다 검은 토끼의 형질이 섞이지 않은 순수 혈통인 것을 알아냈다. 주입된 피가 자손을 변형시켰다는 증거는 전혀 없었다. 따라서 이 연역적 검증은 가설이 틀렸다는 것을 제시했다.

자신의 가설에 대한 이러한 공격에 대해 다윈은 1871년 〈네이처〉 논문에서 즉각 반응했다. 자신은 "혈액에 대해 한마디도 언급한 적이 없으며" 아구는 순환계가 결여된 생물체에서도 존재하는 것으로 가정하기 때문에 "혈액 속에 아구가 존재해야 하는 것이 자신의 가설에 필요한 부분이 아니라는 것이 명백하기" 때문에 골턴의 실험은 전혀 검증될 수 없다고 주장하였다.

이것은 정말 이상한 답변으로 만일 아구가 몸 전체에 걸쳐 존재한다면 당연히 혈액 속에도 있을 것이다. 아마도 다윈이 동굴의 우상(베이커의 4가지 우상 중 하나로 습관의 반복과 주관적 오류에서 나오는 행동—역자)에 의한 어려움을 겪고 있었던 것 같다. 골턴은 진심이 아닌 유감을 표하며 자신이 삼촌의 의도를 잘못 해석해서 정말 미안하다고 1871년 〈네이처〉 논문에서 답했다.

다윈의 범생설은 아구에 기초를 두고 있지만 그들의 존재에 대해 아무런 증거도 제공하지 않았다. 그들은 관찰된 유전 현상을 설명하기 위해서 발명되었다. 이것은 정당한 과학적 과정이다. 화학 데이터를 설명하기 위하여 원자가 발명되었고 알려진 행성들의 궤도가 불규칙한 것을 설명하기 위해서 명왕성이라고 명명된 행성이 선발명 후발견되었다. 원자와 명왕성은 이들의 실존이 확립되기 전까지 유용했고, 결국에는 증명되었기 때문에 쓸모 있는 가설이었다.

그러나 범생설은 별로 쓸모가 없었다. 모든 것을 설명할 수 있도록 가설이 세워져 있어 검증할 수가 없었기 때문이다. 다윈은 유전의 다양한 면을 열거하고 모든 것이 아구에 의해 결정된다고 말했다. 이 가설은 이것을 대체할 더 나은 가설이 없었음에도 불구하고 제대로 대접받지 못했다. 보르지머(Vorzimmer)가 1970년 자신의 저서 《찰스 다윈: 논란의 시대》(p. 257)에 써 놓았듯이 범생설은 "그와 일치하지 않는 사실을 지적하는 어떠한 비판에도 맞설 수 있게끔 너무나 특별한 의도로(ad hoc) 만들어졌다." 그러나 골턴의 수혈 실험은 그 가설에 치명적이었기 때문에 당연히 받아들여졌어야만 한다.

다윈이 《사육동물과 재배식물의 변이》를 썼을 때 누군가가 유전의 모든 데이터를 설명할 수 있는 개념을 개발할 가능성은 전혀 없었다. 이것은 다윈이 가장 중요하다고 생각했던 일부 "사실"(facts)이 나중에 잘못된 것으로 드러나고 보니 특히 맞는 말이었다. 생물학자가 모턴 경의 암말에 그 얼룩말이 했다고 생각하는 바를 하려면 유전공학의 단계에 도달해야만 한다. 유전학은 전혀 다른 접근법을 취하자 활발히 연구되는 과학 분야가 되었다. 유전에 관한 모든 것을 하나의 장대한 이론으로 설명하려는 시도를 포기하고 유전학자가 외견상 사소한 현상을 설명하고자 했을 때, 즉 멘델이 완두의 색깔과 모양에 집중하고 모건이 아주 작은 파리의 흰 눈의 유전에 의문을 가졌을 때 성공하게 되었다.

1900년 이후 유전학은 우선 아주 사소한 것을 설명하려고 노력하면서 매우 진보하였고, 그 후 확인 가능한 가설이 설정되었다. 그 결과 점차 더 많은 의문이 연구되고 설명되어 유전이론이라는 실체로 융합되었다. 하딘(Hardin)이 1985년 자신의 저서 《우둔에 대한 여과장치》(p. 4)에서 언급한 표현이 여기서 아주 적절한 것 같다. "아주 작은 것에 대한 지식으로 시작한 것이 아주 많은 것을 밝혀주는 지혜가 되기도 한다." 다윈은 아주 많은 것을 설명하려는 시도로 시작하여 거의 아무것도 설명 못한 채 끝을 내고 말았다.

제12장

세포설

되돌아보면 현재 우리가 유전을 이해하게 된 과정에서 두 가지 연구 접근 방법이 가장 중요했음을 볼 수 있다. 한 가지는 교차교배로서 어떤 식으로든 다른 개체들을 교차교배하여 자손을 서로 비교하고 부모와도 비교하는 것이다. 유전 메커니즘의 가설은 그렇게 해서 얻은 데이터로 공식화되었다. 이것이 다윈의 접근법이었는데 다윈 자신뿐만 아니라 19세기 후반의 다른 이들도 이 접근법을 사용하여 우리의 이해를 많이 향상시키지는 못했다.

다른 계열의 연구는 분석에 바탕을 둔 것이다. 동물과 식물 모두의 생활사에는 구조적 병목이 존재한다. 암수는 보통 작은 난자와 언제나 아주 작은 정자를 생산하고 이 두 가지가 합쳐져 자손이 생기는데 때가 되면 부모를 아주 닮게 된다. 적어도 일부 종에서는 난자와 정자가 방출된 후, 부모와 자손 간에 더 이상의 접촉은 없다. 많은 종에서는 수정 후에는 접촉이 없게 되므로 부모와 자손 간에 유일한 물리적 고리는 난자와 정자뿐이다. 따라서 난자와 정자는 세대를 거쳐 전해지는 유전 정보를 함유하고 있어야만 한다.

바로 앞서 나온 주장이 모든 종에 적용될 수는 없다. 예를 들면, 포유류와 종자식물의 발생 초기 단계는 모태조직과 밀접한 연관을 갖고 진행된다. 따라서 초기 발생 동안 예를 들면, 포유류의 경우 태반을 거쳐 유전이 모계의 영향을 받을 가능성이 있다. 그렇다고 해도 베이컨의 귀납법식 추론을 따라 어떤 종에서는 수정 후 모태의 영향이 전혀 없다. 때문에 모태의 영향이 공통적인 것이 아니라고 할 수 있다. 더 나아가 확신이 덜 가기는 하지만 어느 종에서도 수정 후 유전에 대한 모태의 영향이 전혀 없다고 가정할 수 있다.

따라서 만일 우리의 작업가설이 모든 유전 정보가 난자와 정자인 배우체 속에 함유되어 있어야만 하는 것이라면 배우체와 수정에 대한 세밀한 연구로 유전 현상이 밝혀질 수 있을 것으로 기대할 수가 있다. 이것이 가치 있는 접근 방법인지 알기 위해서는 어떤 유전의 포괄적 이론도 배우체의 행동에 대해 알려진 모든 것과 부합되어야만 한다는 사실을 수용해야만 한다.

유전을 공부하는 이 두 가지 연구 접근법에서 육종은 형질의 유전에 대한 규칙을 찾으려는 시도이고 세포연구(세포학)는 유전 물질을 찾으려는 시도라고 간단히 말할 수 있다. 이 두 가지 연구 접근법이 1902년에서 1903년 사이 서턴(W. S. Sutton)에 의해 통합된 후, 실험적인 육종과 세포학의 상호작용은 차후 우리의 유전에 대한 신속하고 가치 있는 이해 증진의 근거가 되었다.

세포의 발견: 로버트 훅

세포를 연구하는 과학인 세포학(cytology)의 탄생일은 꽤 정확하게 짚을 수가 있다. 세포학은 현미경적 구조와 화석에 관한 연구로 제 1 부에서 논의된 로버트 훅(Robert Hooke)으로 인해 시작되었다. 1663년 4월 15일 영국 왕립학회의 학회 모임에서 그는 한 조각의 코르크를 현미경 아래에 두어 육안으로 보이지 않을 구조를 보여주었다(〈그림 41〉). 이것은 동식물 세포의 몸체가 오로지 세포나 세포의 산물로 구성되어 있다는 세포설을 확립하게 된 두 세기 동안의 관찰과 실험의 시작이었다. 훅은 코르크가 종단면으로 분획된 평행으로 배열된 수많은 관으로 구성되어 있다고 상상했다. "이러한 작은 구멍들인 세포는 아주 깊게 파여 있지 않다. 대신 하나의 긴 구멍이 어떤 판막에 의해 분리되어 생긴 아주 많은 작은 상자로 구성되어 있다"(1665, 《마이크로그라피아》, p. 113). 그는 다른 많은 식물 종류에서 유사한 구조를 관찰했다. 일반적으로는 훅이 그 상자들을 빈 것으로 기재하고 그 이상 연구하지 않은 것으로 생각하지만 전혀 그렇지 않다. "그런 채소 중 여러 가지는 녹색인데 현미경으로 보면 이 세포들이 주스로 차 있는 것을 명백히 발견할 수 있었다. 또한 녹색 목재에서도 석탄의 경우에는 완벽하게 공기 외에는 아무것도 없는 것처럼 보이는 이 기다란 현미경적 구멍이 주스로 차 있는 것을 관찰할 수 있었다"(1665, 《마이크로그라피아》, p. 113).

코르크와 다른 식물에서 이러한 세포의 발견은 보편적인 중요성을 갖거나 참나무 코르크나 재료로 사용된 채소를 비롯한 몇몇 생물체의 사소한 특징일 수도 있다. 그러나 지속적인 연구 결과로 식물의 몸체가 거의 전적으로 현미경적 상자와 같은 구조로 구성되어 있다는 게

관찰 18. 코르크와 세포, 그리고
다른 빈 몸체 구멍의 질감에 대한 도해도

나는 좋은 깨끗한 조각의 코르크를 집어 면도날처럼 날이 서게 한 주머니칼로 한 조각을 잘라서 표면을 아주 매끄럽게 만든 것을 현미경으로 열심히 관찰했다. 구멍이 꽤 많이 뚫린 것으로 보였지만 명백히 이들이 구멍인지 그리고 어떤 모양인지를 구분할 수가 없었다. 그러나 코르크가 가볍고 잘 잘라지는 것으로 미루어 구성이 확실히 진기한 것일 수는 없지만 좀더 가공하여 관찰하면 현미경으로 구분할 수 있을 것 같다. 동일한 날카로운 주머니칼로 앞의 매끄러운 표면을 가진 조각을 잘라 극도로 얇은 조각을 만들었다. 그것을 몸체가 하얀색으로 보였기 때문에 검은 판 위에 두고 빛을 비추어 관찰했더니 모두 구멍이 많이 뚫린 것을 명백히 볼 수 있었는데 꿀벌 집과 아주 닮은 모양이지만 구멍이 규칙적으로 나있지는 않았다. 그런데도 이런 특별한 면에서 꿀벌 집과 다르지 않았다.

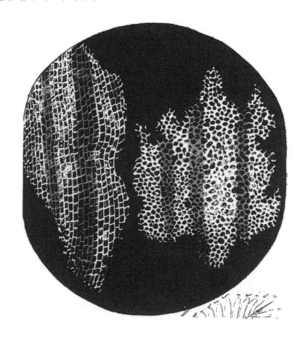

〈그림 41〉 로버트 훅의 1665년 저서 《마이크로피아》에서 발췌한 코르크 세포의 기술과 도해도.

드러났다. 따라서 훅은 당시에는 중요하지 않지만 후기의 연구 결과로 말미암아 중요한 발견이 되는 관찰을 한 셈이었다.

그러나 이 모든 것이 유전과 어떤 관련이 있다는 말인가? 로버트 훅이 자신의 현미경 앞에 앉아 있었을 때 유전의 신비를 풀려는 의도를 가진 것이 아니라는 것을 우리는 확신할 수 있다. 예를 들면, 그가 자세히 관찰한 벼룩의 표면에서 강모가 유전과 어떤 관계가 있다고 믿을 수 없는 것처럼 세포도 그렇게 믿을 만한 이유가 없다. 그런데도 재차 반복되어 한 분야에서의 설명이 이 경우에는 유전에 대한 설명이 전혀 다른 분야나 세포학에서의 발견으로부터 나오곤 한다. 그러나 세포학의 주된 기여는 두 세기 후 완벽한 현미경이 등장한 후에야 나타난다.

모든 생물의 몸체가 오로지 세포나 세포의 산물로만 구성되어 있다는 가설이 제안되고 검증되어 그럴 가능성이 아주 높은 것으로 드러난 후에서야 세포가 진정으로 중요하게 되었다. 그 가설은 19세기 초반 관찰과학자였던 뒤트로셰(R. J. H. Dutrochet), 슐라이덴(M. J. Schleiden), 슈반(T. Schwann)에 의해 공식화, 검증되었다.

그러나 어떻게 "모든 생물의 몸체가 오로지 세포나 세포의 산물로만 구성되어 있다"는 사실을 증명할 수가 있을까? 물론 이러한 진술에 대한 증명은 불가능하다. 어떻게 모든 생물체를 연구할 수 있단 말인가? 대부분은 지구상에서 오래전에 사라졌다. 우리가 "공룡의 몸체가 세포로 구성되어 있다"는 사실을 증명할 수가 있을까? 심지어는 하나의 현존 동물이나 식물의 전 몸체를 연구하는 것도 현실적으로 힘들다. 우리가 과학에서 바랄 수 있는 전부는 진술이 "의심의 여지없이 사실"이라는 것이다. 훅의 최초 관찰에 이어서 세포는 식물의 공통된 특징인 것이 밝혀졌다. 점점 더 많은 식물 개체의 몸체 조각과 더 많은 종이 연구되었고 이 모두는 세포 같은 구조를 가진 것이 밝혀졌다. 또한 그들 모두가 코르크의 세포와 같은 상자 모양의 세포가 아니었으며 여러 가지 다양한 모양과 크기로 나타났다. 이런 초기의 현미경 학자들이 오늘날 우리가 아는 상태의 세포를 관찰한 것이 아니라 세포벽을 관찰한 것이라는 사실을 잊어서는 안 된다.

슈반과 동물의 세포

소수의 예외를 제외하곤 동물의 몸체는 식물의 "세포"를 닮은 구조, 즉 세포벽을 갖고 있지 않다. 따라서 세포의 개념이 동물에도 유익하게 적용될 수 있다는 것이 명백해지는 데는 엄청난 연구와 대담한 상상력이 요구되었다. 이 일은 독일의 동물학자 데오도르 슈반(Theodor Schwann, 1810~1882)이 29살 때인 1839년에 자신의 논문집을 출판하면서 처음 감행했다. 그는 식물과 동물의 세포 구조가 매우 다른 것을 강조했지만 근본적으로는 동일하다고 제안하였다.

> 비록 식물의 외부 구조는 아주 다양하지만 내부 구조는 매우 단순하다. 이 외부 형태가 유별나게 폭넓은 범위로 존재하는 것은 변형은 되지만 본질적으로 단지 동일한 기본 구조, 즉 세포가 서로 짜 맞추어지는 데서 생기는 변이 탓이다. 세포 수준의 식물 전체 부류는 쉽게 세포로 구분할 수 있는 세포로만 구성되어 있다. 이들 중 일부는 일련의 유사한 세포나 심지어는 단일한 세포로만 구성되어 있다.
> 동물은 외부 형태에서 식물보다 훨씬 더 다양한 변이를 보이기에 (특히 고등생물의 종에서) 다른 조직에서도 역시 커다란 구조의 변이를 보인다. 근육은 신경과 크게 다르며 세포성 조직(식물의 세포성 조직과는

이름만 같을 뿐인)의 신경은 탄력성 조직이나 각질성 조직의 신경 등과
다르다.

그러나 만일 근육, 신경, 그리고 동물 몸체의 다른 부분의 구성 성
분이 서로 그렇게 많이 다르다면 어떻게 이들의 구성 성분을 세포라
고 부르는 것이 가능하거나 유용하다는 말인가? 이들이 명백히 서로
아주 다르다면 왜 이들을 근본적으로 동일하다고 주장하는가? 그리고
이런 다양한 동물의 구조들을 아주 다르게 보이는 식물의 구조와 동
일시할 수 있다고 주장하여 얻는 게 무엇인가? 슈반은 이에 대한 부분
적인 답을 제공했다.

> 그러나 만일 이러한 조직들의 발생 과정으로 되돌아가 보면 이러한 조직
> 의 많은 형태 모두가 식물 세포와 아주 유사한 세포로만 구성되어 있는
> 것처럼 보일 것이다. 이 논문의 목적은 앞서 진술한 것을 관찰을 통해 증
> 명하는 것이다.

즉, 슈반이 세포로 부르도록 제안한 구조의 커다란 다양성에도 불
구하고 모든 것은 쉽게 식물세포와 비교할 수 있는 간단한 구조로부
터 발생한다. 동물의 배세포도 발생 과정 동안 서로 달라지지만 초기
에는 아주 비슷하게 보인다.

그러나 슈반은 세포를 정의하는 훨씬 더 나은 기준을 제안했는데
바로 핵의 존재 여부이다. 겨우 6년 전인 1833년에 로버트 브라운
(Robert Brown, 1773~1858)은 난초와 다른 많은 종류의 살아 있는
식물 세포에서 한 개의 원형(실제로는 구형)인 핵을 기술했다. 이전의
관찰자들도 이러한 구조를 감지하여 자신들의 출판물에 그림으로 보
여주었지만 이것의 중요성을 전혀 몰랐다. 브라운은 많은 종류의 세

포들이 핵을 함유하는 것을 발견했지만 그들의 중요성에 대해 생각해
보지 않았다. 슈반은 세포를 정의하는 규칙을 식물의 경우에는 세포
벽의 구조를 뜻하는 모양에 의존하는 것이 아니라 핵의 존재에 의존
하는 것으로 바꾸었다.

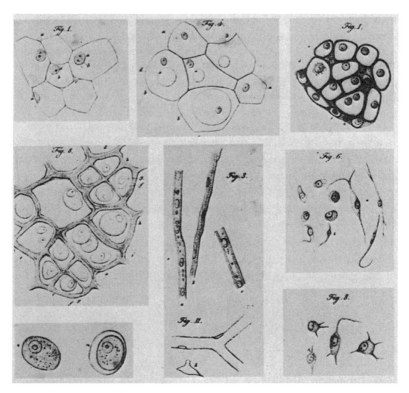

〈그림 42〉 슈반의 논문집에 발췌한 일부 도해도. (윗줄 왼쪽에서 오른쪽으로) 양파 세포,
물고기의 척삭, 개구리의 연골. (가운데 줄) 올챙이의 연골, 돼지 태아의 근육, 돼지 배세포
의 핵. (아래 줄) 개구리의 신경절 세포, 올챙이 꼬리의 모세혈관, 돼지의 배세포. 핵과 인이
거의 모든 세포에서 보이는 것을 주목해야 한다.

세포의 존재를 인식하는 가장 빈번하고 중요한 바탕은 핵의 존재 유무이다. 이것은 뚜렷한 윤곽과 짙은 색깔로 인해 대부분의 경우에 쉽게 알아볼 수 있다. 또한 이것의 특징적 형태로, 특히 만일에 인을 함유하고 있다면 그 구조를 세포의 핵으로 동정할 수 있으며 연골이나 식물세포에 함유된 젊은 세포와 유사해 보인다. 세포로 생각되는 구조의 9할 이상이 그런 핵을 보이며 이들 중 다수에서 명확한 세포막을 구분할 수 있으며 대부분의 경우 대개 막이 뚜렷하다. 세포막이 구분되지 않는 그런 구에서 위치와 형태가 핵의 특징을 가진 구조와 마주치면 이러한 상황에서 실제로는 세포막이 존재하지만 보이지 않는 것이라는 결론을 내려도 무방할 것이다.

비록 슈반은 주의 깊은 관찰자였지만 그가 주로 기여한 바는 관찰한 바가 아니라 그 관찰을 어떻게 해석했는가 여부이다. 이전의 연구자들은 외부의 상자 같은 모양을 강조했다. 슈반은 상자의 내부에 들어 있는 것을 강조하였다. 그에게 동물 세포는 핵을 함유하며 막으로 둘러싸인 그리고 식물의 경우에는 거기에다 세포벽에 싸인 얼마간의 살아 있는 물질에 지나지 않았다.

이러한 세포에 대한 새로운 견해가 유전과 무슨 관련이 있단 말인가? 정말 별로 없다. 세포가 유전과 중요한 관계를 갖는 것으로 고려되려면 두 가지의 정보가 더 필요했다. 배우체도 세포라는 것을 발견하게 된 것과 세포는 오로지 다른 세포로부터만 기원한다는 것을 깨달은 것이었다.

세포로서의 배우체

슈반은 난세포(*ova*)가 세포라는 사실을 인지하고 있었다. 왜냐하면 난세포가 세포로서의 정의에 부합되는 구조인 핵을 가지기 때문이었다. 정자(*spermatozoa*)의 본성은 덜 명확했다. 심지어 "정자 동물"(*sperm animal*)이라는 의미의 이름도 이들의 진정한 본성에 대한 불확실성을 암시한다. 1667년에 네덜란드 박물학자 안톤 반 레벤후크(1632~1723)이거나 아니면 그의 학생 중 한 명이 난자 속으로 들어가서 수정을 이루는 것으로 생각되는 현미경적 생명체가 정액 속에 들어 있는 것을 발견했다고 런던의 영국 왕립학회에 보고했다. 이 가설은 맹렬히 검증되었는데 일부는 정자를 정액 속에 있는 기생충으로 여겼다.

한 세기가 조금 더 지난 1784년에 이탈리아의 생물학자 라자로 스팔란찌니(Lazzaro Spallanzni, 1729~1799)는 개구리의 생식에서 정액의 기능을 확인하는 주목할 만한 실험을 수행했다. 교배 시에 수컷은 암컷의 등에 올라타서 지금 우리가 아는 바대로 난자가 암컷의 총배설강 입구에서 나오면 그 위에 정자를 방출한다. 스팔란찌니와 교신 중이던 또 다른 연구자는 별로 성공은 못했지만 바지가 정액이 난자에 접촉하는 것을 방지할 거라고 믿고 개구리에게 바지를 입혀서 생식에서 수개구리의 역할을 알아내려고 시도했다. 스팔란찌니의 글을 읽어보자.

아무리 변덕스럽고 어처구니없어 보일지라도 바지를 입힌다는 아이디어가 나에게 불쾌하지는 않았기에 실행에 옮기기로 결심했다. 수컷은 이 장애물에도 불구하고 마찬가지로 열렬하게 암컷을 구했으며 제대로 생식행위를 수행했다. 그러나 그 결과는 기대했던 바대로 난자가 부화하지 못했다(즉, 발생되지 않았다). 왜냐하면 때로는 바지에서 방울처럼 떨어지는 정액으로 적시는 과정이 결핍되었기 때문이었다. 이렇게 얻은 방울로 인공수정이 나타나는 것으로 미루어 이 방울이 진짜 종자임에 분명해 보인다(《동식물의 자연사에 관한 논문집 2권》, p. 12).

즉, 그가 정액의 일부를 미수정된 난자에 떨어뜨리자 발생이 일어나는 것을 관찰했다. 그러나 "정자 벌레"(*spermatic worm*)와 정액의 액체 부분 중 어느 쪽이 활성을 가진 매체인가? 1854년 개구리에서 수정 시에 정자 세포가 난자로 들어가는 것을 발견했던 조지 뉴포트(George Newport)에 의해 답을 얻게 되었다.

이 일에서나 다른 일에서도 종종 중요한 생물학적 현상을 발견한 생물학자에게 그 공이 돌아가는 것이 드물다. 말하자면 정자를 발견한 레벤후크도 정자가 수정의 매체라고 생각했지만 그것은 단지 가설에 지나지 않았고 의문의 여지가 없는 사실로 증명하지는 못했다. 확실히 믿을 만한 관찰을 하는 것은 뉴포트의 몫으로 남아 있었다.

정자는 그 모습이 너무나 이상하여 초기 관찰자들에게 세포로 인지되지 않았다. 1841년에 일부 정소 세포가 정자로 전환되는 사실을 발견한 루돌프 쾰리커(Rudolf Kölliker)에 의해 정자가 세포인 것이 증명되었다. 그러니까 정자는 아주 변형된 세포이다.

요약하자면 세포를 유전과 연관 짓는 주장은 아래의 단계에 도달했다.

(1) 배우체는 많은 생물체, 아마도 모든 생물체에서 세대 간의 유일한 물리적 고리이다.
(2) 따라서 배우체는 모든 유전적 정보를 담고 있어야만 한다.
(3) 난자와 정자가 세포이기 때문에 모든 유전 정보는 이 성세포 속에 들어 있어야만 한다. 따라서 유전의 물리적 바탕은 성세포이다.

우리는 여전히 두 번째 정보인 세포의 기원이 무엇인지를 알아야 한다.

모든 세포는 세포로부터?

늙은 세포의 분열에 의한 새로운 세포의 기원은 이미 1835년에 관찰되었지만 당시에는 그것이 일반적 현상이라는 것을 깨닫지 못했다. 절대적 권위자였던 슈반은 세포의 기원에 대해 아주 다른 관념을 갖고 있었다.

세포형성에 대한 일반적 원칙은 다음과 같이 설명할 수 있다. 처음에는 아주 액체 같거나 다소간 젤 상태인 구조가 없는 물질이 존재한다. 이것은 화학적 구성과 활력의 정도에 따라 세포의 형성을 유발하는 고유의 능력을 갖고 있다. 일반적으로 핵이 먼저 형성되고 다음에 그 주변의 세포가 생기는 것처럼 보인다. 유기체의 세계에서 세포의 형성은 무기물의 세계에서 결정이 생기는 것과 같다. 세포는 일단 형성되면 고유의 에너지로 생장하지만 생물체 전체로서 일반적 체제를 구성하는 방식으로 유도된다. 이것이 모든 동식물의 생장에 기본이 되는 현상이다. 이것은 세포 바깥에서 세포가 형성되는 경우뿐만 아니라 어린 세포가 기원하는 경우에도 적용된다. 양쪽 경우에 모두 세포의 기원은 액체 상태나 구조가 없는 물질의 상태로 일어난다. 세포가 형성되는 이 물질을 세포발아물질(*cytoblastema*)이라고 부른다. 이것을 비유적으로 결정이 형성되는 용액과 비교할 수 있는데 단지 비유적인 의미에서만 그렇다.

세포의 기원에 대한 이 가설은 생물체의 생활사에서 세포가 일시적으로 나타나는 사건이라고 주장한다. 만일 사실이라면 유전의 단위는 세포가 아니라 전체 생물체라야만 한다. 세포의 기원에 대한 슈반의 가설은 세포분열이 여러 다양한 생물체에서 발생의 다른 시기에 반복적으로 관찰되었기 때문에 곧 동료 과학자들에게서 배척되었다. 점점 더 많은 연구자들이 기존 세포의 분열이 새로운 세포 생산의 유일한 메커니즘이라고 믿기 시작했다.

이것은 의심의 여지가 없는 사실로 증명하기가 지극히 어려운 가설이었다. 1800년대 초반의 현미경과 세포를 연구하기 위한 테크닉은 지금의 기준으로 보면 아주 부적절했다. 때문에 독일의 병리학자 루돌프 피르호(Rudolf Virchow, 1821~1902)가 1855년에 "모든 세포는 세포로부터"(omnis cellula e cellula)라는 견해를 표현하고는 일반적으로 받아들여지기 위해서는 다른 종류의 생물체와 조직에 대한 많은 관찰이 필요했다. 1858년에 행한 강연에서 그는 다음과 같이 표현했다.

새로운 세포는 비세포성 물질로부터 결코 만들어질 수 없다. 동물에서만 동물이 생겨날 수 있고 식물에서만 식물이 생겨날 수 있는 것처럼 세포가 생기려면 이전에 세포가 반드시 존재해야만 한다(omnis cellula e cellula). 이런 식으로 비록 여전히 몇 가지 점이 절대적으로 증명되지는 않았지만 전체 동물이든 식물이든 또는 동식물의 본질적인 성분이든 간에 생물체 전반에 걸쳐 지속적인 발생(continuous development)이라는 영구적인 법칙이 지배한다는 원칙이 확립되었다(피르호, 1863, 《생리학적 병리학적 조직학에 바탕을 둔 세포병리학》, 강의 2).

모든 세포와 생물체가 기존의 세포에서 나온다는 피르호의 의견을 모든 사람들이 동의하는 것은 아니다. 그러나 19세기가 진행되면서 이 가설은 점차 더 맞는 것 같았다. 몇 십 년 내에 프랑스 과학자 루이 파스퇴르(Louis Pasteur, 1822~1895)의 실험으로 생물체와 그 내부 세포의 자연적 발생은 불가능한 것으로 확립되었다. 따라서 19세기 말에 이르러서는 다음의 사실이 의심의 여지가 없는 것으로 확립되었다.

모든 생물체는 생물체로부터,
모든 세포는 세포로부터

그렇게 되자 유전이 세포의 연속성에 바탕을 둔 것에 의문의 여지가 없었다. 이제는 생식세포에 모든 유전 정보가 담겨 있다는 가설을 다루어도 된다. 또한 모든 세포가 개체의 발생과 성세포를 거쳐 다음 세대에 전달하는 데 필요한 유전 정보를 함유하고 있다는 가설도 가능하다.

세포연구의 기술

인류사의 대부분 기간 동안 우리는 환경에 대한 정보를 우리의 감각기관에 거의 전적으로 의존했다. 각각의 감각기관은 가능한 자극의 범위에서 단지 좁은 영역만 감지할 수 있다. 예를 들면, 우리의 눈은 보라와 빨강 사이의 전자기파 부분에만 반응할 수 있기 때문에 우리는 이 두 가지 색깔 사이의 가장 짧은 파장부터 긴 파장 내에 존재하는 보라색, 남색, 파란색, 초록색, 노란색, 주황색, 빨간색만 볼 수 있다. 사람의 눈은 더 짧은 파장의 자외선, X-선, 그리고 감마선 또는 더 긴 파장의 적외선이나 라디오파를 감지할 수가 없다.

우리의 맨눈은 또한 아주 빨리 움직이는 물체에 대한 정보를 줄 수가 없다. 빠르게 움직이는 팬의 개개 회색 날은 더 옅은 회색의 연속적인 원으로 합쳐지게 된다. 소총의 총신을 떠난 탄환도 전혀 보이지 않는다. 또한 아주 작은 물체도 볼 수가 없다. 외견상으로 반색조인 그림의 균일성은 잉크로 찍힌 각각의 점들이 너무 가까워 사람의 눈으로는 구분되지 않기 때문에 나타난다. 자동차의 두 전조등은 멀리 떨어져 있을 때는 하나의 광원으로 보이게 된다. 자동차가 가까이 다가오면 하나의 광원이 두 개로 분리된다.

사람의 눈은 두 물체를 분리하는 능력, 즉 물체가 한 개인지 여러 개인지를 결정하는 능력에서도 차이가 난다. 해상도의 한계는 책을 읽는 거리에서 약 $100\mu m$이며 19m 거리에서는 약 1mm이다. 보다 일반적인 표현은 사람의 눈은 분리된 물체를 1분(각도의 단위 — 역자)까지 구분해낼 수 있다. 그 단위는 두 개의 별이 두 개로 보이려면 얼마나 멀리 떨어져 있어야 하는지를 궁금하게 여긴 로버트 훅(1674)에 의해 결정되었다. 두 별이 1분보다 가까이 있으면 대부분의 사람들은 오직 한 점의 불빛만 보게 된다. 어떤 사람은 좀더 나아 맨눈의 최대 해상 능력이 약 26초 정도이다.

크기가 작다는 사실이 세포를 연구하기 힘든 유일한 이유는 아니다. 대부분의 동물과 그 조직은 불투명하여 현미경으로 검사해도 별로 드러나는 게 없다. 그러나 아주 얇은 조직을 절단하면 빛이 투과되어 일부 구조가 보이게 된다는 것이 발견되었다. 그런데 또 다른 문제가 발생하게 되었다. 동물 조직은 대부분 물로 구성되어 있어서 얇은 절단 조직은 빨리 말라 쭈글쭈글한 덩어리로 바뀐다. 이 현상은 식물세포처럼 지지용 세포벽이 없는 동물세포에서 특히 문제가 된다.

따라서 생물체가 세포로 이뤄진 것과 나중에는 세포의 내부 구조를 알아내기 위해 19세기 초 현미경학자들은 특별한 방법을 개발해야만 했다. 그러므로 세포 내 구조가 온전하게 남아 있는 상태이면서 얇은 절단 조직을 만들 수 있는 방식으로 조직을 보존하는 것이 필요했다.

첫 번째 단계는 고정이다. 알코올이나 포름알데히드, 피크르산 용액, 칼륨 중크롬산, 염화수은, 4산화오스뮴 등의 여러 화학물질이 주로 단백질을 응고시켜 세포를 죽여 단단하게 만드는 것으로 알려져 있었다. 물론 세포의 부위들이 수긍할 만한 정도로 살아 있는 상태와 닮아 보이는 방식으로 되기를 바랐다. 그런 다음 고정된 조직을 파라핀에 끼워 넣어 날카로운 면도날이나 이런 특정 목적으로 고안된 기구인 마이크로톰(microtome)으로 얇은 조각을 만들 수 있었다. 두께가 10㎛인 조각을 만드는 게 가능했지만 대부분의 경우 조직이 외견상 거의 균일하게 보였기 때문에 새롭게 드러나는 것은 거의 없었다. 그러나 재간이 있는 현미경학자들은 모든 짓을 다 시도하였고, 일부 염색약이 세포의 일부 구조는 염색시키지만 다른 구조는 염색을 시키지 않는 사실을 발견했다. 1958년, 카민(carmine)의 묽은 용액이 세포질보다 핵을 더 진하게 염색한다는 것이 그 시작이었다. 카민은 직물염료로서 상업적으로 이용할 수 있었다. 카민은 중앙아메리카와 미국 남서부에서 선인장에 기생하는 연지벌레(Coccus cacti, 둥근깍지 진딧물과에 속하는 작은 곤충. 수컷은 몸이 가늘고 적갈색이며 암컷은 둥근 달걀꼴로서 길이는 약 2㎜ 정도인데 날개는 없고 피가 붉다 — 역자) 암컷의 말린 몸체에서 추출한 것이다. 또 다른 중요한 생물학적 염색약은 헤마톡실린(hematoxylin)인데 1965년에 처음 소개되었다. 이것은 중앙아메리카의 로그우드(Haematoxylon campechianum, 콩과의 작은 교목으로 서인도와 중앙아메리카가 원산지인데 심재에서 얻은 염료는 자주색과 적갈색을 띰 — 역자)에서 추출한 것이다. 이것도 세포질보다 핵에 더 친화력이 높다.

10년 후 많은 아닐린(aniline) 계 염료가 섬유산업용으로 개발되었는데 이들 중 다수는 세포의 유형과 내부 구조를 구분하는 데 유용했다. 그 중 하나가 에오신(eosin, 선홍색의 산성 색소 분석 시약으로 세포질의 염색에 사용—역자)으로, 이것은 1856년에 합성된 최초의 아닐닌 계통 염료이다. 이것은 세포질의 단백질에 아주 높은 친화력을 가진 것으로 드러났다. 따라서 헤마톡실린과 에오신을 모두 사용하여 핵은 푸른색으로, 세포질은 분홍색으로 염색할 수 있었다. 이로 인해 염색하기 전에는 모두 균질해보이던 구조가 드러났다.

19세기 말에 현미경의 기능이 엄청나게 향상되었다. 독일의 예나(Jena) 시에 있던 차이스광학제작소(Zeiss Optical Works)에서 일하던 에른스트 아베(Ernest Abbe) 덕분이었다. 아베는 예나대학의 물리학 교수이자 차이스의 책임 렌즈 디자이너로 생애의 대부분을 보냈다. 나중에 그는 이 회사의 주인이 되었다. 1878년에 그는 오일에 담글 수 있는 대물렌즈를 개발했으며 1886년에는 아포크로매틱 대물렌즈(apochromatic lens, 빛의 굴절로 물체의 위치나 배율이 본래의 모습과 바뀌는 현상을 최소한으로 줄이기 위하여, 색수차 및 구면 수차를 없애는 특수한 광학 유리로 만든 렌즈—역자)를 개발했다. 숙련된 현미경학자의 손아래에서 2천 5백 배의 배율확대가 가능해졌는데 이것은 복합현미경이 완벽할 때 얻을 수 있는 이론적 한계에 가까웠다. 이 한계는 빛의 성질 탓인데 두 가지 물체는 적어도 사용되는 빛 파장의 반이 넘는 거리로 떨어져 있어야만 구분될 수 있다.

그럼에도 불구하고 19세기 종반부 30년간 세포생물학자들은 이용 가능한 기술을 사용하여 '유전의 물리적 바탕이 세포핵이며 그 속에는 염색체가 있다'라는 가설을 확립시킬 수 있었다(세포생물학자가 위상차 현미경과 전자현미경을 이용하여 훨씬 더 많이 볼 수 있게 된 것은 20세기 이후였다).

그러나 19세기 세포생물학자가 항상 부딪힌 어려움이 있었다. 살아 있는 조직은 매우 연약한데다가 슬라이드에 담긴 구조는 세포가 살아 있을 때부터 있었던 것인지, 아니면 아주 급격한 처리의 결과로 생긴 인공물인지 어떻게 확신할 수 있단 말인가? 1800년대 후반 세포생물학자가 세포를 처리한 다음의 과정을 살펴보자.

> 이중으로 염색했을 때 채소 조직의 절단 조각은 현미경 아래에서 아름다운 모습을 드러냈다. 조직이 녹색이면 엽록소를 제거하기 위해 먼저 알코올에 담가야 한다. 그런 다음 라임에서 추출한 염소용액 1/4온스(약 28.4g — 역자)의 라임과 1파인트(473㎖의 물 — 역자)에 완전히 탈색할 때까지 처리한다. 다시 아황산염 소다용액 1드램(*dram*)(약 1.770g과 4온스의 물 — 역자)에서 1시간 동안 적신 후 물로 여러 번 철저히 헹구어 알코올로 옮긴다. 1/2그레인(0.0648g — 역자)의 빨간 아닐린 물감(*magenta*)을 1온스의 알코올에 녹인 붉은 염색액을 준비한다. 이 속에 표본을 30분간 담근 후 재빨리 알코올로 헹구고 난 후, 1/2그레인의 푸른 아닐린 물감을 1드램의 증류수에 녹여 10방울의 묽은 질산용액과 알코올을 첨가하여 전체 부피가 2온스가 되도록 만든 푸른 염색액에 넣는다. 표본을 이 속에 2~3분간만 담근 후 알코올로 헹구어 카유풋유(*cajeput*, 카유풋 나무에서 추출한 방향유로 향료 또는 치통이나 복통에 사용 — 역자)에 넣고 송진과 발삼 위에 올려놓는다[와이드(Wythe), 1880, 《현미경 교본》, p. 348].

미터 단위계에 감사를 표하는 것은 제쳐두고 최종처리가 얼마나 정확하게 살아 있는 세포 구조에 반영되었는지 의아스럽다.

그러나 세포 내 구조의 연구가 유전에 대해 무엇을 알려줄 수 있단 말인가? 아마도 1868년 다윈의 《사육동물과 재배식물의 변이》가 출간된 이후에 활동한 일부 세포생물학자는 범생설의 기초가 되었던 아구를 볼 수 있을지 궁금해 했을 것이다. 이들이 세포를 검사했을 때 온갖 종류의 구, 입자, 그리고 섬유실 형태를 볼 수 있었다. 그 중 어느 것은 아구일 수도 있지만 이런 소기관 중 어느 것이 유전에 어떤 역할을 하는지 어떻게 확인할 수 있을까? 아니면 실제로 어떤 세포 내 구조물의 기능을 어떻게 확인할 수가 있을까?

이러한 어려움에도 불구하고 고정하여 염색한 세포를 연구함으로써 많은 것을 배울 수 있었다. 이 과정은 세포생물학의 발달에서 필요한 단계였다. 가능한 한 많은 다른 종의 연구는 모든 세포에 공통적인 구조가 무엇이며 변이의 범위를 알아내는 데 필요했다.

제13장

염색체 영속성 가설

19세기 후반부 동안 동식물의 몸체가 온전히 세포와 세포의 산물로 구성되어 있다는 가설은 대부분의 유능한 현미경학자들 마음속에 의심의 여지없이 자리 잡았다. 따라서 "이론"(*theory*)이라는 용어를 중요한 자연현상과 연관된 데이터, 가설, 개념의 전체에 적용하면 우리는 세포설(*cell theory*)이란 말을 쓸 수가 있다. 이 특별한 경우에 이것은 살아 있는 상태, 즉 자신을 유지하고 생장하며 생식하기 위해 환경으로부터 획득한 물질을 사용할 수 있는 상태를 유지하는 가장 최소의 단위인 세포의 구조와 기능에 대한 모든 데이터를 통합하는 것이다.

세포를 연구하는 또 다른 중요한 이유는 단순한 수준에서의 조직 구성에 대한 연구가 더 복잡한 수준에서의 이해를 돕는 데 기여하기 때문이다. 예를 들면, 화학물질의 상호작용은 분자 구조를 알면 더 잘 이해할 수 있다. 인체의 운동은 여러 가지 수준에서 연구할 수 있다. 어떤 이는 각각 나름대로 아름다우며 중요한 역할을 하는 발레 댄서나 야구 투수의 복잡한 운동을 관찰하여 기술할 수 있다. 우리가 많은 근육과 그 운동을 가능하게 한 근육의 부착 방식에 대한 정보를 얻으면 그 운동을 더 잘 이해할 수 있다. 또한 근육의 세포 단위를 연구하면, 근육의 운동에 관여하는 미오신, 액틴, 다른 분자들의 활동에 대해서도 이해할 수 있다. 체제의 각 단계에서 얻은 지식은 그 단계 자체에서 타당성을 갖지만 전체 현상을 이해하는 데에도 기여한다. 수소와 산소에 대해 아는 것으로 물의 성질을 예측할 수 없는 것과 마찬가지로 바슬라프 니진스키(Waslaw Nijinsky, 러시아의 남자 발레 댄서 — 역자)와 같은 댄서나 페르난도 발렌수엘라(Fernando Valenzuela, 미국 프로야구 LA 다저스 팀의 투수 — 역자)와 같은 투수의 근육세포에 있는 미오신과 액틴을 아는 것만으로는 그들을 완전히 이해할 수가 없다.

하루살이인 핵(*The Ephemeral Nucleus*)

앞서 언급했듯 살아 있는 세포를 연구하는 데 어려운 탓으로 고정과 염색처리 과정을 거친 것이 선호되는 재료였다. 오직 그 재료를 통해서만 세포 내부의 구조를 명확히 볼 수 있었다. 염색된 세포에서 가장 두드러진 구조는 핵이었다. 많은 염색약, 특히 카민이나 헤마톡실린 같은 염기성 염색약은 핵을 진하게 염색했고 이와 더불어 겉보기에 핵이 보편적으로 존재하기에 핵이 중요하다고 제시하였다. 인간이기에 눈에 보이는 것이 보이지 않는 것보다 더 중요하게 여겨질 수밖에 없다. 아니 더 정확하게는 보지도, 상상해보지도 않은 것을 관찰하거나 실험할 수가 없다.

그런데 무엇이 핵의 기원이란 말인가? 이 사실을 밝히기 위해 수많은 세포학자가 거의 반세기 동안 관찰과 실험을 해야 했다. 1860년대나 1870년대에 이르러서도 일부 저명한 세포생물학자들은 적어도 핵의 일부는 핵에서 기원한 것이 아니라고 계속 믿어 왔다. 동시에 마찬가지로 권위 있는 다른 세포생물학자들은 모든 핵은 기존의 핵에서 기원한 것이라고 주장했다. 이를 설명할 여러 가지 방법이 제안되었는데, 이는 나중에 무사분열(*amitosis*)이라고 알려진 과정으로 핵이 두 개로 나뉘거나 조각나는 것이었다. 예를 들면, 알맞은 재료로 여겨지던 성게의 초기 배에서 세포 전체가 분열되기 바로 전에 핵이 두 개로 나뉘는 것을 볼 수 있었다(〈그림 43〉).

물론 핵의 기원에 대해 단일 메커니즘이 있어야 할 필요는 없었다. 자연현상의 폭넓은 변이성을 고려한다면 다양한 모드의 기원이 있다 해도 놀라지 않을 것이다. 이런 상황에서도 과학자는 자연에서 규칙성을 찾기 마련이고 핵 기원의 항상성 메커니즘이라는 개념이 옳다고 드러나면 만족스러울 것이다.

핵의 연속성을 주장하는 사람들이 설명하기 어려운 또 다른 외견상 공통적 현상은 세포가 분열하기 바로 직전에 핵이 사라지는 것이었다. 즉, 브라운과 슈반이 항상 존재하는 세포 구조라고 주장했던 구형의 몸체가 사라져버린다. 염색한 시료에서는 구형의 핵이 사라지면서 전에는 존재하지 않았던 막대 모양의 몸체가 나타난다. 그러나 막대 모양의 몸체는 인위적인 물질일 것으로 추측되었다. 이러한 막대 모양의 몸체(나중에 염색체라고 부른)를 집중적으로 연구한 결과, 세포학에서 다음 단계의 중요한 진보가 나타났다.

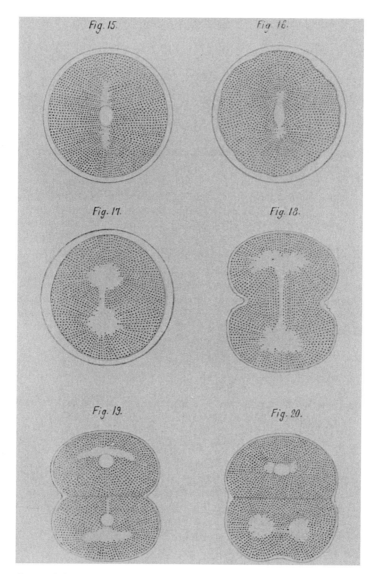

〈그림 43〉 성게 배에서의 세포분열. 1876년에 출간된 오스카 헤르트비그의 〈그림 15〉~ 〈그림 20〉은 살아 있는 배에서 무엇이 보이는지를 나타낸다. 〈그림 21〉~ 〈그림 26〉은 배를 오스뮴 산으로 고정하고 카민으로 염색한 후 보이는 것을 나타낸다. 이제 염색체, 방추, 중심체, 성상체가 보이게 된다.

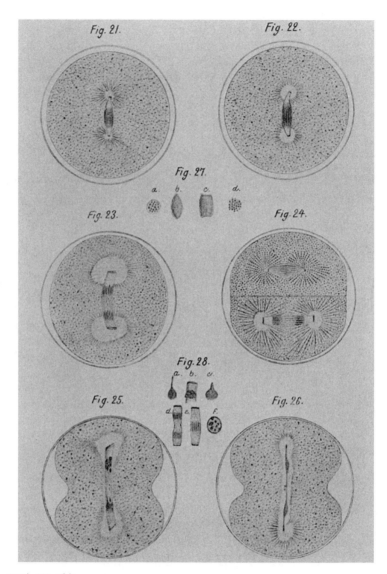

〈그림 43〉 계속.

슈나이더와 플레밍, 그리고 세포분열

1873년에 프리드리히 안톤 슈나이더(Friedrich Anton Schneider, 1931 ~1890)는 지금은 체세포분열이라 불리는, 세포가 분열될 때 일어나는 복잡한 핵의 변화에 대한 최초의 합리적인 설명으로 여겨지는 논문을 출간했다.

슈나이더의 설명은 편형동물의 일종인 메조스토마(*Mesostoma*, 플라나리아와 유사한 와충강에 속하는 하등동물 ― 역자)의 형태학에 대한 일반적 연구의 일부이다. 그의 논문의 거의 전부가 이 작은 편형동물의 해부학에 할애되어 있지만 슈나이더는 주의 깊은 관찰자였기에 자신이 보았던 모든 것을 기술했다. 메조스토마는 내부수정을 하며 자궁에서 초기 발생이 일어난다.

슈나이더는 살아 있는 세포가 분열하기 바로 직전 핵의 윤곽이 불분명해지는 것을 주목했다. 그러나 소량의 초산을 첨가하면 비록 접히고 주름이 졌지만 다시 보인다는 것을 알게 되었다. 나중에 인(핵의 가장 중심에 있는)은 사라졌고 핵에서 남은 부위라고는 그 자리에 깨끗한 자국이었다. 그러나 초산을 처리하니 섬세하고 굽은 실 덩어리가 드러났다. 염색체(1888년 이전까지는 도입되지 않았던 용어인)라고 하는 이런 실은 세포의 중심에 나열되어 있었는데 그 수가 더 늘어난 것처럼 보였다. 세포가 분열하자 이들은 딸세포에게로 전해졌다(〈그림 44〉).

이러한 관찰을 어떻게 해석해야 할까? 답은 아주 불분명했다. 만일 살아 있는 세포에서는 이 실을 볼 수 없고, 초산을 처리하자 갑자기 나타난다면 이들을 인위적인 물질로 가정하는 것은 조심스럽지 않을까? 그렇다고 하더라도 이 실이 지속적으로 관찰되고 이런 이상한 운동을 하는 것처럼 보였다는 것은 비록 보이지는 않더라도 살아 있는

〈그림 44〉 편형동물 메조스토마 배의 난할 동안 일어나는 핵의 변화를 그린 프리드리히 안톤 슈나이더의 도해도(1873). 왼쪽 그림은 여포세포로 둘러싸인 난할이 일어나지 않은 난세포(핵과 인을 가진 투명한 지역)이다. 나선 모양의 구조는 정자이다. 다른 그림들도 지금은 염색체인 "실"(strand)과 세포분열 동안 이들의 운동을 보여주고 있다.

상태로 존재한다고 할 수도 있다.

슈나이더는 곧 복제에서 엄청난 중요성을 지닌 것으로 인정받을 체세포분열(mitosis)이라는 과정을 최초로 상당히 정확하게 기술하고 있다는 사실을 깨닫지 못하고 있었다. 그의 우선 관심사는 메조스토마의 형태학을 연구하여 데이터를 얻고, 이를 이용하여 이 작은 동물과 다른 무척추동물의 관계를 확인하는 것이었다. 다윈 이후의 이 시기 생물학자의 주요 관심사는 생물체의 유연관계와 진화의 대략적인 개요를 잡기 위해 형태학을 연구하는 것이었다.

세포분열에서 일어나는 사건, 특히 핵의 변화는 연구해야 할 중요한 현상으로 받아들여졌다. 실상 핵의 변화는 세포에서 거의 항상 나타나는 유일한 변화였다. 재차 언급하지만 누구나 자신이 할 수 있는 것을 연구하게 마련이다. 그러나 기본적인 어려움이 남아 있었다. 대부분의 생물재료에서 염색체는 인위적인 물질로 살아 있는 세포에서는 보이지 않고 가장 과격한 처리를 한 후에서야 명백해진다. "색깔을 띤 몸체"라는 의미인 그 이름 자체도 인위적인 느낌을 준다. 그러나 어느 누구도 살아 있는 세포가 어떤 막대 모양의 구조를 갖고 있는지는 발견하지 못했다. 이 문제를 해결하는 데 필요한 것은 세포가 살아 있는 동안 염색체를 관찰할 수 있는 동물이나 식물의 종이었다. 그런 후 이들의 세포들을 고정하여 염색할 수 있다. 이들을 비교하여 만일 살아 있는 세포에서 볼 수 있는 구조가 염색한 세포의 구조와 유사하다면 고정과 염색으로 인해 인위적인 물질이 만들어진 것은 아니라는 결론을 내릴 수 있다. 이 과정은 월터 플레밍(Walther Flemming)에 의해 이뤄졌다.

플레밍은 고정과 염색을 거친 재료에서 세포분열 시 핵에서 일어나는 사건에 대응하는 일이 살아 있는 세포에서도 일어나는 것을 보여주는 데 성공했다. 비록 그가 체세포분열을 처음 발견한 것은 아니지만 우리가 오늘날의 체세포분열 개념을 가진 것은 거의 그의 덕분이다. 플레밍 이후에는 단지 세부적인 사항만 추가되었기 때문이다. 그가 성공한 까닭은 연구용 재료의 선택, 고정과 염색을 거친 세포에서 관찰한 것을 살아 있는 세포에서의 확인, 그리고 이전에 이용할 수 있었던 것보다 훨씬 더 좋은 현미경의 이용 덕택이었다(〈그림 45〉와 〈그림 46〉).

플레밍은 많은 종류의 세포를 검사했는데 그 중에서도 도룡뇽 배의 표피에 있는 것들이 상세히 연구될 가치가 있다고 여겼다. 현미경적 기준으로 염색체는 엄청난 크기였고, 이보다 훨씬 더 중요한 점은 주의 깊게 관찰하면 살아 있는 세포에서도 볼 수 있다는 것이었다. 사건이 일어나는 순서는 다음과 같다. 체세포분열을 겪지 않고 있는 핵을 휴지기(resting stage)에 있다고 한다. 이것은 불활성을 암시하기 때문에 잘못된 용어로 지금은 이 시기에도 커다란 생리적 활성이 나타난다고 알려져 있다. 플레밍은 살아 있는 세포의 휴지기의 핵에서 염색체를 보지 못했다. 사실상 핵은 모든 내부 구조가 결여되어 있는 것처

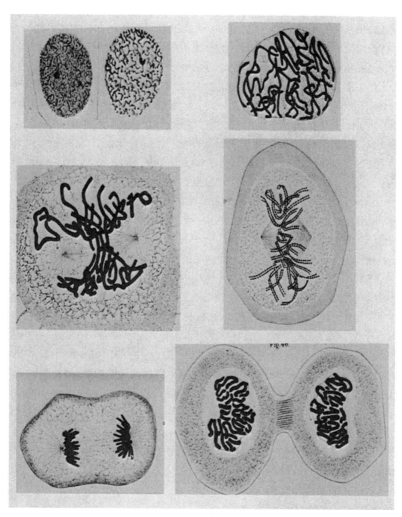

〈그림 45〉 고정과 염색을 거친 도롱뇽 배세포에서 체세포분열을 나타낸 월터 플레밍의 그림 도표(1882). 첫 번째 열 왼쪽에 있는 두 세포는 휴지기 단계에 있다. 염색체로 인식되는 구조는 없지만 두 개의 인이 존재한다. 오른쪽 그림은 전기의 것이다. 인은 사라졌지만 핵막은 여전히 완전하다. 세포질은 보이지 않았다. 두 번째 열의 왼쪽 그림은 특히 잘된 시료로, 중기의 염색체가 배로 늘어나서 각각이 두 개의 염색분체로 된 것을 보여주고 있다. 염색분체는 하단의 왼쪽 그림처럼 분리하여 방추체 극으로 이동한다. 오른쪽 그림에서 세포는 분열하였으며 딸세포 핵의 염색체는 핵막에 둘러싸여 있다.

럼 보였다. 그런 세포를 고정하여 염색하면 핵은 인에 해당하는 한두 개의 커다란 구형 입자와 더불어 밀집하여 짙게 염색되는 그물망과 같은 구조를 갖고 있는 것으로 보였다.

핵에서의 변화가 체세포분열이 진행된다는 첫 번째 표시이다. 외견 상으로 구조가 없는 살아 있는 핵에서 길고 가느다란 실이 모습을 드러낸다. 처음 보이게 될 때가 전기(*prophase*)의 시작이다. (체세포분열은 연속적인 과정인데 기술용 목적으로 세포생물학자에 의해 별개의 단계로 나뉘었다.) 이러한 실은 핵막이 사라지는 중기(*metaphase*)에 세포의 중간에서 모여 염색체로 농축된다. 염색된 세포에서 염색체는 긴 섬유상의 구조인 방추체(*spindle*) 속에 있는 것으로 보인다. 염색된 세포는 또한 방추체의 끝에 작은 입자인 중심립이 존재하는 것을 드러낸다. 중심립에서 방사되어 나오는 별빛 모양인 또 다른 세트의 섬유도 드러냈다. 후기(*anaphase*) 동안 염색체는 두 그룹으로 분리되어 방추체의 반대편 극으로 이동한다. 염색체가 방추체의 끝에 도달하면 그때가 말기(*telophase*)이다. 이 시기에 살아 있는 세포의 염색체는 점차 더 불명확해지면서 핵막이 새로 형성된다. 핵은 다시 휴지기에 들어간다.

이 과정에 대해 어떤 결론을 내릴 수 있을까? 만일 딸세포가 본질적으로 부모 세포와 동일하다면 모든 세포 구조가 복제되어야만 한다. 플레밍은 염색체에서 어떻게 이것이 이뤄지는지 설명할 수 있었다. 만일 단일 세포의 염색체가 딸세포 간에 동일하게 나뉜다면 세포 주기의 어느 시기에서 숫자가 두 배로 늘어나야만 한다. 플레밍은 전기 초기염색체가 처음 나타날 때 두 배로 늘어난 것을 관찰했다. 때문에 이전의 말기에서 염색체가 사라지는 시기와 전기에 다시 나타나는 시기 사이의 어느 시점에 각각의 염색체가 두 배로 늘어났음에 틀림없다.

초기의 배, 심지어 보존처리된 세포에서도 체세포분열의 단계를 결정할 수 있는 또 다른 수단을 발견했다. 예를 들면, 수정된 성게 알에서 세포분열은 (온도에 따라) 매 30분 정도마다 일어난다. 그리고 더 중요한 것은 모든 배가 동시에 발생한다는 사실이다. 따라서 만일 몇 분마다 소량의 시료를 보존하여 염색한 후 나중에 연구하면 사건의 순서를 확인할 수가 있다. 배는 세포분열이 빠르기 때문에 이 과정을 공부하는 데 용이하다. 대부분의 성체조직에서는 상처의 재생이나 생장 시를 제외하곤 분열하는 세포를 흔히 볼 수 없다.

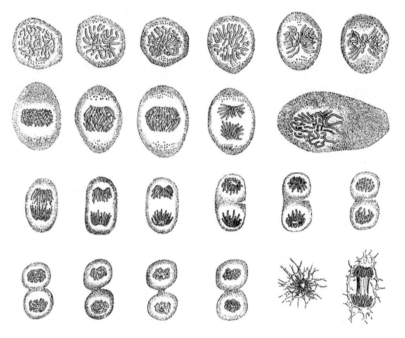

〈그림 46〉 살아 있는 도롱뇽 배세포에서 체세포분열을 나타낸 월터 플레밍의 그림 도표 (1882). 그림은 상단 왼쪽의 전기부터 시작하여 하단의 두 세포로 끝나는 순서로 배열되어 있다. 마지막 두 그림은 극 방향에서 본 염색체와 말기의 측면 모습이다. 제 2열의 가장 오른쪽 그림은 염색체가 배로 늘어난 것을 보여준다.

오늘날 염색체는 주로 체세포분열 시기에만 보이더라도 영구적인 세포 구조로 알려져 있다. 우리는 또한 염색체의 개별성, 즉 보통 각각이 특정 세트의 유전자를 함유하는 상동염색체 쌍으로 존재하는 것도 알고 있다. 플레밍의 관찰을 통해 이런 결론 중 하나라도 얻을 수 있을까? 실제로 그렇지는 않다. 사실상 다음의 가설을 부인할 수가 없다. 다윈처럼 우리가 세포의 유전과 기능이 특정 아구(*gemmule*)의 탓이라고 가정하자. 아구는 휴지기 동안 널리 퍼져 있다. 아마도 세포의 활동을 지시하는 체세포분열이 시작되기 전에 아구는 핵에 집합하여 마치 줄에 꿰인 구슬처럼 서로 연결되어 긴 실인 염색체를 형성할 것이다. 그 후 아구가 달린 염색체는 체세포분열에서 나뉘고 각각의 딸세포는 자기 몫을 받는다. 그 다음 염색체가 해체되고 세포 전체로 퍼져 자신들의 활동을 수행한다. 플레밍의 데이터는 이런 가설을 지지하지도 거부하지도 않는다. 그러나 나중의 연구로 이 가설은 무효가 되었다.

일부 세포생물학자들은 플레밍의 관찰을 염색체가 유전에 관여함을 제시하는 것으로 보았다. 그 주장은 이렇다. 체세포분열 과정이 각각의 딸세포가 자기 몫의 염색체를 받도록 보장하기 때문에 별로 의심할 여지없이 염색체의 복제와 분포를 위한 정교하고 정확한 메커니즘이 근본적 중요성을 가진다고 암시한다. 그리고 유전을 조절하는 요소가 각각의 세포에 할당되는 것을 보장받는 것보다 더 중요한 일이 있겠는가? 이것이 확실히 애매모호한 개념이지만 답을 알기 전에는 개념이 보통 명확하지 않다.

그러나 딸세포는 본질적으로 부모 세포와 동일하게 자라기 때문에 모든 세포 구조가 복제되어서 딸세포에게로 전해져야만 한다고 대응할 수도 있다. 생식과 분포의 과정이 염색체에서 더 쉽게 잘 보이는 것이 단지 우연일 수도 있다. 따라서 염색체, 세포막, 세포질에 있는 그 모든 입자가 동일하게 유전에 관여할 가능성이 있다고 가정하지 못할 이유는 없다.

플레밍과 당시의 다른 많은 세포생물학자들은 핵의 체세포분열이 세포분열과 동시에 일어난다고 강력히 옹호했다. 그러나 핵이 항상 체세포분열에 의해 나뉜다는, 즉 각각의 딸세포가 부모 세포와 동일한 염색체들을 가진다는 가설이 사실이라면 각각의 세대마다 염색체의 수가 두 배로 늘어나야만 한다. 왜냐하면 만일 난자세포와 정자세포의 핵이 체세포분열에 의해 형성되었다면 그리고 만일 수정 시에 이들이 합쳐진다면 접합자는 어쩔 수 없이 부모보다 두 배수의 염색체를 가져야만 한다. 그러나 현실에서는 그렇지 않다. 플레밍과 다른 세포생물학자들은 염색체의 수가 한 종 내에서는 모든 개체와 조사가 능한 모든 세대에서 거의 같아 보인다는 사실을 알고 있었다.

이 가설에는 명백히 문제가 있었다. 수정 시에나 그 전에 염색체의 수를 반으로 줄이는 어떤 메커니즘이 있어야만 한다. 수정 시 난자와 정자의 핵이 융합될 때 염색체도 서로 융합되거나 오히려 그 반대로 반이 소멸된다고 추측해 볼 수도 있다. 아니면 아마도 난자와 정자가 생식소에서 형성될 때 염색체의 수에 어떤 변화가 일어날 수 있다.

염색체와 유전

19세기 후반부에 많은 생물학자들은 오로지 핵, 특히 그 중에서 염색체만이 유전의 전달체일 거라고 추측하기 시작했다. 이미 1866년에 에른스트 헤켈(Ernst Haeckel, 1834~1919)은 핵이 우리가 유전 정보라고 부르는 것의 전달을 담당한다고 제안했다. 이것은 정말 터무니없이 대담한 제안이었다. 이때는 슈나이더가 메조스토마에서의 체세포분열을 기술하기 7년 전이었고 헤켈은 자신의 가설을 지지할 데이터를 갖고 있지 않았다. 그렇지만 그는 당시에 가장 저명한 생물학자 중 한 명으로서 그의 아이디어라면 현실적이지 않더라도 주목을 받곤 했다. 따라서 핵이 유전을 조절한다는 헤켈의 가설은 다른 학자들이 그런 방향으로 생각하도록 이끄는 데 한몫을 했다.

다윈의 《사육동물과 재배식물의 변이》는 2년 후에 출간되었는데 이것도 아주 중요한 과학자가 유전에 대해 의견을 제시한 것이다. 헤켈과 다윈의 가설 간에 커다란 차이는 이 분야가 여전히 미개척 분야임을 의미한다.

1884년에서 1885년 사이에 4명의 독일 생물학자들이 독립적으로 유전의 물리적 바탕은 핵의 염색체여야만 한다는 결론을 내렸다. 이들은 오스카 헤르트비그(Oskar Hertwig), 에두아르도 스트라스버그(Edouard Strasburger), 루돌프 쾰리커(Rudolf Kölliker), 그리고 아우구스트 바이스만(August Weismann)이었다. 처음 세 사람은 실험 세포생물학자였고 바이스만은 시력이 쇠퇴한 탓에 주로 이론적 연구에 몰두해 있었다.

유전의 물리적 바탕을 알아내려고 세포를 연구하는 학생이 맞닥뜨린 근본적인 문제는 유전에 대해 알려진 것을 설명할 수 있는 어떤 세포 내 현상을 찾는 일이었다. 즉, 세포 내에서 교배실험의 결과와 일치하는 무엇을 어떻게 발견할 수 있을까? 다른 식으로 표현하면 유전적 현상과 병행하는 어떤 세포학적 현상을 발견해야 하는 것이었다. 그러나 당시에는 정확한 유전법칙이 존재하지 않았기에 이는 특히 어려운 과제였다. 위에서 언급한 4명의 생물학자들이 유전에 염색체가 관여한다는 가설을 제시하게 한 근거 데이터와 주장은 다음과 같다.

첫째로 보통 부모가 자식에게 그들의 특성을 전해줄 때 동일한 몫을 하는 것처럼 관찰되었다. 위대한 식물 육종학자였던 요셉 고틀리브 쾰로이터(Joseph Gottlieb Kölreuter)가 수행한 연구가 이 사실의 훌륭한 본보기가 된다. 한 세기도 더 이전에 그는 아주 다른 두 가지 담배의 종인 니코티아나 파니쿨라타(Nicotiana paniculata)와 니코티아나 루스티카(Nicotiana rustica)를 교차교배했다. 각각의 부모가 후손에 미치는 영향을 조사하기 위해서는 다른 종을 사용하는 것이 중요했다. 쾰로이터가 보기에는 니코티아나 파니쿨라타의 꽃가루와 니코티아나 루스티카와의 밑씨를 교배하는 경우와 그 역으로 교배하는 경우에 나오는 잡종은 동일했다. 어느 쪽 부모도 우세한 역할을 하지 못했다.

쾰로이터와 다른 많은 사람들이 발견했던 동등성의 바탕이 무엇일까? 동일한 양의 물질이 전달되는 것은 이유가 될 수 없는데, 동물의 경우 정자와 난자 속에 들어 있는 물질이 양적으로 커다란 차이를 보이는 것이 잘 알려져 있기 때문이다. 만일 유전이 오로지 암컷과 수컷이 전달하는 물질의 양에 의존한다면, 그리고 배우체가 세대 간의 유일한 물리적 고리라면 자손에 미치는 암컷의 영향이 수컷보다 훨씬 더 클 거라고 기대할 수 있었을 것이다. 그러나 그렇지 않은 것으로 보였기 때문에 유전의 물리적 바탕에 대한 또 다른 후보를 찾아야만 했다.

따라서 정자와 난자에서 동등한 어떤 세포 내 구성성분이 존재하는 가? 만일 존재한다면 그것이 유전에서 중심적 역할을 하는 후보자일 것이다. 1880년대 후반에 당시 가장 최신의 연구 결과를 바탕으로 한 가능성 있는 후보자가 제시되었다. 헤르트비그와 다른 많은 사람들은 수정 바로 후에 접합자(zygote, 수정란을 칭함―역자)에 두 개의 핵, 암컷의 전핵과 수컷의 전핵이 존재하는 것을 발견하였다. 이들은 동 일한 것으로 보였다. 구조적 동등성이 유전 과정에서 이 두 배우체의 동일한 중요성을 뒷받침하는 것일까?

둘째로는 유전에 안정적인 구성성분과 불안정한 구성성분이 모두 있는 것처럼 보였다. 거의 언제나 후손은 일반적인 몸의 구조에서 그 들의 부모를 밀접하게 닮았다는 것이 관찰되었다. 따라서 배우체를 통해 부모로부터 자식에게 전달되는 것이 무엇이든 그것은 아주 높은 안정성을 갖고 있음에 틀림없다. 그러나 자식이 부모를 정확하게 닮 은 경우는 드물고 더욱이 동일한 부모에서 나온 자식이 서로 다르기 때문에 이 안정성이 완벽하다고 할 수는 없다.

세포에서 안정성의 바탕으로 여길 만한 것이 있는데 그것이 바로 핵의 염색체였다. 세포분열 시 세포질과 그 속에 형성된 구조물들은 수동적으로 우연히 나뉘는 것처럼 보였다. 즉, 만일 아구나 소구체가 우연히 방추의 끝에 있게 되면 그것은 그쪽 편의 딸세포로 이동된다. 반면에 염색체는 복잡한 체세포분열을 거치게 되어 각각의 딸세포가 외견상으로 동일한 세트의 염색체를 받는 결과를 낳는다. 세포분열 시 핵물질이 그렇게 정확하게 분배되는 것은 헤르트비그와 다른 이들 에게 염색체가 유전 정보를 전달하는 데 관여하는 것으로 보였다. 아 마도 중심립을 제외하고는 가능한 다른 후보가 없었을 것이다. 그러 나 중심립은 너무 작아서 관찰하기 어려웠고 심지어 세포생물학자도 이들이 모든 세포에 존재하는지 확신할 수 없었다. 중심립은 수정 전의 난자에서는 없는 것처럼 보였고 고등식물은 이들을 갖고 있지 않는 것 같았기 때문이다.

셋째로 유전에 핵이 관여하는 것을 제시하는 약간의 실험 데이터가 있었다. 단일 세포로 구성된 일부 원생동물을 핵이 있는 부분과 없는 부분, 두 부분으로 자를 수 있었다. 두 부분의 절단 부위는 모두 아물었다. 핵을 가진 부분은 없어진 구조를 재생하여 정상적으로 생식하는 개체로 사는 것이 관찰되었다. 핵이 없는 부분은 전체동물로 재생하지 못했고 생식도 하지 못했다. 죽음만이 그것의 운명이었다.

배우체의 형성

1887년에 아우구스트 바이스만은 다음의 가설을 제안했다.

> 적어도 한 가지 확실한 결과가 나온다. 유전적 성향을 지닌 유전 물질이 존재하고 이 물질은 생식세포의 핵에 함유되어 있는데 그 부분은 핵의 실을 형성하며 어떤 시기에는 고리나 막대의 형태로 나타난다. 더 나아가 우리는 각각의 부모로부터 나온 동일한 수의 고리가 나란히 배열되어 있고 배의 핵이 이런 식으로 구성되어 있다는 사실을 수정의 일부라고 주장할 수 있다. 부모의 두 고리가 나중에 결합, 분리되는가 여부는 이 질문과 관련해서는 전혀 중요하지 않다. 우리 가설에서 요구되는 유일한 근본적인 결론은 각각의 부모에서 유입되는 유전 물질의 양이 완전히 또는 대략 같아야 한다는 점이다.

이 가설에서 유추할 수 있는 한 가지 연역추론은 다음과 같을 것이다.

만일 그렇다면 후손의 생식세포는 양쪽 부모의 통합된 생식질(*germ-plasm*)을 함유할 것이며 따라서 그런 세포는 아버지의 생식질에 함유된 부계의 생식질을 반만 함유하고 어머니의 생식질에 함유된 모계의 생식질도 반만 함유할 수 있다(《유전과 혈족의 생물학적 문제에 관한 에세이》, 1889: 355~356).

이렇게 유전 물질이 반으로 나뉘는 것에 대한 바이스만의 가설은 곧 실험적인 지지를 받게 되었다.

1880년대에 에두아르드 반 베네덴(Edourd van Beneden, 1846~1912), 데오도르 보바리(Theodor Boveri, 1862~1915), 그리고 특히 오스카 헤르트비그(Oskar Hertwig)는 염색체의 수가 반으로 줄게 되는 배우체의 형성 시에 바이스만이 그래야만 한다고 말했던 것처럼 이상한 세포분열이 두 번 일어나는 것을 발견했다. 이 두 번의 분열은 아주 변형된 체세포분열로서 감수분열이라고 명명되었다. 체세포분열과 이름이 너무 유사하여 오늘날까지 혼동되기도 한다.

선충류인 회충(*Ascaris*) 암컷의 난소는 발생 초기에 형성되기 시작하는데 세포 수가 엄청나게 증가하는 것은 체세포분열의 결과이다. 각각의 핵은 2배체(*diploid*)인 4개의 염색체를 갖는데 각 세포분열 전, 전기 초기에 이르면 모든 염색체수는 두 배로 늘어나서 두 개의 염색분체를 형성한 것을 볼 수 있다. 모두 8개의 염색분체는 두 개의 딸세포에게로 나뉘고, 그 결과 각각은 4개의 염색체를 가진다 — 염색분체는 분리되어 염색체가 된다. 회충의 암컷이 성숙하면 난소는 여전히 많은 2배체의 염색체를 갖고, 크게 확장된 난세포를 갖는다. 난세포는 난소에서 방출되어 정자가 유입되기 전까지는 2배체로 남아 있다.

정자가 들어오면 비로소 감수분열이 시작된다.

 감수분열이 시작되면 4개의 기다란 염색체는 각각 짧아져서 작은 구를 형성한다. 그런 다음 4개의 염색체는 시냅시스(*synapsis*; 접합)라고 부르는 과정 동안 서로 모여서 짝을 이룬다. 그런 후 각각의 염색체는 복제되어 두 배로 늘어난다. 따라서 세포는 각각 두 가지 그룹의 염색체 4개를 갖게 되는데, 이들 각각을 사분체(*tetrad*)라고 한다. 사분체는 아주 불균등한 세포분열을 거쳐 나뉘는데 그 결과 "극체"(*polar body*)라고 불리는 아주 작은 구와 커다란 난세포가 형성된다. 각각은 2배체인 4개의 염색체를 함유하는데 이러한 4개의 염색체는 분리되어 있지 않고 2배체 쌍으로 존재한다. 따라서 각 사분체는 두 개의 이분체(*dyad*)로 분리된 셈이다.

 두 번째 감수분열에서 감수분열의 주된 특징을 관찰하게 되는데, 염색체가 두 배로 늘어나지 않는다. 따라서 각각의 이분체는 방추체로 들어가고, 세포분열 후기에 두 개의 염색체는 서로 반대편 극으로 가게 된다. 그 결과 두 개의 염색체를 가진 아주 작은 두 번째 극체와 역시 두 개의 염색체를 가진 커다란 난세포가 형성된다. 따라서 암컷에서의 감수분열은 두 번의 분열을 거쳐 2배체인 염색체 4개를 반수체(*monoploid*, *haploid*와 동의어 ― 역자)의 염색체 두 개로 그 수를 감소시켰다. 이 두 번의 아주 불균등한 감수분열은 사실상 초기 발생이 일어나도록 하는 물질인 난황의 대부분을 유실되지 않게 한다.

 바이스만의 가설로는 수컷에서도 유사한 변화가 일어나야만 한다. 정소를 연구하니 초기 발생 동안 세포들이 체세포분열에 의해 수가 증가된 것을 알게 되었다. 즉, 각각의 딸세포는 2배체인 4개의 염색체를 갖고 있었다. 그러나 성숙한 정소에서 정자로 분화되기 전에 일어나는 마지막 두 번의 세포분열은 감수분열이었다. 4개의 염색체는 시냅스를 형성하여 두 배로 늘어나고 두 개의 사분체를 형성한다. 첫 번째 감수분열에서 각각의 사분체는 이분체로 나뉘어 각 극으로 간다. 암컷에서의 첫 번째 감수분열과는 대조적으로 동일한 크기의 두 세포가 만들어진다. 두 번째 감수분열에서는 염색체의 복제가 일어나지 않고 이분체가 나뉘어 각각의 딸세포는 두 개의 염색체를 갖게 된다.

따라서 정소에 있던 4개의 염색체를 가진 원래의 2배체 세포는 두 번의 감수분열 후에 각각이 반수체인 두 개의 염색체를 갖는 4개의 세포를 형성한다. 이 세포들은 더 이상 분열되지 않고 각각 정자로 분화된다. 수컷에서 두 번의 감수분열은 4개의 정자를 생산하는 반면에 암컷에서는 단지 한 개의 난세포만 생긴다(때로는 암컷에서 첫 번째 극체도 분열하는데 그렇게 되면 두 번의 감수분열은 한 개의 난세포와 두 개가 아닌 3개의 극체를 만든다).

감수분열과 체세포분열의 근본적 차이는 다음과 같다. 체세포분열에서는 각 세포분열마다 각각의 염색체가 한 번 복제하는데 감수분열에서는 두 번의 연이은 분열당 염색체가 오직 한 번만 복제하게 된다. 체세포분열은 세포분열에서 염색체의 수를 일정하게 유지하는 메커니즘인 반면에 감수분열은 배우체에서 염색체 수를 반으로 줄이는 메커니즘이다.

수정

1824년 프레보스트(J. L. Prévost)와 듀마(J. B. Dumas)는 난자가 발생하기 위해서는 정액이 아닌 정자가 필요하다는 수정의 기본적 사실을 밝혀냈다. 그러나 정자의 실제 역할은 이들에 의해 밝혀진 것이 아니다. 앞서 살펴본 바와 같이 조지 뉴포트(1854)는 정자가 개구리의 난세포를 뚫고 들어가는 것을 증명했다. 난자 내에서 어떤 일이 일어나는지를 밝히는 것은 오스카 헤르트비그의 몫으로 남아 있다. 그는 이전의 다른 사람들처럼 성게의 난세포가 수정 직후 두 개의 핵을 갖는 것처럼 보이는 데 주목했다. 이 중 하나는 세포 표면 바로 아래에 위치하고 있었다. 헤르트비그는 이것이 정자로부터 유래된 것이라고 제안했다. 다른 핵은 난세포의 가운데 부근에 있었는데 헤르트비그는 이것이 암컷의 핵이라고 제안했다. 수정이 일어나고 5분 후 정자에서 유래된 것으로 추정되는 핵은 세포의 중앙으로 이동하였다. 수정 후 10분이 지나면 두 개의 핵은 난세포의 가운데에 나란히 놓여 있게 된다. 15분이 지나면 한 개의 핵으로 된다.

헤르트비그는 자신이 수정의 본질적 특징인 정자로부터 형성된 부계 전핵과 난세포의 모계 전핵의 결합을 관찰하고 있다고 믿었다. 이 결합이 체세포분열을 거치면서 새로운 개체의 세포들을 생산하는 배의 핵을 만든다.

선충류인 회충(Ascaris)은 수정의 세부적인 사항을 연구하는 데 훨씬 더 좋은 재료이다. 소수의 커다란 염색체를 갖고 있기 때문이다. 보바리(1888)는 그 과정을 세밀하게 기술했다.

〈그림 47〉에서 A는 정자가 유입된 직후의 전체 난세포이다. 부계 전핵은 4개의 그림 중에서 오른편 아래쪽에 위치해 있다. 짙게 염색

된 두 개의 불규칙한 덩어리는 단핵성 염색체이다. 부계 전핵 바로 위에 주름진 모자 모양의 구조는 아크로솜(acrosome, 정자의 두부에 있는 선체 — 역자)인데 골지체의 물질로 구성된 정자의 머리 부분이다. 난세포의 가운데에 있는 어두운 과립 모양의 덩어리는 중심체인데 마찬가지로 정자에서 유래된 것이다. 12시 방향 근처에 4개의 검은 몸체가 나타나 있다. 위의 두 개는 두 번째 극체의 염색체이며 아래의 두 개는 단핵성인 모계 전핵의 염색체이다. 두 번째 극체는 절단한 배인 B, C, E 그림에도 나와 있다.

B에서는 부계 전핵과 모계 전핵이 서로 가까이 이동하여 그들의 염색체가 불분명해진다. C에서 염색체는 아주 길어져 있다. 비록 지금은 각 전핵에 염색체가 두 개만 있다는 사실이 알려져 있지만 이 도해도에서는 나타나 있지 않다(이것은 어느 한 종에서 염색체의 수는 일정

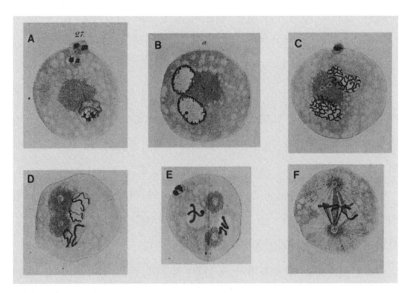

〈그림 47〉 회충의 수정을 나타낸 데오도르 보바리의 그림 도표(1888).

하고 개별적으로 독특하다고 깨닫기까지 겪었던 커다란 어려움을 생생하게 보여주는 예이다 — 대부분의 시기에 염색체는 스파게티처럼 혼란스럽게 보였다). 중심체에서 두 개의 어두운 과립을 구분할 수 있는데 이것이 중심립이다.

D에서 염색체는 또다시 뚜렷해져(B에서 C에 걸쳐 염색체는 변형된 휴지기를 거치게 된다) 각각의 전핵에서 두 개씩 볼 수 있다. 중심체는 두 개로 나뉘는데 각각의 중심에 중심립을 가진다. 이 과정이 E까지 계속된다. F에서 각각의 전핵으로부터 두 개씩 나온 4개의 염색체가 방추에 배열되고, 이 직후에 각각의 염색체가 두 배로 늘어난 것을 볼 수 있다. 즉, 두 개의 염색분체로 구성되어 있다. 염색분체는 분리되어 별개의 염색체를 형성하고 각각의 극으로 이동한다.

체세포분열 기구의 형태는 F에 잘 나와 있다. 각각의 방추체 끝에서 어두운 과립으로 둘러싸인 지역인 아주 작은 중심체를 볼 수 있다. 고정과 염색을 거친 세포에서 각각의 중심체로부터 섬유사가 방사한 것이 보이는데 이것이 성상체이다. 다른 섬유사도 한 중심체에서 다른 중심체로 확장되어 방추사를 형성한다. F에서 세포는 첫 번째 배분열의 중기에 있으며 염색체는 적도판에 배열되어 있다.

반 베네덴, 보바리, 그리고 다른 이들의 연구로 각각의 부모가 동일한 수의 염색체를 접합자로 전달하는 게 분명해졌다. 더욱이 부계와 모계의 핵에 있는 염색체가 구조적으로 동일하게 보였다. 이러한 관찰은 각 부모의 유전적 기여가 대략 동일하다는 오랜 믿음을 설명하는 데 도움이 되었다(〈그림 48〉).

이것은 아주 흥미롭고 중요한 연구였다. 그리고 곧 매우 다양한 동물과 식물을 연구하던 많은 연구자들이 작은 회충에서 발견한 이 사실이 아주 드문 예외를 제외하고는 모든 다른 생물체도 적용된다는

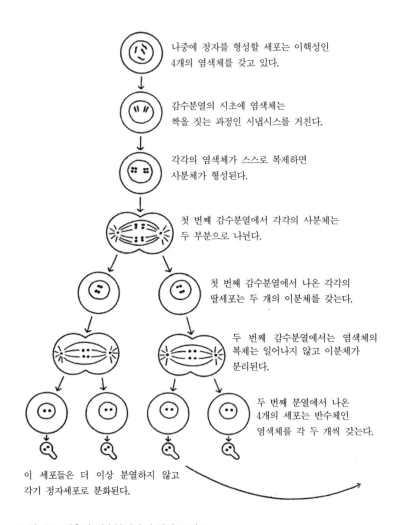

나중에 정자를 형성할 세포는 이핵성인
4개의 염색체를 갖고 있다.

감수분열의 시초에 염색체는
짝을 짓는 과정인 시냅시스를 거친다.

각각의 염색체가 스스로 복제하면
사분체가 형성된다.

첫 번째 감수분열에서 각각의 사분체는
두 부분으로 나뉜다.

첫 번째 감수분열에서 나온 각각의
딸세포는 두 개의 이분체를 갖는다.

두 번째 감수분열에서는 염색체의
복제는 일어나지 않고 이분체가
분리된다.

두 번째 분열에서 나온
4개의 세포는 반수체인
염색체를 각 두 개씩 갖는다.

이 세포들은 더 이상 분열하지 않고
각기 정자세포로 분화된다.

〈그림 48〉 회충의 감수분열과 수정의 모식도.

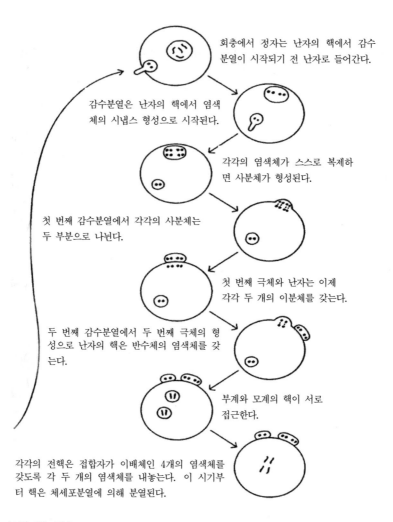

회충에서 정자는 난자의 핵에서 감수
분열이 시작되기 전 난자로 들어간다.

감수분열은 난자의 핵에서 염색
체의 시냅스 형성으로 시작된다.

각각의 염색체가 스스로 복제하
면 사분체가 형성된다.

첫 번째 감수분열에서 각각의 사분체는
두 부분으로 나뉜다.

첫 번째 극체와 난자는 이제
각각 두 개의 이분체를 갖는다.

두 번째 감수분열에서 두 번째 극체의 형
성으로 난자의 핵은 반수체의 염색체를 갖
는다.

부계와 모계의 핵이 서로
접근한다.

각각의 전핵은 접합자가 이배체인 4개의 염색체를
갖도록 각 두 개의 염색체를 내놓는다. 이 시기부
터 핵은 체세포분열에 의해 분열된다.

〈그림 48〉 계속

사실을 발견했다. 물론 일부 사소한 변이는 있었지만 오히려 이들에
대한 집중적 연구로 전체 과정에 대한 이해의 폭을 증가시켰다. 공통
적으로 적용이 가능한 개념이 밝혀지게 된 것이다.

윌슨(E. B. Wilson, 20세기 초 미국 컬럼비아대학 교수로서 유전자가
발생에 미치는 역할을 제안한 발생생물학자. 현재 그를 기념한 메달이 세
포생물학 분야에서 뛰어난 연구를 남긴 학자에게 수여된다 — 역자)은 다음
과 같은 놀라운 진술을 하여 미래를 예견했다.

> 이러한 사실들은 두 생식세포의 핵이 형태적 의미로 정확하게 동등하다
> 는 결론을 정당화하며 핵이 유전적 성질을 가진 것이라는 헤르트비그의
> 발견을 강력히 지지한다. 양성이 기여한 염색체의 정확한 동등성은 양
> 성이 유전의 전달에 전체적으로 동일한 역할을 한다는 사실의 물리적 상
> 관계수와 같다. 그리고 염색체의 물질인 염색질(chromatin)이 유전의
> 물리적 바탕으로 여겨져야 한다는 것을 보여주고 있다. 이제 염색질은
> 뉴클레인(nuclein, DNA를 처음 발견한 미셰르에 따르면 화학식이 C_{29}
> $H_{49} N_9 P_3 O_{22}$이다. 핵단백질의 하나로 단순 단백질과 핵산이 결합된 것
> — 역자)이라고 알려진 물질과 동일하지는 않지만 아주 유사한 것으로
> 알려져 있다. 이것을 분석해 본 결과, 핵산(인산이 많이 들어 있는 복잡
> 한 유기산)과 알부민으로 구성된 꽤 순수한 화학물질인 것으로 드러났
> 다. 따라서 아마도 유전은 한 특정 화합물이 부모로부터 자식에게 물리
> 적으로 전달, 실행된다는 놀라운 결론에 도달하게 된다(《난세포의 수
> 정과 핵분열에 대한 도감》, 1895: 4).

예언적이긴 하지만 동시에 당시에는 검증이 될 수 없었던 가설이
다. 현실적으로 유전을 이해하기 위해 세포학의 데이터만 사용하려는
시도는 19세기가 막을 내림에 따라 막다른 골목에 달하게 되었다. 염

색체의 행동과 교배실험에서 나온 유전 데이터 사이의 인과관계를 어떻게 세울 수 있을까? 그 면에서는 교배실험에 의한 유전의 연구도 막다른 골목에 달하게 되었다. 세포학과 우리가 지금 유전학이라고 부르는 분야에는 새로운 패러다임이 필요했다. 그리고 그것은 1900년에 가장 극적인 방식으로 일어났다.

제14장

멘델과 유전학의 탄생

1900년은 현대 유전학의 출발점이다. 오래전에 죽은 오스트리아의 승려가 1865년에 썼던 간단하고 제대로 인정받지 못했으며 거의 잊혔던 논문이 그 당시 생물학계에 널리 알려져 과학혁명을 일으켰다.

이 이야기는 많은 사람들에게 널리 알려져 있다. 과학자 유고 드 브리스(Hugo de Vries)와 칼 코렌스(Carl Correns)는 1900년에 멘델이 완두를 사용한 실험에서 성취한 것의 중요성을 처음 이해한 사람으로 인정받는다. 드 브리스는 1890년대에 많은 "종"(*species*)과 다양한 식물을 교배하였다. 그 시대의 "종"이라는 용어는 지금 우리가 단일 종으로 여기지만 커다란 영향을 미치는 하나나 소수의 대립형질이 다른 교화 식물의 다른 변종에도 사용되었다. 드 브리스는 이런 다른 "종"들을 "독립적 요인의 혼합체" 또는 단위로 여겨야 한다는 견해를 채택했다.

종 특이적인 형질의 단위는 이런 면에서 확연히 분리된 실체로 보아야하며 그런 식으로 연구되어야 한다. 이들은 다른 방식으로 대할 기초가 제공되지 않는 한 모든 곳에서 서로 독립적인 것으로 취급해야 한다. 모든

교배실험에서 오직 한 개의 특성 또는 정해진 수의 특성만을 고려해야만
한다(스턴과 셔우드, 《유전학의 기원: 멘델자료집》, 1966: 108).

이것은 유전의 물리적 기초에 대한 중요한 사고방식이었다. 유전이
어떤 모호한 물질이나 힘에 바탕을 둔 대신에 별개의 섞이지 않는 요
인에 의한 것이라고 가정했다. 드 브리스는 동일한 구조에 영향을 미
치며 유전되는 이러한 특정형질을 적대특성(*antagonistic character*)이라
고 불렀다. 그는 지금 우리가 사용하는 표현으로는 F_1 또는 잡종 제1
대(*first filial generation*)라고 하는 잡종 후손에서 오직 한 가지 특성만
이 표현되는 것을 간파했다. 그렇다고 하더라도 꽃가루와 밑씨(배주)
가 형성될 때는 "두 개의 적대특성이 분리되면서 대체로 단순한 확률
의 법칙을 따르게 된다"(스턴과 셔우드, 《유전학의 기원: 멘델자료집》,
1966: 110).

드 브리스는 멘델의 연구 결과를 알기 전에 자신의 기본적 결론에
도달했다고 진술했다. 드 브리스가 어떻게 멘델의 논문을 알게 되었
는지에 대한 이야기는 상당히 흥미롭다. 그는 "문헌조사"(*literature
search*)를 통해서가 아니라 과학 발견에서 너무나 중요한 것처럼 보이
는 아주 특별한 우연적인 사건으로 멘델을 알게 되었다. 동료 네덜란
드 과학자인 델프트(Delft) 대학의 베이에리니크(Beyerinck) 교수는
드 브리스가 식물을 잡종교배한다는 사실을 알고는 동일한 주제를 다
루었던 이전의 논문에 관심이 있는지 묻는 편지를 보냈다. 그것은 멘
델의 "식물의 잡종교배에 대한 연구"(*Verzuche über Pflanzen Hybriden*)
로서 드 브리스가 막 자신의 실험 결과를 출판하려고 준비 중이던
1900년에 그의 손에 닿았다. 그는 자신이 멘델의 이전 실험을 확인했
다는 사실을 알면서도 더 광범위한 실험을 하여 논문을 출간하였다.

코렌스에 관한 이야기도 마찬가지로 흥미롭다. 그도 역시 식물을 재료로 유전실험을 하면서 자신의 데이터를 설명할 가설을 개발하려고 시도하고 있었다. 1889년 가을 그는 종종 과학에서 매우 중요한 돌파구의 기원이 되는 것처럼 보이는 해결책을 섬광처럼 떠올렸다. 얼마 후에 그는 멘델의 논문을 인용한 문헌을 발견하고, 멘델의 논문을 찾아보았다. 그는 자신의 데이터를 출간하면서 그것이 멘델이 발견한 바를 어떻게 확인시키는지 보여주었다.

아마도 이제는 멘델이 한 일을 살펴볼 때가 된 것 같다. 그레고르 멘델의 유명한 논문은 일반적 의미의 과학논문이 아니고 자신이 1865년에 브루노(Brünn) 자연사학회에 제출한 강연록으로 구성되어 있다. 전체 데이터가 출간된 적은 없지만 그가 여기 포함한 부분만으로도 범상치 않은 데이터 분석과 더불어 다윈의 《종의 기원에 관하여》에 필적하는 공헌을 하였다.

멘델은 보통 잡종교배라고 부르는 자신의 식물 육종에 대한 실험이 많은 저명한 과학자들에 의해 수행되어 온 사실을 잘 알고 있었다. 멘델의 논문이 나온 지 겨우 2년 만에 출간된 다윈의 《사육동물과 재배 식물의 변이》와 마찬가지로, 여기에서도 일반적 규칙을 도출해내지 못했다. 다윈의 《종의 기원에 관하여》가 출간된 얼마 후 멘델은 유전을 이해하기 위해 자신의 실험을 시작했는데 그렇게 한 한 가지 이유는 "생물체의 진화적 역사에 대한 중요성이 과소평가되어서는 안 되는 질문에 대한 답을 얻기 위한" 필요성 때문이었다. 따라서 멘델의 연구는 진화론의 패러다임 내에서 정상과학으로 출발하였다. 나중에 이르러서는 새로운 패러다임인 멘델 유전학의 시초가 되었다. 이것은 중요한 문제로 어떻게 한 분야에서의 위대한 발견이 다른 분야에 매우 중요하게 되는지를 보여준다.

19세기 중반의 식물 육종학자들은 쉽게 이용할 만한 재료를 넘쳐나게 갖고 있었다. 동일종에 속하는 수많은 식용 및 장식용 식물의 변종들이 선별되어 있었다. 많은 변종들이 서로 아주 달랐는데 너무나 달라서 각자 다른 학명을 갖기도 했다. 일단 변종이 개발되면 이들이 "순종"이 되도록 계속 선별되곤 했다.

멘델은 완두를 이용해 연구하기로 결심하고 34개의 변종으로 실험하기 시작했다. 그는 순종여부를 확인하기 위해 별개의 변종을 2세대 동안 따로 재배했다. 그리고는 변종의 수를 22개로 줄였다.

완두는 중요한 장점을 갖고 있었다. 많은 변종을 이용할 수 있을 뿐만 아니라 재배하기 쉬우면서 세대 기간이 짧았다. 변종을 잡종교배하여 얻은 자손이 종자를 맺었다. 또한 꽃의 구조도 중요했다. 암술과 수술이 꽃잎과 꽃받침 내에 둘러싸여 있고 만일 곤충이 닿지 못하도록 꽃이 덮여 있으면 이들은 자가수분, 즉 꽃가루가 동일한 꽃의 암술머리에 떨어진다.

그런데도 실험용으로 교배할 수가 있었는데, 성숙하기 전에 꽃밥을 제거하고 나중에 다른 식물의 꽃가루를 암술머리에 묻히면 된다. 따라서 멘델은 어느 변종 간에도 교배시킬 수가 있었다. 만일 꽃을 따로 덮어두면 다음 세대는 자가수정의 결과가 될 것이다. 그가 사용한 변종의 일부는 둥근 씨앗을 가졌으며 다른 것들의 씨앗은 주름진 모양이었다. 일부 변종은 황색 씨앗을, 일부는 녹색 씨앗을 가졌다. 모두 합쳐 그는 다음과 같은 7쌍의 대조적인 형질을 사용했다.

영향을 받은 형질	변종
종자의 모양	둥근 것 또는 주름진 것
종자의 색깔	황색 또는 녹색
종피의 색깔	회색 또는 백색
꼬투리의 모양	부푼 것 또는 주름진 것
꼬투리의 색깔	녹색 또는 황색
꽃의 위치	축 둘레 또는 정단
줄기 길이	긴 것 또는 짧은 것

한 변종의 꽃에서 미성숙한 꽃밥을 제거하고는 다른 변종의 꽃가루를 암술머리에 묻혀 이러한 다른 종류의 완두를 교차교배하였다. 그 결과로 나온 잡종 제 1대인 F_1에서 어떻게 교차교배를 하던 자손은 모두 똑같이 한쪽 부모를 닮았다. 만일 둥근 것과 주름진 것을 교배하면 F_1에서 전부 다 둥근 것이 나왔다. 대조적인 형질이 섞이는 일은 없었다. 멘델은 F_1에서 나타나는 형질 중 둥근 것을 우성(dominant)이라고 했다. 나타나지 않는 형질 중 주름진 것을 열성(recessive)이라고 했다.

우리에게 너무나 친숙한 이 결과가 1860년대에는 꽤 뜻밖의 일이었다. 일반적 규칙으로는 F_1이 중간적인 경향을 보인다. 그리고 대부분의 경우 그런 결과를 보이는데 만일 변종이 여러 많은 면에서 다르다면 F_1은 대략 중간형이라는 단순한 이유 때문이다. 그러나 멘델은 모든 차이가 아니라 세부적인 특성의 유전에 집중했다. 어떤 면으로 보면 그는 전체 식물에 대해서는 망각하고 단지 완두의 종자가 둥근 것인지 또는 주름진 것인지만 물었다.

그러나 여전히 수수께끼는 남아 있었다. 만일 둥근 것과 주름진 것을 교배하면 F_1의 모든 개체가 둥근 것으로 되는 사실을 어떻게 설명할 수 있단 말인가? 부모에서의 둥근 것과 자손에서의 둥근 것이 동일한 유전적 바탕을 갖고 있을까? 이 질문에 답할 실험적 방법이 있었다. 멘델은 둥근 모양의 부모가 순종인, 즉 자가수정을 하면 항상 둥근 모양의 자손을 낳는 것을 알고 있었다. 이들은 둥근 것에 대해서는 유전적으로 순수했다.

만일 둥근 모양의 유전적 바탕을 확인하기 위해서 둥근 모양의 잡종 F_1을 자가수정하도록 하면 어떻게 될까? 그래서 식물의 꽃이 곤충에 의해 타가수분을 하지 않고 "자가"(self) 수분하도록 꽃을 덮어두었다. 그 결과는 놀랍게도 둥근 것과 주름진 것이 잡종 2대인 F_2에서 모두 나타났다.

대부분의 식물 육종학자들은 F_2에서 양쪽 변종이 나타났으며 주름진 것은 "세대 건너뛰기"(skipped a generation)를 했다고만 보고했을 것이다. 그러나 멘델은 간단하면서도 혁명적인 일을 했다. 그는 각각의 특성을 가진 개체의 수를 헤아렸다(count). 이런 종류의 많은 교배결과 둥근 것이 5,474개였고 주름진 것이 1,850개였다.

멘델은 7쌍의 대조적인 형질을 유사한 방식으로 각각 교배했는데 일반적 결과는 동일하여 F_1에서 우성형과 열성형이 모두 나왔다. 그러나 중간형은 전혀 나오지 않았으며 우성형이 훨씬 더 많이 나왔다. 예를 들면, 황색 × 녹색 교배에서는 6,022개의 황색과 2,001개의 녹색이 생산되었다.

수학자인 멘델은 이런 단성잡종 교배(즉, 단일 쌍의 대조형질만 따르는 교배)의 F_2에서 우성형에 대한 열성형의 비율이 유사한 것에 주목했다. 둥근 것 × 주름진 것 교배에서는 2.96:1이었고 황색 × 녹색 교배에서는 3.01:1이었다. 멘델은 이론적 비율이 2.96:1이나 3.01:1이 아니고 3:1이라고 추측할 만한 이유를 알았다. 아니면 3/4(75%)이 우성형질을 보였고 1/4(25%)이 열성형질을 보였다고 해도 된다.

멘델이 두 쌍의 대조형질에 대한 유전인 양성잡종교배를 해보니 또다시 일정한 결과를 얻게 되었다. F_1은 두 가지의 우성형질만 보였으며 F_2에서는 모든 4가지 형질이 9:3:3:1의 비율로 나타났다. 즉, 9/16은 양쪽의 우성형질을 보였고 3/16은 한 가지 우성형질과 한 가지 열성형질을 보였으며 3/16은 다른 편의 우성형질과 다른 편의 열성형질을 보였고 1/16은 양쪽의 열성형질을 모두 보였다.

따라서 만일 원래의 부모(P; *parental*) 세대 간의 교배가 황색의 둥근 모양 × 녹색의 주름진 모양이면 모든 F_1은 황색의 둥근 모양이 될 것이다. 그는 F_2에서 315개의 둥근 것 — 황색, 108개의 둥근 것 — 녹색, 101개의 주름진 것 — 황색, 그리고 32개의 주름진 것 — 녹색을 얻었다. 총 56개에서 다른 종류의 비율은 9.8:3.4:3.2:1이었다. 그 비율은 데이터로부터 나온 것이지만 멘델은 이론상 이상적인 실험에서의 비율은 9:3:3:1이라는 가설을 제안했다.

수학자인 멘델은 어떻게 3:1의 비율이 9:3:3:1의 비율과 연관이 있는지를 또다시 파악했다. 두 쌍 또는 그 이상의 대조형질이 관여할 때 개별적 형질에 대해서는 여전히 3:1의 비율이 유효하다는 것을 알아야만 한다. 이미 논의한 두 쌍의 대조형질에 대해 9:3:3:1의 비율이 나타나는 교배에서 단일형질의 비율은 여전히 3:1이다. 9/16이 둥근 것 — 황색, 3/16이 둥근 것 — 녹색, 3/16이 주름진 것 — 황색, 그리고 1/16이 주름진 것 — 녹색의 비율로 나온 교배를 생각해보자. 둥근 것과 주름진 것만을 별개로 따로 보면 둥근 것이 9/16 + 3/16 = 12/16이며 주름진 것이 3/16 + 1/16 = 4/16인 것을 알 수 있다. 12/16 = 3/4이고 4/16 = 1/4이므로 단일 쌍에 대해서는 3:1의 비율을 관찰할 수 있다. 동일한 상황이 황색과 녹색의 쌍에서도 나타난다.

만일 양성잡종교배의 결과로 나타나는 다른 형질의 조합빈도가 무엇인지 묻는다면 개별형질에 대한 분수 값을 단순히 곱한 것이라고 답할 수 있다. 따라서 3/4의 둥근 것 중에서 3/4이 황색이고 1/4이 녹색이다. 그러므로 3/4 × 3/4 또는 9/16가 둥근 것이면서 황색이고 3/4 × 1/4 또는 3/16이 둥근 것이면서 녹색이다. 1/4의 주름진 것 중에서 3/4이 황색이고 1/4이 녹색이다. 그러므로 1/4 × 3/4 또는 3/16이 주름진 것이면서 황색이고 1/4 × 1/4 또는 1/16이 주름진 것이면서 녹색이다. 이것이 9:3:3:1의 비율이 나오는 까닭이다. 멘델은 이렇게 확연한 규칙성을 모든 교배에서 관찰했다. 그는 이런 바탕에는 원리가 있어야만 한다고 가정했다.

단성잡종교배의 모델

물론 있었다. 〈그림 49〉는 멘델이 단성잡종교배를 설명하기 위해 제안한 설명적 가설의 모델이다. 도표와 용어가 모두 반세기 후인 1900년대 초에 표준으로 채택되었다.

유전 교배를 기술하기 위해서 여러 가지 유용한 용어가 사용될 것이다. 유전형(*genotype*)은 개체나 그 개체의 부분에서 배우체의 유전적 조성을 표시하는데 예를 들면 R 또는 r이다. 표현형(*phenotype*)은 둥글거나 주름진 종자처럼 그 개체의 부분에서 유전형이 표현되는 것을 일컫는다. 유전요인을 이제는 유전자(*gene*)라고 부른다. 따라서 종자의 모양에 대한 유전자가 있으며 멘델의 예로 보면 두 가지 상태인 R 또는 r로 존재한다. 유전자의 다른 상태를 대립인자(*allele*)라고 말한다. 따라서 R과 r은 종자의 모양에 대한 유전자의 대립인자이다. 그러나 실제로는 유전자라는 용어를 종종 대립인자의 동의어로 사용한다. 따라서 우리는 정확성이 조금 떨어지지만 R 또는 r 유전자라고 부르기도 한다. 대문자는 우성 대립인자로 소문자는 열성 대립인자 (*allele*) 로 사용한다.

독자가 기본지식을 갖추었다면 P세대에서 유전형을 표시할 때의 "오류"(*error*) 를 바로 눈치 챌 것이다. 유전형을 2배체(*diploid*) 인 RR 또는 rr 대신에 반수체(*monoploid*) 인 R 또는 r로 표기했다는 점이다. 이는 멘델이 유전형에 대한 부호를 유전인자의 세포당 수(*number*) 가 아니라 종류(*kind*) 를 표시하는 데 사용했기 때문이다.

이 교배에서는 오직 한 가지 유형의 꽃가루와 밑씨만 있기 때문에 오직 한 가지 유형의 자손인 Rr만 존재할 수 있다. 이런 F_1 식물이 성숙하면 각 꽃은 꽃가루와 밑씨를 생산할 것이다. 이제 멘델의 모델에서 가장 중요한 특징이 등장한다. 그는 배우체가 오직 한 가지 종류의 유전인자만 가질 수 있다는, 즉 이 교배에서는 배우체가 R 또는 r만 갖고 양쪽을 모두 다 가질 수는 없다고 가정했다. 이런 "배우체의 순수성"(*purity of the gamete*) 은 1900년대 초반 유전학자에게 아주 어려운 문제를 제기했다. 그들은 수많은 아구(*gemmule*) 가 존재한다는 개념에 사로잡혀 있었기 때문이다. 어떻게 배우체가 오직 R 또는 r인 아구만을 갖게 되어 "순수할"(*pure*) 수 있단 말인가? 다음으로 멘델은 꽃가루와 밑씨가 임의적으로 결합하여 그 결과 후손의 종류별 빈도는 다른 종류의 배우체 빈도에 의해 결정될 거라고 가정했다.

〈그림 49〉에 나타나 있는 도표의 외견적 단순성은 오로지 각각의 F_1이 50%의 R 또는 r 꽃가루와 50%의 R 또는 r 밑씨를 생산하기 때문에 유효하다는 것이 강조되어야만 한다. 모든 가능한 조합이 동일한 빈도로 나타나기에 그렇게 구분이 된다. 예를 들어 왼편의 R 배우체(이것이 꽃가루라고 가정하자) 는 R 또는 r 밑씨와 결합할 확률이 동

일하다. r 꽃가루도 마찬가지이다. 〈그림 49〉 하단에 있는 유전 체커 보드는 단성잡종교배의 F_2에서 3:1 비율에 대한 멘델의 가설을 보여 주는 또 다른 관례적인 도표이다. 이 모델은 단일 쌍의 대립형질이 관여하는 모든 교배에 적용되지만 다음의 조건이 적용될 때만 사실로 들어맞는다.

(1) 각 쌍의 대립 유전단위에서 그 쌍의 하나는 우성이고 다른 하나는 열성이다. 우성과 열성은 작동적인 정의로서 양쪽 유형의 유전단위를 가진 개체의 표현형을 검사함으로써 실험적으로 결정된다.

(2) 우성과 열성의 유전형질은 함께 존재할 때 서로를 어떤 식으로든 드러나게 변형시키지 않는다. 따라서 〈그림 49〉의 교배에서처럼 F_1에서 주름진 모양의 부모로부터 나온 r 대립인자는 둥근 모양의 부모로부터 나온 R 대립인자와 결합한다. F_1에서 r 대립인자는 표현되지 않지만 F_2에서는 개체의 1/4이 주름진 것이다. 그들은 그들의 조부모만큼 주름져 있다.

(3) 멘델이 알지 못하는 어떤 메커니즘으로 F_1에서 두 가지 종류의 대립인자는 각 배우체가 오직 한 종류의 대립인자만 함유하도록 분리된다. 즉, 이들은 "순수"(*pure*) 하다. 논의는 R 또는 r을 함유한다.

(4) 마찬가지로 미상의 메커니즘에 의해 R 배우체와 r 배우체는 동일한 수로 만들어진다.

(5) 꽃가루와 밑씨의 조합은 완전히 임의적이며 후손에서 표현형의 빈도는 다른 유형인 배우체의 빈도에 의존하게 된다.

데이터와 모델의 일치가 우연에 의한 것이 아니라는 것을 강조해야만 한다. 비록 위의 항목 1과 2가 사실로 받아들여질 수 있다 하더라도 항목 3~5는 완전히 가설적인 것으로 데이터를 설명하기 위해 고안된 것이다. 이것은 과학적 절차에서 완전히 수용되는 일이다. 모델은 그로부터 나오게 되는 연역추론의 검증 여하에 따라 살아남거나 쓰러지게 된다.

중요한 검증 한 가지를 쉽게 할 수가 있다. 〈그림 49〉 교배에서 F_2 개체는 열성인 주름진 모양의 식물 하나당 우성인 둥근 모양의 식물 3개로 구성되어 있다. 그러나 만일 가설이 사실이라면 둥근 모양의 종자는 가설에서 예측할 수 있는 비율로 두 가지 종류여야만 한다. 따라서 R 유전형을 가진 종자마다 원래의 멘델 도표를 사용하면 Rr인 것

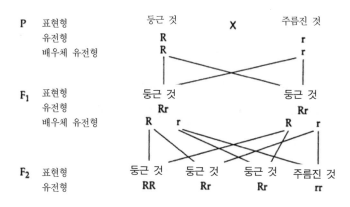

〈그림 49〉 멘델의 단성잡종교배에 대한 모델. P(부모) 세대의 유전형은 멘델이 나타낸 것과 같다. 하단의 유전 체커보드는 F_1 꽃가루와 밑씨에서 F_2(오늘날 우리가 표현하는 식의 유전형)의 기원을 보여주고 있다.

이 두 개 있어야 한다.

R과 Rr 종자를 시각적으로 구별할 수 있는 방법은 없지만 만일 종자를 심어 꽃이 자가수정하도록 한다면 그 자손으로 답을 얻을 수 있다. 따라서 R 유전형은 순종으로 교배하게 되며 Rr 유전자형은 둥근 것과 주름진 것이 3:1의 비율로 나올 것이다. 멘델은 이 종자들을 심어 이것이 사실인 것을 알게 되었다.

양성잡종교배의 모델

〈그림 50〉은 전에 논의했던 양성잡종교배의 모델을 보여주고 있다. 순종인 둥근 모양의 — 황색 식물을 순종인 주름진 모양의 — 녹색식물과 교배했다. F_1 개체는 동일하여 대조되는 형질 모두에서 우성 표현형을 보이고 있다.

F_1에서 배우체의 형성 시에 멘델은 단성잡종교배에서처럼 각각의 배우체가 두 가지 대립단위인 R 또는 r에서 오직 한 가지 유형만 받을 거라고 가정했다. Y와 y에 대해서도 동일하게 가정했다. 이 지점에서는 양쪽 쌍이 독립적으로 분리한다는 또 다른 가정을 해야만 한다. 따라서 각각의 배우체는 R 또는 r을 가지며 또한 Y 또는 y를 갖게 될 것이다. 그기에 꽃가루와 밑씨 모두에서 RY, Ry, rY, ry의 4가지 종류가 나타날 것이다. 모델은 또한 이 종류들이 동일한 빈도로 각각 모두 25% 비율로 존재해야 한다는 것도 요구하고 있다.

두 개의 다른 동전, 1센트와 5센트 동전을 이용한 간단한 게임이 4가지 종류의 배우체가 어떻게 생기는지를 이해하는 데 도움이 될 것이다. 각각의 동전이 유전자를 나타내고 "앞면"(head)은 우성 대립인자를, "뒷면"(tail)은 열성 대립인자를 대표한다고 하자. 두 동전을 모두 던져 그 결과를 기록한다. 만일 충분한 횟수를 던졌다면 1/4은 두 동전 모두 앞면이 나올(위에서 RY 범주) 것이 기대되고 1/4은 두 동전 모두 뒷면이 나올(위에서 ry 범주) 것이다. 1/4이 1센트 동전은 앞면이, 5센트 동전은 뒷면이 될(= Ry) 것이고 1/4은 1센트 동전은 뒷면이, 5센트 동전은 앞면이 될(= rY) 것이다.

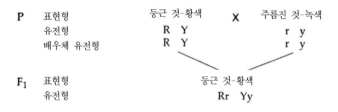

P	표현형	둥근 것-황색	X	주름진 것-녹색
	유전형	R Y		r y
	배우체 유전형	R Y		r y

F_1	표현형	둥근 것-황색
	유전형	Rr Yy

POLLEN

	RY	Ry	rY	ry
RY	RR YY 둥근 것-황색	RR Yy 둥근 것-황색	Rr YY 둥근 것-황색	Rr Yy 둥근 것-황색
Ry	RR Yy 둥근 것-황색	RR yy 둥근 것-녹색	Rr Yy 둥근 것-황색	Rr yy 둥근 것-녹색
rY	Rr YY 둥근 것-황색	Rr Yy 둥근 것-황색	rr YY 주름진 것-황색	rr Yy 주름진 것-황색
ry	Rr Yy 둥근 것-황색	Rr yy 둥근 것-녹색	rr Yy 주름진 것-황색	rr yy 주름진 것-녹색

〈그림 50〉 멘델의 양성잡종교배에 대한 모델. P(부모) 세대의 유전형은 현대적 방식인 RR YY와 rr yy가 아니라 멘델이 나타낸 방식과 같다. 하단의 유전 체커보드는 F_1의 꽃가루와 밑씨로부터 F_2(오늘날 우리가 표현하는 식의 유전형)의 기원을 보여준다.

4가지 종류의 배우체가 있을 때는 〈그림 49〉에서처럼 가능한 조합을 보여주기 위해 선을 사용하는 것이 실용적이지 않을 수 있다. 〈그림 50〉의 아래편에 있는 체커보드를 사용하는 것이 더 편리하다. 이것은 F_2를 생산할 수 있는 모든 꽃가루와 밑씨의 조합을 보여주고 있다. 이제는 모든 배우체가 2배체로 나타나 있다. 체커보드에는 16개의 상자가 있으며 표현형이 합쳐지면 16개 중 9개가 둥근 것 — 황색, 3개가 둥근 것 — 녹색, 3개가 주름진 것 — 황색, 그리고 한 개가 주름진 것 — 녹색이다. 이것이 9:3:3:1의 비율이다.

P와 F_1에서는 오직 황색의 둥근 모양과 녹색의 주름진 모양만이 존재했던 것을 주목하라. 그러나 이 모델은 새로운 유형의 종자인 녹색의 둥근 모양과 황색의 주름진 모양이 나타나는 것을 예측하는데, 이는 실제로 나타난다.

다음이 F_2에 관해 멘델이 보고한 데이터이다.

	실제값	기대값
둥근 것-황색	315	313
둥근 것-녹색	108	104
주름진 것-황색	101	104
주름진 것-녹색	32	35

"실제"(actual) 값은 종자를 헤아린 수치이다. "기대"(expected) 값은 완벽한 9:3:3:1 비율일 때 나와야 할 수치이다. 실제값과 기대값이 밀접하게 일치하는 까닭은 멘델이 자신의 강연에서 실례를 들기 위해 자신의 모델과 가까운 결과가 나온 실험을 선택했기 때문이다.

양성잡종교배에 대한 모델은 가설에 대해 훨씬 더 멋진 검증방법을 제공했다. 가설에 따르면 녹색의 주름진 모양인 32개의 종자를 제외한 모든 다른 종류는 비록 표현형으로는 균일하더라도 유전적으로 다른 개체들로 구성되어 있다는 예측이 가능하다. 이것은 F_2 종자를 심어 식물이 자가수정하도록 한 뒤에 F_3 종자를 헤아리면 검증할 수 있다.

먼저 32개의 주름진 녹색 종자를 고려해보자. 이 종자들을 자가수정시키면 순종교배가 될 것이다. 종자를 심었더니 30개가 자랐다. 모두가 주름진-녹색인 것으로 판명되었다.

101개의 주름진 황색 종자는 눈으로 보아서는 똑같다. 〈그림 50〉의 모델에서 3/16이 이 범주에 속하는 것을 알 수 있지만 두 가지 유전형이 나타나 있다. 3가지 중 하나는 rrYY이고 다른 두 가지는 rrYy이다. 따라서 3개의 종자마다 rrYY 종류는 오로지 순종의 주름진 황색 종자만 생산할 것이다. rrYy 종류인 3개 중 두 개의 종자는 주름진 황색 종자와 주름진 녹색 종자를 3:1의 비율로 생산할 것으로 예측된다. 101개의 종자를 심었더니 96개가 자랐다. 이 중 28개(32개 예상)는 모두 주름진 녹색 종자를, 68개(64개 예상)는 주름진 황색 종자와 주름진 녹색 종자를 3:1의 비율로 생산했다. 따라서 가설에서 나온 연역추론은 사실로 판명되었다.

둥근 녹색 종자에서도 동일한 분석이 이뤄졌다. 이 종류에 속하는 3/16은 한 개의 RRyy와 두 개의 Rryy로 구성되어 있다. RRyy인 1/3은 순종으로 교배해야 한다. 2/3인 Rryy는 둥근 녹색 종자와 주름진 녹색 종자를 3:1의 비율로 생산해야만 한다. 108개의 종자를 심었더니 102개가 자랐다. 이 중 34개는 순종을 생산하고, 68개는 3:1의 비율로 종자를 생산할 것으로 예측된다. 실제값은 35개와 67개였다.

이 가설의 가장 복잡한 검증은 둥근 황색 종자인 F_2의 9/16에 대한 것이다. 체커보드는 9개 중 한 개가 RRYY, 두 개가 RRYy, 두 개가

RrYY, 그리고 4개가 RrYy인 것을 나타내고 있다. 따라서 9개 중 오직 한 개인 RRYY 종류만 순종을 생산해야 한다. RRYy는 3:1의 비율로 둥근 황색 종자와 둥근 녹색 종자를 배출해야만 한다. RrYY는 3:1의 비율로 둥근 황색 종자와 주름진 황색 종자를 생산해야만 한다. 그리고 끝으로 〈그림 50〉에서 F_1과 같은 RrYy은 9:3:3:1의 비율이 되어야 한다. 315개의 종자를 심었더니 301개가 종자를 생산했다. 모델은 각각의 종류에서 (위에서 열거한 순서대로) 실제값이 33, 67, 67, 134일 것으로 예측한다. 멘델은 실제값으로 38, 65, 60, 138을 얻었다.

모든 경우에서 실제값은 기대값에 아주 가까웠다. 기대값은 모델의 엄격한 규칙에 따라 행동하는 배우체의 확률에 바탕을 둔 것이다. 실제값과 기대값이 같은 경우는 전혀 없었다. 동전을 10번 던질 때마다 항상 5번의 앞면과 5번의 뒷면을 기대할 수 없는 것처럼 말이다.

이렇게 꽤 까다로운 연역추론의 검증에서 F_2가 가설과 많이 다르지 않은 F_3를 생산했다는 사실은 이 가설의 유효성을 강력히 지지하고 있다.

멘델의 법칙

여러 변종의 완두 교배에 대한 멘델의 실험과 데이터의 놀라운 분석은 다음의 8가지 중요한 결론을 가져왔다. 1865년에는 이 결론들이 완두에만 해당하는 것이었다. 물론 멘델은 대두를 사용하여 예비 교배실험을 했는데 그 결과는 불분명했다.

(1) 가장 중요한 결론은 유전이 명확하고 상당히 단순한 규칙을 따르는 것처럼 보인다는 사실이다. 멘델은 자신의 모든 교배에 대한 데이터를 설명할 수 있는 모델을 제안했다. 더욱이 모델은 대단한 예측 가치를 갖고 있었는데 이것이 바로 과학에서 모든 가설과 이론의 목표이기도 하다.

(2) 두 가지 다른 유형의 식물을 교배하면 개별적 형질의 혼합이 일어나지 않는다. 7쌍의 대립형질 가운데 한 유형은 우성이고 다른 유형은 열성이다. 즉, 우성형질을 가진 순종인 식물과 열성형질을 가진 순종 식물을 교배하여 형성된 잡종에서 후손은 모두 동일하고 표현형 상으로 우성인 부모와 동일하다.

(3) 위에서 기술한 잡종이 순종인 우성형 부모와 외견상으로는 동일하기 때문에 유전형과 표현형 사이에 정확한 관련이 없다는 결론을 내릴 수 있다. 따라서 둥근 것인 표현형은 RR 또는 Rr 유전형에 기초한 것일 수 있다.

(4) 우성이나 열성 조건을 만드는 유전인자는 잡종에서 함께 나타남으로써 변형되지 않는다. 만일 그런 두 잡종을 교차교배하면, 예를 들어 완두의 F_1 잡종을 자가수정하도록 하면 우성형질과 열성형질을 나타내는 자손이 모두 생산될 것이다. 이러한 자손이 각 형질에 대한 유전인자가 같은 개체에서 연합하여 변형되었다는 증거가 되지는 않는다.

(5) Rr과 같은 잡종을 교배했을 때 두 가지 유형의 유전단위인 R과 r은 서로 분리해서 수정 시에 임의적으로 재결합한다. 자손은 표현형상으로 3:1의 비율이 될 것이고 유전형상으로는 유전형에 대한 현대적 관례를 사용하면 1 RR, 2 Rr, 그리고 1 rr이 될 것이다. 이 분리를 멘델의 제 1법칙이라고 부른다.

(6) 이 비율은 각각의 배우체가 오직 한 유형의 유전인자, 예를 들어 R 또는 r을 받게 될 경우에만 일어난다.

(7) Rr Yy가 Rr Yy와 교배할 때처럼 두 쌍의 대립적인 유전단위가 교배할 때 각 쌍은 독립적으로 행동한다. 즉, 유형의 유전단위는 서로 독립적으로 분배되므로 배우체는 오직 RY, Ry, rY, ry만 될 수 있다. 따라서 각각의 배우체는 각 쌍의 유전단위 중에서 오직 한 종류만 가질 수 있다는 엄격한 규칙하에 모든 가능한 조합이 얻어지게 된다. 다른 종류의 배우체는 동일한 빈도로 존재한다. 이러한 독립적 분배의 현상은 멘델의 제 2법칙으로 알려져 있다.

(8) 멘델의 가설과 모델에서의 설정은 매우 구체적이기 때문에 연역추론을 세우고 관찰, 실험하여 검증할 수가 있다.

멘델의 가설과 모델 간의 관계는 미묘하다. 모델은 "사실"(*fact*)이 아니지만 관찰과 실험으로 얻은 데이터를 설명하려는 시도이다. 예를 들면 3:1 또는 9:3:3:1이라는 비율의 규칙성을 관찰했다. 규칙성은 배후에 특정 자연고정이 작동하고 있음을 암시한다. 그는 어떻게 그런 비율이 달성될 수 있는지를 상상하여 유전을 지배하는 법칙이 무엇인지에 대한 가설을 개발했다. 이 중 하나가 꽃가루나 밑씨가 오직 한 가지 대립인자, R 또는 r을 갖지만 둘 다 갖지는 않는다는 것이다. 또 다른 규칙성은 배우체의 유전형이 정해진 비율로 존재하지만 수정은 임의적으로 일어난다는 점이다. 그는 이런 가설적 법칙 중 어느 하나라도 사실이라는 독립적 증거를 갖고 있지 않았다. 규칙은 데이터를 설명하기 위해 의도적으로 만들어졌다. 그는 다양한 종류의 실험적 교배로 규칙의 유효성을 검증할 수 있었다. 이러한 검증을 거친 규칙은 그가 사용한 완두의 변종에서는 의심의 여지없이 사실인 것으로 확립되었지만 이들이 관련 세포 내 메커니즘을 이해하는 바탕이 되지는 않았다.

1865년에는 실험생물학의 다른 어떤 분야도 대등한 발달 단계에 도달하지 못했다. 그러나 이미 우리가 살펴본 것처럼 어떤 생물학자도 그런 사실을 깨닫지 못했던 것 같다. 확실히 멘델의 연구가 만일 완두에만 적용되었다면 중요하지 않았을 것이다. 훅의 세포 발견이 만일 코르크에서만 관찰되었다면 중요하지 않았던 것과 마찬가지이다. 식물 육종학 분야는 그로부터 어떤 일반적 결론도 이끌어낼 수 없었던 데이터로 넘쳐났다. 멘델은 그 분야의 저명한 학자 중 한 사람인 칼 빌헬름 폰 네겔리(Nägeli)에게 서신을 보내 자신의 결과를 설명했다. 네겔리는 대수롭게 여기지 않았는데 완두에 대한 데이터를 잡종교배 실험에서 얻은 엄청난 변이를 나타낸 또 다른 결과의 하나로 여겼음에 틀림없다.

네겔리는 멘델에게 다른 식물인 조팝나물(*Hieracium*)을 사용해 보라고 제안했다. 멘델은 그의 의견을 좇아 실험했지만 유전에 대한 일관된 규칙을 찾는 데 실패했다. 문제는 멘델에 있는 게 아니라 조팝나물에 있었다. 아주 작은 꽃을 가진 조팝나물로 실험적인 잡종을 만들기는 지극히 어려웠다. 그런데도 멘델은 많은 경우에 자신이 그렇게 했다고 생각했으며 결과에 통일성이 없는 것에 놀랐다. 멘델 사후 한참이 지나 조팝나물에서는 일종의 동정생식(무성생식)에 의한 발생이 일어나는 게 밝혀졌다. 만일 후손의 일부는 수정의 결과이며 다른 일부는 동정생식의 결과라면 통일된 비율을 기대할 수 없기 마련이다.

그래서 심지어 멘델도 자신의 결과가 한정되어 적용된다고 믿었으며 여하튼 그의 모델은 19세기의 후반 30여 년 동안 무시당했다. 그 시기 동안 유전의 선구 연구자 그룹은 실험교배의 패러다임을 포기하고 주로 감수분열 및 체세포분열, 그리고 수정 시 염색체의 행동에 관심을 가졌다. 그들은 자신들이 유전에 대한 물리적 바탕을 닦는다고 믿었는데 차후의 연구로 그들이 옳았다고 판명되었다.

　　멘델의 중대한 연구가 보잘것없는 학회의 저널에 출간되었다는 사실로 인해 그것이 35년간 잊혔거나 알려지지 않았다는 주장이 많다. 그러나 그 35년은 세포생물학이 개화하면서 유전과의 관련 가능성에 대한 관심이 높아졌던 시기이다. 좀더 정확히 말하자면 멘델의 논문이 알려지지 않았다기보다는 그 가치를 제대로 인정받지 못했던 것 같다. 포크(Focke, 1881)는 식물의 잡종교배에 대한 자신의 표준적 처리법에서 멘델의 논문을 간략하게 논의했으며, 나중에 또 다른 저명한 식물교배학자였던 베일리(Bailey, 1895)도 언급했다. 이미 지적하였듯이 멘델은 당시에 가장 저명한 유전학도였으면서도 멘델의 데이터와 분석에 무관심했던 네겔리와도 교신했다.

　　완두에 대한 멘델의 연구가 중요한 발견이면서도 발표할 당시에는 과학계에서 이해하지 못했던 유별난 예는 아니다. 새로운 패러다임은 쉽게 밝혀지지도 않고 채택되지도 않는다. 손과 마음으로 하는 일상적 일을 바꾸는 데 어려움은 새로운 아이디어와 연구 프로그램의 착수에 대한 저항을 촉진시킨다.

　　1900년에 드 브리스와 코렌스에게 이 점은 문제가 아니었다. 그들은 멘델의 논문을 읽기 전에 유사한 연구를 했고 유사한 설명적 가설을 개발하였기 때문에 멘델의 결론이 중요하다는 것을 이해하고 있었다. 그들은 자신들의 패러다임을 창시한 사람을 알기 전에 이미 그 새로운 패러다임하에서 연구하고 있었다.

윌리엄 베이트슨(William Bateson, 1861~1926)에게도 같은 논지가 적용될 수 있다. 그는 수년간 변이와 잡종교배를 연구하고 있었다. 그는 비록 멘델 모델의 규칙성을 직접 관찰하지는 못했지만 어떤 종류의 연구가 필요한지는 알고 있었다. 다음 사실을 고려해보라.

1899년 화요일과 수요일인 7월 11일과 12일, 영국원예학회는 치즈윅(Chiswick)과 런던에서 잡종화(종 간의 교차교배)와 변종 간의 교차교배에 대한 국제학회를 열었다. 이 학회의 저널 24권은 학회의 내용을 수록했다. 따라서 우리는 멘델이 그들의 과학을 바꾸기 직전 당시 세계의 뛰어난 많은 식물교배학자들의 의견을 알 수 있다. 저널 대부분의 논문은 교배의 결과를 기술하고 있지만 베이트슨의 논문(1900)은 이론에 좀더 주목했다. 다음이 그가 기술한 내용의 일부이다.

> 우리에게 가장 먼저 필요한 일은 한 변종을 그것과 가장 가까운 부류(nearest allies)와 교배할 때 어떤 일이 벌어지는가를 아는 것이다. 그 결과가 과학적 가치를 지니려면 그러한 교배의 자손을 통계학적으로 조사해야만 한다. 얼마나 많은 자손이 각각의 부모를 닮았는지, 얼마나 많은 자손이 부모의 형질 간에 중간인 형질을 보이는지를 기록해야만 한다. 만일 부모가 여러 가지 형질에서 다르다면 자손은 각각의 그런 형질을 별개로 나열하여 조사해야만 한다.

이 진술은 마치 베이트슨이 멘델의 이름으로 대학원생에게 박사학위 연구 프로그램을 어떻게 계획해야 하는지를 조언하는 것 같다! 멘델에 관한 이야기에는 흥미로운 면이 많다. 그 중 하나는 거의 전 세계의 관심이 발견한 과학자에게 집중된다는 사실이다. 최근까지 과학자, 특히 생물학자는 과학자로서 "큰돈을 번다"(make their fortune)는 기대를 할 수 없었다. 과학자에 대한 보상은 자연의 규칙성을 탐구하는 기쁨, 잘 수행한 연구, 과감하고 창의적인 가설을 세운 데 대한 동료들의 인정에서 나온다. 오늘날까지도 과학자들은 멘델의 논문을 경이롭게 바라본다. 어떻게 기존의 패러다임을 넘어서서 그렇게 멀리 나아갈 수 있었으며 그의 사후 한참이 지나서도 생물학을 혁명화시킨 관찰을 할 수 있었단 말인가?

학생들에게 흥미로운 또 다른 점은 어떤 분야가 "준비되면"(*ready*) 새로운 발견이 이뤄진다는 재차 반복된 사실이다. 만일 멘델이 생존한 적이 없다 하더라도 유전학의 역사는 아마 크게 달라지지 않았을 것이다. 1900년 무렵에 누군가가 유사한 결론에 도달했을 것이다. 그들이 드 브리스와 코렌스였을 따름이다. 그리고 체마르크(Tschermak)도 매우 근접해 있었기에 드 브리스와 코렌스와 더불어 공동 발견자에 포함된다. 그로부터 1~2년 후에 베이트슨도 유전에 대한 멘델의 법칙을 독립적으로 발견했을 것이다. (그러나 확실히 늘 그렇지는 않지만) 때로는 과학의 진보에는 불가피성이라는 요소가 존재하는 것처럼 보인다.

멘델의 유전설에 대한 초기의 반대

이러한 멘델의 이야기는 1900년에 드 브리스와 코렌스의 논문 발표로 "순수과학"(*pure science*)이 마침내 승리했다고 암시하는 것일 수도 있지만 사실은 전혀 그렇지 않다. 멘델의 결론에 대해 강경한, 때로는 들끓는 반대가 있었다. 이러한 과학의 난투는 주로 4명의 영국인, 멘델 유전법칙의 확고한 신봉자인 윌리엄 베이트슨(William Bateson) 대 반멘델주의자이자 생물측정학자였던 칼 피어슨(Karl Pearson), 프랜시스 골턴(Francis Galton), 그리고 웰던(W. F. R. Weldon) 사이에 벌어졌다. 두 학파는 접근법에서 근본적으로 달랐다. 베이트슨은 실험적 교배로부터 유전에 대한 정보를 찾으려고 했다. 피어슨, 골턴, 그리고 웰던은 생물학적 문제에 수학적인, 특히 통계적 방법을 적용시키려고 했다. 이 생물측정학자들의 반대는 멘델이 수학에 크게 의존했다는 사실을 기억해 볼 때 더욱 놀라운 일이다.

결과를 놓고 보면 베이트슨과 육종학자들은 멘델의 원칙이 어느 정도까지 다른 종들에게 확장될 수 있는지를 보여준 실험을 계속 수행하였다. 그리고 웰던과 다른 이들은 원래의 멘델가설로 모든 것이 다 설명될 수 없다는 지적을 계속하였다.

웰던(1902)은 멘델의 결론을 요약해서 그의 비율에 통계적 검증을 시행했다. 그는 "만일 실험이 100번 반복되었다면 약 95번은 더 나쁜 결과가 나왔을 것이다. 즉, 이처럼 좋거나 더 나은 결과를 얻을 확률은 1/20이다."(《대체유전에 대한 멘델의 법칙들》, p. 235) 수년 후 또 다른 수학에 치우친 과학자인 피셔(R. A. Fischer, 1936)는 멘델의 데이터에 관한 문제를 다루면서 이것이 "너무나 좋다"(*too good*)라고 판단했다. 그에게는 기대값과 실제 데이터가 그렇게 유사한 것이 불가능하게 보였다. 그렇다고 하더라도 다른 사람들이 교차교배를 반복 실험했고 동일한 비율을 밝혀냈다. 1900년과 1909년 사이에 6명의 다른 식물 육종학자가 멘델의 결과를 점검하려고 시도했다(시노트와 던, 《유전학의 원리》, 1925: 47). 예를 들면, 황색 × 녹색의 경우 셈한 종자의 총수는 179,399개였는데 이 중 134,707개(75.09%)가 황색이었고 44,692개(24.91%)가 녹색이었다. 멘델은 75.09% : 24.95%라고 보고했다. 겉보기에 "너무나 좋다"(too good)는 데이터를 얻기가 그렇게 어려운 것 같지는 않았다. 멘델이 자신의 모든 데이터를 출간하지 않았다는 사실을 다시 거론할 필요가 있다. 그의 1865년 논문은 강연록에 바탕을 둔 것이고 그에게는 자신이 제안한 가설을 가장 잘 보여주는 교배실험의 데이터를 선택하는 것이 합당해 보였을 것이다.

멘델주의를 시초부터 수용한 사람들과 그렇지 않은 사람들 간의 논쟁은 심지어 멘델의 발견처럼 중요하면서 많은 데이터와 훌륭한 분석으로 제대로 바탕을 갖춰도 저명한 (노년의) 과학자들에게는 반드시 쉽게 받아들여지지 않는다는 것을 보여준다는 점에서 교훈적이다. 옹호자인 윌리엄 베이트슨은 이러한 전환이 빨리 일어날 수 있도록 했지만 한 세대 후 그 자신도 새로운 패러다임, 즉 멘델의 모델이 염색체의 동력학으로 설명될 수 있다는 제안에 저항했다. 태동기에 멘델주의를 보호하고 발전시키는 데 베이트슨은 같은 영국인인 토머스 헨리 헉슬리가 반세기 전에 다윈주의를 옹호하는 데 활발하고 효과적인 역할을 한 것과 유사한 역할을 했다.

우리는 곧 멘델 유전학의 발달로 되돌아가겠지만 1902년에 또한 동물과 식물육종학 분야를 세포학과 통합시킨 논문이 출간되었다. 따라서 유전의 연구에서 쌍두마차격인 두 가지 접근방식은 서로 연결되어 상호 지지하게 되었고 또한 화합도 필요했다.

유전학 + 세포학:
1900~1910

제15장

1900년대 세포학에서 가장 중요하면서도 논쟁이 많이 되었던 두 가지 문제는 염색체가 세포의 영구적인 구조인가의 여부와 모든 세포의 염색체가 동일한지 아니면 세포마다 서로 다른지의 여부였다. 유전학의 탐구가 현저히 발전하기 전이라도 이러한 질문에 대한 답변이 나와야 하는 것이 오늘날 우리가 보기에는 명백하다.

1900년에는 이러한 질문에 대해 모두가 만족할 만한 답이 없었다. 방금 분열된 세포의 핵이 휴지기로 들어갔을 때 염색체가 "사라지는 것"(*disappearance*)은 염색체가 영구적이고 개별적인 구조라 믿었던 사람들에게 심각한 문제를 제기했다. 가장 자명한 해석은 염색체가 체세포분열의 시작과 더불어 새로이 형성되고 끝나면 해체되는 일시적 구조라는 것이다. 다른 사람들은 염색체가 영구적인데 휴지기로 들어가면서 이들의 끝과 끝이 연결되어 연속적인 핵사가 된다고 믿었다. 핵사는 다음 세포분열이 시작하면서 염색체로 조각난다고 생각하였다. 그러나 매 체세포분열 시마다 동일한 지점에서 조각이 나서 염색체의 개별성이 유지되는 것일까?

113

윌슨의 《세포》(*The Cell*, 1900: 294~304) 제2판에서 염색체는 일종의 영구적, 개별적인 존재라는 가설을 지지하는 증거가 제공되었다. 그는 라블(Rabl)이 1885년, "염색체는 분열이 끝날 때에도 자신의 개별성을 잃지 않고 휴지기 핵에서 염색사 망상 구조로 계속 남아 있다"라는 관찰 결과가 그 증거라고 지적했다. 윌슨은 보바리, 반 베네덴(van Beneden), 그리고 다른 사람들의 회충에 대한 연구를 "망상형 핵(휴지기 핵) 속에 들어가는 염색체의 수가 몇 개이든 나중에 동일한 수가 다시 생겼다"는 사실을 보여주는 것이라고 언급하였다. 이에 대한 최상의 증거는 말기가 끝날 무렵 핵막이 염색체의 끝을 둘러싸는 주머니를 형성하는 회충에서 제공되었다. 이 주머니는 계속 남아 있었으며 그리고,

> 이어지는 분열에서 염색체는 정확히 동일한 위치에서 다시 나타났다. 이들의 말단은 이전처럼 핵의 주머니에 위치하고 있었다 … 이러한 사실을 토대로 보바리는 염색체를 세포에서 독립적으로 존재하는 "개체"(*individual*)나 "기본 생물체"(*elementary organism*)로 여겨야 한다고 결론지었다. 보바리는 자신이 믿는 바를 다음과 같이 표현하였다. "우리는 휴지기 핵에서 생겨나서 핵의 형성 시에 들어가는 정해진 인자와 같은 모든 염색체 인자를 밝혀낼 수 있다. 이로부터 다음의 놀라운 결론에 이르게 되는데 수정난의 규칙적인 세포분열로부터 유래한 모든 세포 속에 있는 염색체의 반은 순전히 부계로부터 유래하였으며, 나머지 반은 모계로부터 유래하였다."

마지막 문장은 당시의 실험 결과로부터 유추할 수 있는 합당한 결론이었다. 회충에서 각 전핵은 두 개씩의 염색체를 제공하여 4개의 2배체 쌍을 이루는 것을 기억할 것이다. 만약 발생 중 체세포분열 동안

개개의 염색체가 정확하게 복제된다면 모든 체세포는 암컷과 수컷의 전핵에 있던 것과 동일한 염색체를 반드시 갖게 된다. 그러나 이것은 엄청난 "만약"(*if*)을 전제로 하는 설명으로 더 많은 실험을 거쳐야 하는 가설로 남아 있었다.

월슨은 이 가설을 지지할 증거를 모으고 있었다. 그러나 많은 세포학자들은 염색체가 영구적이거나 개별적 구조라는 것을 확신하지 못했다. 이들의 의구심은 당연한 것이었다. 증거가 얼마나 미약했는지를 보면 참 흥미로운데 회충 핵막 주머니가 가장 좋은 증거에 해당하였다. 20세기 초 이 질문을 다룬 가장 영향력 있는 세포학적 연구는 몽고메리(T. H. Montgomery, 1901)의 것이었다. 그는 반시류(*Hemiptera*, 진정곤충)에 속하는 수많은 종의 정자와 난자의 형성을 자세히 연구하였다. 그 결과는 자체로서도 중요했고 이를 토대로 다른 사람들이 유전을 이해하는 데 중요한 개념적 진전을 이룰 수 있었다.

반시류에 속하는 종은 여러 점에서 이상적인 생물이었다. 염색체가 지나치게 많지도 않았고 구조적으로 서로 매우 달랐고 개체를 수집하기도 쉬웠다. 무엇보다 가장 중요한 점은 정소의 구조였다. 한쪽 말단에 있는 미성숙 세포가 있고 기관을 따라 지나면서 정자 형성과정의 다양한 단계들을 순서대로 겪고 성숙한 정자로 성장하는 구조이다. 즉, 하나의 정소에서 감수분열과 정자 형성의 전체 과정을 관찰할 수 있다.

몽고메리는 실험 결과를 종합하여 다음과 같이 해석하였다. 염색체는 영구적 세포 구조이다. 이들은 원래 어머니에게서 유래한 것과 아버지에게서 유래한 것이 상동적인 쌍으로 존재한다. 감수분열 중 나타나는 시냅스는 이러한 상동염색체가 짝을 이룬 모습이다. 감수분열에서 각각 정세포는 각 유형의 염색체 쌍에서 하나를 받게 된다. 그는 후기 연구자들이 성 결정과 관련시킨 부가적 염색체도 기술하였다.

몽고메리가 자신의 고전적인 논문을 출간했을 때는 겨우 28세였는데 세포학과 유전학의 데이터를 연관 지어 다음 단계의 중요한 발전을 이룩했던 서턴(W. S. Sutton)과 거의 같은 나이였다. 두 사람 다 40살이 되기 전에 죽었다.

서턴의 모델

유전학의 개념적 진보를 되짚어보면, 1902년이 매우 중요한 해였다는 것을 느낄 수 있다. 월터 스탠버러 서턴(Walter Stanborough Sutton, 1877~1916)은 그해 한 편의 논문을 발표하고 1903년에 두 번째 논문을 발표하였는데 감수분열과 수정에서 염색체의 이동 양식과 멘델의 유전 단위의 이동 양식이 정확히 대응하는 것을 보여준다. 가장 간결한 가설은(오컴의 면도날을 적용한다면 이론 체계는 간결할수록 좋다는 원리 — 역자) 유전 단위가 염색체의 일부라는 것이다. 다른 해석은 유전 단위가 감수분열과 수정 시 정확하게 염색체처럼 행동하는, 잘 알려지지 않은 세포 구조의 일부라는 것이다. 두 가설 중 하나를 선택한다면 알려지지 않은 것보다 알려진 염색체를 연구하는 것이 더 실리를 얻을 수 있을 것이다.

서턴은 당시 컬럼비아 대학에 있던 두 사람의 실험실 학생이었다. 서턴 가설의 두 전제는 몽고메리와 윌슨에 의해 주장된 것이었다. 두 전제 중 하나는 염색체는 핵의 주기 동안 어떤 형태로든 존재하고 있다는 것으로 다시 말하여 영구적인 구조라는 것이다. 또 다른 하나는 염색체가 개별성을 가진다는 것이다(즉, 현재 우리가 알고 있듯이 각 쌍의 상동 염색체는 독특한 유전자 다발이다).

서턴의 1902년 논문은 브라키스톨라(*Brachystola*) 속의 여치 정소 염색체 연구에 관한 것이었다. 이것은 염색체가 서로 다른 모양의 영구적 세포 구조라는 가설에 대한 추가적인 증거를 제공하였다. 그러나 현미경 슬라이드만 보면서 어떻게 이러한 것들을 주장할 수 있을까? 서턴은 염색체의 자세한 구조를 연구하는 것이 가능해지기 오래전부터 이를 연구하고 있었다. 체세포분열과 감수분열에서 이들은 짙게 염색되는 불투명한 구조로 보였다. 유일하게 구분할 수 있는 실용적 수단은 염색체의 크기와 모양뿐이었다. 염색체는 체세포분열의 전기에는 길고 섬세한 실로 보이다가 중기에 짧고 굵은 모양으로 크기가 변하므로 문제가 없는 것이 아니었다. 염색체들이 동시에 크기가 변하는 것으로 보였기에 그의 해결책은 상대적 크기를 사용하는 것이었다.

궁극적으로 정자로 분화되는 정원세포들은 감수분열이 시작되기 전 정소에서 일련의 체세포분열을 진행한다. 가장 어린 정원세포는 23개의 염색체를 가진다. 이 중 하나는 몽고메리를 비롯한 다른 사람들이 여러 종에서 관찰한 것으로 특이한 "부가 염색체"(*accessory chromosome*)라고 불리던 것이었다. 잠시 부가 염색체를 무시하면 다양한 크기와 모양을 가진 22개의 다른 염색체들이 있는 것을 알게 된다. 서턴은 이들을 자세히 측정하여 이들이 22개의 다른 크기가 아닌 11개의 크기로만 존재하는 것을 알아내었다. 다시 말해 각 크기가 두 개씩 11개의 염색체 쌍으로 존재한다는 것이다(〈그림 51〉).

개별 염색체를 구별하는 것은 쉽지 않았지만 8개의 큰 쌍과 3개의 작은 쌍으로 구성된 11쌍을 인식할 수 있었다. 정원세포는 8번의 체세포분열을 수행하는데 치밀한 연구로 각 중기마다 큰 8쌍과 작은 3쌍의 염색체를 볼 수 있었다. 서턴은 이것을 브라키스톨라의 22개 염

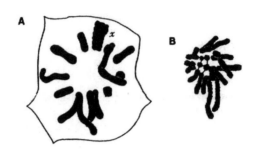

〈그림 51〉 월터 서턴의 메뚜기 염색체를 나타낸 그림 도표(1902). A는 수컷의 반수체 염색체 세트를, B는 암컷의 이배체 염색체 세트를 보여주며 C는 A의 염색체를 크기별로 배열한 것이다.

색체가 11가지 종류라는 증거로 삼았다.

그런 다음 정원세포는 먼저 감수분열을 거치면서 정자를 형성하기 시작한다. 동일한 크기의 염색체는 쌍으로 접합하여 8개는 크고 3개는 작은 11개의 사분체를 형성한다. 두 번의 감수분열로 생긴 4개의 세포는 더 이상의 분열 없이 정자가 된다. 각 정자세포는 8개의 길고, 3개의 짧은 염색체 하나씩을 받게 된다.

암컷의 세포는 연구하기 쉽지 않다. 그러나 서턴은 암컷 역시 8쌍은 길고 3쌍은 짧은 22개의 염색체를 갖고 있다고 발표했다. 암컷과 수컷이 모두 동일하게 긴 8쌍과 짧은 3쌍의 염색체를 가진다는 것은 염색체의 특정성에 대한 추가적인 증거가 되었다. 서턴은 크기 차이가 실제로 존재하며 "보통 당연하게 여기는 것처럼 이러한 차이는 단지 우연적 현상"이 아니라고 제안했다.

따라서 수컷은 11쌍의 2배체와 하나의 부가 염색체를 가지며 암컷은 단 11쌍을 갖는 것으로 보였다(서턴이 오류를 범한 것인데, 이후 다른 연구자들에 의해 암컷은 8개의 긴 염색체 쌍과 3개의 짧은 쌍 그리고 한 쌍의 부가 염색체를 갖는 것이 발견되었다). 한 해 전 맥클렁(McClung, 1901)은 부가적인 또는 "X" 염색체(이렇게 불린 까닭은 이것의 역할이 잘 알려지지 않았기 때문이다)가 수컷을 결정하는 데 관여한다고 제안하였다. 곧 이 주제로 돌아올 것이다.

서턴의 관찰에 의하면, 브라키스톨라의 성숙한 난소는 반수체 수가 11개인 염색체를 갖고 있었다. 정자는 두 종류가 있었다. 반은 11개의 염색체만을 갖고 반은 11개와 더불어 부가 염색체를 갖고 있었다. 그러므로 수정의 결과로 두 종류의 자손이 만들어졌다. 하나는 22개의 염색체를 갖게 되어 암컷이 되며 다른 하나는 22개의 염색체와 부가 염색체를 가져 맥클렁이 옳다면, 수컷이 될 것이다.

멘델법칙의 세포학적 토대

1903년에 더 뛰어난 논문이 발표되었다. "염색체와 유전"이라는 논문에서 서턴은 브라키스톨라의 염색체에 관한 관찰과 추론을 종합하여 발표하였다.

  (1) 2배체 염색체 그룹은 형태학적으로 유사한 두 가지의 염색체 쌍으로 이뤄져 있다. 각 염색체 타입은 두 번 나타나는데 오늘날 우리는 상동염색체 쌍이라고 표현한다. 수정 시에 한 세트는 아버지로부터, 한 세트는 어머니로부터 유래한 것이라는 믿음을 뒷받침하는 강력한 근거가 존재한다.

(2) 시냅스 형성은 상동염색체가 짝을 짓는 것이다.

(3) 감수분열의 결과로 각 상동염색체 쌍에서 하나의 염색체만을 받는 배우체가 만들어진다.

(4) 모양이 크게 변화했음에도 불구하고 체세포분열과 감수분열 전 과정 동안 염색체는 자신의 개별성을 유지한다.

(5) 감수분열에서 각 상동염색체 쌍의 분배는 다른 쌍의 분배와는 무관하다. 각 쌍에서 어떤 것을 받는가는 우연의 결과일 뿐이다.

만약 염색체의 특성, 감수분열, 수정에서 이들의 이동양식에 관한 위의 해석을 수용한다면 서턴이 지적하였듯이 염색체의 이동양식과 멘델 단위의 이동양식은 너무도 흡사하다. 그는 유전 단위가 염색체의 일부라면 멘델의 결과가 해석될 수 있다는 가설을 제시하였다. 멘델의 둥근 것(round)과 주름진 것(wrinkled) 대립인자가 〈그림 52〉에서처럼 상동염색체 쌍 위에 존재한다고 가정하자. 또한 황색(yellow)과 녹색(green)은 다른 상동염색체 위에 존재한다고 가정하자. 그리고 둥근 것 - 주름진 것 × 황색 - 녹색 교배를 해보자. 감수분열 시, 둥근 것 - 황색 부모에서 나온 배우체는 각 상동염색체에서 하나씩 받고 유전자형은 RY가 된다. 황색 - 녹색 부모는 ry 배우체를 형성할 것이다. 모든 F_1 개체는 동일하게 Rr Yy 유전자형을 가질 것이다.

F_1에서의 감수분열로 4개의 염색체는 분리되고 독립적으로 분배될 것이다. 각 배우체는 각 쌍에서 어느 하나를 받게 된다. 즉, RY, Ry, rY, ry의 4가지 유형의 배우체가 생길 것이라 추론할 수 있다. 또한 감수분열로 각 종류는 각각 25%의 확률로 만들어진다. 4개의 유전자형을 가진 배우체가 동일한 비율로 만들어진다면 유전 체커보드를 사용해서 F_2 세대를 추론할 수 있다. 결과는 9:3:3:1이다.

따라서 유전학과 세포학 데이터 간의 완벽한 상응관계는 멘델의 유전단위가 염색체의 일부라는 서턴의 가설을 지지하게 된다. 외견상 서로 다른 자연현상 간의 유사성을 발견하는 일은 인과관계를 발견하는 데 가장 중요한 과학적 연구방법의 하나이다.

서턴의 모델은 멘델의 주요 가정에 대해 공식적 설명을 제공하였다. 예를 들어, "배우체의 순수성"에 관한 문제는 유전단위가 염색체 위에 존재한다고 가정하면 해석된다. 따라서 F_1 배우체 형성 시 정상적 감수분열은 두 상동염색체가 동일 배우체로 가는 것을 방지한다. 예를 들면, R과 r 또는 Y와 y를 가진 F_1 배우체는 생길 수 없다.

또한 감수분열 시의 염색체 이동양식인 분리에 대한 해석도 가능하다. 각 대립인자를 가진 상동염색체는 방추사에 의해 반대 극으로 이동하므로 R은 한 배우체로 r은 다른 배우체로 이동한다. 염색체의 이동양식으로 독립적 분배도 설명할 수 있다. 만약 방추 양극으로 상동염색체가 서로 독립적으로 이동한다면 대립인자를 가진 염색체는 〈그림 52〉처럼 배분될 것이다. 서턴은 두 상동염색체를 서로 구별할 수 없었기에 실제로 이것이 옳은지는 알지 못했다. 이 경우에는 유전학적 결과가 세포학적 분석을 도왔다. 만약 유전인자가 염색체의 일부라면 그리고 만약 유전적 인자가 독립적으로 분배된다면 염색체 역시 독립적으로 분배되어야 한다.

서턴은 유용한, 즉 검증이 가능할 만한 정도로 특정적 가설을 만들어냈다. 만일 '유전자가 염색체의 일부이다'라는 가설을 사용하려면 모든 유전적 이동양식과 염색체 이동양식 간에 상응관계를 찾을 수 있어야 한다. 일반적 조건에서 염색체 현상의 어떤 변이든 유전적 결과에 반영되어야 한다. 마찬가지로 멘델법칙으로 설명될 수 없는 어떤 유전적 비율의 편차도 염색체를 바탕으로 찾을 수 있어야 한다.

연역추론의 일부를 앞에서 언급한 바 있지만 다음은 요약한 것이

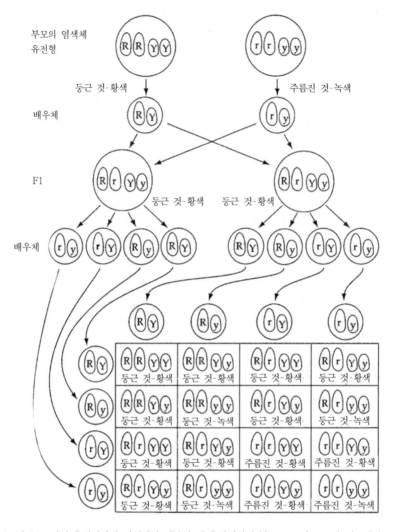

〈그림 52〉 만일 유전인자가 염색체의 일부일 때 유전인자의 분포. 〈그림 50〉과 비교하라.

다. 우선 각 염색체 쌍에 각기 대립되는 대립인자가 있다는 것과 멘델의 유전인자 내용을 포함하는 서턴의 염색체에 대한 가설이 맞다고 가정하자. 즉, Aa와 같은 대립인자의 분리는 감수분열 시 염색체의 분리를 의미한다. 서턴은 자신의 관찰을 바탕으로 배우체가 "순수"하다는, 잘 이해되지 않는 사실을 다음과 같이 설명하였다. 즉, 배우체가 단 하나의 대립인자를 가질 수 있고, 한 쌍의 상동염색체 중 하나의 염색체만이 배우체에 들어갈 수 있다는 것이다. 세포학적 관찰은 그것을 강하게 암시하고 있었다. 유사하게 독립적으로 분배되는 대립인자의 예로 두 번째 감수분열 말기의 염색체를 들 수 있다. 그러나 상동염색체 쌍에 있는 두 염색체를 구별하지 못하는 상황에서 이것은 어디까지나 그럴싸한 가설일 뿐이었다.

이제까지 언급한 연역추론은 세포학이나 유전학 데이터가 이용 가능했기 때문에 검증해 볼 수 있다. 서턴은 자신의 가설이 맞는다면 멘델식이 아닌 결과도 나올 수 있다고 추론하였다.

우리가 염색체와 대립이형(*allelomorph*, 현재는 대립인자) 또는 단위형질 사이에 분명히 상관관계가 있다고 믿는 이유는 앞의 설명으로 보여주었다. 그러나 단일 대립이형이 전체 염색체인지 아니면 염색체의 일부인지는 고려해본 적이 없다. 아마도 의심할 여지없이 후자일 가능성이 더 많다. 그렇지 않다면 개체가 가진 형질의 수가 배우체에서 보이는 염색체의 수보다 더 많을 수가 없기 때문이다. 그러므로 하나의 염색체가 다수의 다른 대립이형을 갖고 있다고 가정할 수밖에 없다. 그리고 염색체가 각자의 개별성을 유지한다고 가정하면 어느 하나의 염색체에 있는 대립이형들은 동시에 유전되어야 한다는 결론이 나온다(p. 240).

따라서 서턴은 하나의 염색체에 많은 유전자들이 존재하며, 이들은 반드시 하나의 단위로 유전되어야 한다고 추론했다. 그렇다면 독립적 분배가 일어날 가능성이 없다. 그러므로 상동염색체 쌍의 수보다 더 많은 수의 대립인자 쌍을 조사하면 원래의 멘델법칙에 대한 예외가 나올 것이라 예측할 수 있다. 서턴의 멋들어진 분석이 핵 또는 핵의 일부가 유전의 물리적 바탕이라는 것을 밝힌, 길고도 어려운 연구의 또 다른 한 단계에 지나지 않는다는 사실을 잊지 말아야 한다. 헤켈(Haeckel)의 "요행수"(lucky guess)가 나온 지 40년이 지났고 그의 추론이 헤르트비그 (Hertwig), 스트라스버그(Strasburger), 콜리커(Kolliker), 바이스만 (Weismann)의 지지를 받은 지 거의 20년이 지났다.

1902년 논문을 발표한 당시 서턴의 나이는 25세로 윌슨의 제자로 컬럼비아 대학의 동물학 실험실 학생이었다. 윌슨은 염색체가 유전의 물리적 근거일 가능성이 있다는 것에 오랫동안 흥미를 갖고 있었다. 더구나 그는 이미 〈셀〉(The Cell, 생물학 분야에서 가장 권위 있는 저널 중의 하나로 주로 분자생물학 분야의 논문을 수록―역자)의 첫 두 회에 논문을 발표했을 정도로 세포학과 발생학에 환상적 지식을 갖고 있었다. 그의 가장 가까운 친구 중 하나인 보바리는 그의 명석한 연구를 통하여 염색체와 그것이 유전에 관여할 가능성에 대한 지식을 아주 많이 더해주었다. 윌슨은 1891년에 브린 마워(Bryn Mawr, 필라델피아 근교에 있는 미국 동부의 명문 여대―역자)에서 컬럼비아 대학으로 왔고 1900년에 토머스 헌트 모건(Thomas Hunt Morgan)이 같은 대학에서 이 대학으로 따라왔다. 윌슨, 서턴, 모건의 이 복잡하고도 상호보완적인 관계는 차후 10년간 초파리(Drosophila)의 연구에서 최고조에 달했다. 그러나 출발 시에는 엄청난 양의 경쟁적 가설과 혼란스러운 사실 속에서 대가도 볼 수 없었던 개념적 질서를 보기 위해 젊고 명석한 과학자가 필요했다.

월슨은 서턴 사후에 작성된 회고록에서 어떻게 서턴이 자신의 가설을 처음 그에게 설명했는지에 관한 이야기를 다음과 같이 썼다.

> 나는 1902년 초봄 서턴이 처음 "왜 노란 개는 노란색인지"를 자신이 정말로 밝혀냈다고 믿는다고 말하면서 자신의 중요한 결론을 나에게 거론하던 때를 생생히 기억한다. 나는 또한 분명히 기억하건대 당시 그의 개념을 완전히 이해하지 못했고 그것이 가진 중요성도 완전히 깨닫지 못했다.
> 우리는 그해(1902) 여름을 처음에는 노스캐롤라이나 주의 뷰포트(Beaufort, N. C.)에서 그리고 다음에는 메인 주의 사우스 합스웰(South Harpswell) 해안에서 동물학 연구를 하며 보냈다. 그 기간 동안 수많은 토론을 통해서 나는 비로소 그의 발견이 가져올 변혁과 근본적인 중요성을 깨달았다. 그가 밝힌 대로 오늘날 멘델법칙의 세포학적 바탕은 가장 복잡한 유전 현상 중 많은 것들에 대한 현대적 해석에 기본이 되었다. 잡종의 차후 세대에서 나타나는 형질의 분리와 재조합 현상, 상호관계와 연관의 현상, 성과 반성 유전, 그리고 방대한 일련의 유사한 현상들이 이전에는 완전히 수수께끼 같았다(서턴, 1917).

의사로서 뛰어난 경력을 가졌던 서턴은 39세의 나이에 죽었다. 그의 짧은 생애 동안 만들어진 생물학 연구 분야의 논문 두 편은 그 근본적 중요성이나 분석의 명석함에서 멘델이나 DNA 구조를 밝혀낸 왓슨과 크릭의 논문에 비길 만하다. 그럼에도 불구하고 달링턴(Darlington, 1961)에 의하면 1920년 중반까지도 영국에서는 "만일 7명이 (유전에서) 염색체 이론에 대한 자신의 믿음을 단언하면서 그에 대한 이유를 든다고 하자. 그러나 7백 명은 이 견해에 반대되는 의견을 제시했을 것이다." 제2차 세계대전 이전에는 일부 중요한 과학 개념이 발견자를 비롯한 일부 전문가들, 과학계 대다수로부터 의심의 여지없는 진실로 밝혀지는 데까지는 시간이 오래 걸리는 경향이 있었다. 이제는 동일 문제에 관해 연구하는 과학자들이 훨씬 더 많은데다 진보가 훨씬 빠른 관계로 종종 훨씬 더 짧은 시간이 걸린다.

보바리와 비정상적인 염색체 세트

20세기 초 세포학은 대체로 기술과학이었다. 말하자면 세포를 다양한 화학물질로 처리하여 일부 세포 구조를 차별적으로 염색하는 것이 고작이었다. 유전의 물리적 바탕이 염색체 속에 들어 있다는 가설을 시험하려는 사람들이 다음의 실험을 진행하는 것은 당시로선 실제로 가능하지 못했다. 만약 가설이 진실이라면, 개별 염색체를 제거한 개체에는 어떤 변화가 생겨야만 한다.

그럼에도 불구하고 보바리(1902년과 특히 1907년)는 이것을 수행할 방법을 발견하였다. 비정상적 염색체 세트를 가진 성게의 배아를 만들었던 것이다. 그가 사용했던 성게는 2배체 염색체 수가 36개였다. 염색체들은 작고 모양이 비슷하였다. 모든 염색체가 서로 달라야 할 이유는 없었다(와이즈만이 각각의 염색체가 모든 유전 정보를 갖고 있다고 제시했던 것을 기억해보라). 그러나 보바리는 염색체가 서로 다르며 정상적 발생에는 36개의 정상적인 세트가 필요하다는 가설을 시험하기로 작정하였다.

첫 세포분열이 일어나기 전, 정상적인 수정란에는 36개의 염색체가 복제되어 72개의 염색체가 만들어진다. 그리고 이들은 첫 분열 시 균등하게 분배되어 각각의 딸세포에 36개씩 들어간다. 그 후 체세포분열 동안 이 수가 유지된다.

보바리는 성게의 수정 시 정자의 농도를 높여주면 두 개의 정자가 하나의 난자에 들어갈 수 있다는 것을 알고 있었다. 반수체 염색체의 수가 18개이므로, 이중정자를 가진 배아는 두 개의 정자에서 각각 18개씩 그리고 난자의 전핵에서 온 18개, 총 54개의 염색체를 가진다. 첫 번째 난할이 일어나기 전 각 염색체는 복제되어 총 108개가 된다. 이 상태에서 비정상적인 첫 번째 세포분열이 일어나면서 배아는 4개의 세포로 분열된다[각 정자가 중심체와 중심소체인 "분열중심"(division center)을 갖고 들어오기 때문이다]. 이 각각의 세포가 정상적인 36개의 염색체를 받을 방법은 없다. 만약 108개가 공평하게 4개의 세포로 나뉘면, 각 세포는 27개의 염색체를 갖게 된다. 실제로 세포를 고정하여 염색하면 네 세포로의 염색체 배분이 매우 불규칙적인 것을 볼 수 있었다. 즉, 각 세포가 정상적으로 발생하기 위해 정상적인 36개의 염색체를 가져야 한다면 이 이중 정자 난자는 비정상적으로 발달할 것이다. 실제로 그러하였다 — 1,500개의 배 중 1,498개가 비정상적이었다. 실험상의 문제 때문에 정상적인 배가 생기지 않았다고 믿는 경우도 있었다.

또 다른 실험과정에서 보바리는 이중 정자 난자를 흔들어주면 분열중심 중 하나가 분열하지 않는다는 것을 알아냈다. 그 결과 방추사는 서로 연결된 삼각형으로 배열된 3개의 분열중심이 있게 된다. 이러한 배는 첫 번째 분열에서 3개의 세포로 나뉜다. 염색체도 역시 불규칙하게 분배된다. 그러나 이 경우는 적어도 각각의 세포가 정상적인 36개의 염색체를 가질 가능성(chance)이 생긴다. 전체 수 108을 3으로 나누면 36이 되기 때문이다. 719개의 배를 조사한 결과 58개가 정상적으로 발생했다. 보바리에 따르면 이러한 데이터는 일부 배의 세포가 정상적인 염색체 세트를 받아 정상적으로 발생할 수 있는 기대확률과 상당히 잘 들어맞는다. 그러므로 배의 모든 세포가 정상적으로 발생하려면 정상적인 36개의 염색체 세트를 가져야만 한다는 결론을 내렸다. 한 세트 내의 각 염색체는 동일한 모양으로 보일지라도 각기 특이한 특성을 부여받았다는 것을 의미한다.

서턴과 보바리는 완전히 다른 실험방법으로 동일한 결론, 즉 염색체가 유전의 물리적 바탕이라는 결론에 도달했다. 물론 이들은 염색체가 유전 정보를 가진 유일한 것임을 보여주지는 못했다. 서턴은 유전자를 본 적이 없을 뿐만 아니라 유전자가 염색체의 일부라는 것도 알지 못한 채 유전자와 염색체가 관련이 있다는 가설을 만들어 시험하였다. 그는 유전자와 염색체가 감수분열과 수정 시 정확히 상응하는 식으로 행동하였기 때문에 이들이 서로 관련 있다고 보았다. 이것은 확실히 간접적인 증거이지만 종종 과학에서는 현상의 상응적 행동에 바탕을 두고 인과관계의 발견이 이뤄진다. 예를 들면, 오래전에 조수의 일주기가 달의 상대적 위치와 관련이 있으며 해의 위치와는 상관이 적다라는 사실이 주목받았다. 달과 조수의 상관관계가 여러 가지 방법으로 확인되어 가설이 확고히 자리 잡을 수 있었기에 미래의 조수를 높은 정확도를 갖고 예측할 수 있다. 달과 조수의 관계를 연구하는 데 상응적 행동은 유일하게 실제로 가능한 방법이다. 달을 태양계와 분리하여 결과를 관찰하는 것과 같은 결정적 실험을 수행할 수는 없다. 그러나 상호관계가 항상 인과관계를 의미하는 것은 아니다. 오랫동안 28일의 달 주기와 28일의 월경주기가 인과적으로 연관되었을 것이라 의심했지만, 현재까지 그렇다는 확실한 증거는 없다.

보바리의 실험과 서턴이 상관관계를 발견한 것 중 어느 방법이 더 우수한 것일까? 가설을 뒷받침한다는 점에서 둘은 거의 동등하다. 그

점을 넘어서면 크고 중요한 차이가 있다. 보바리의 접근 방법에서 다음 단계는 무엇일까? 보바리의 방법으로는 유전의 본성에 대해 더 깊은 식견을 얻기가 쉽지 않다. 보바리는 염색체를 변화시키고 그 결과를 관찰하면서 염색체와 유전의 상관관계를 더 직접적으로 검사할 수 있었다. 다음에는 개개의 염색체를 제거하는 것을 생각해 볼 수 있지만 그것은 불가능하였고 염색체를 다른 염색체와 서로 구별할 방법이 없었다.

반면에 서턴의 접근 방법은 보바리보다 훨씬 더 우아했다. 보바리는 할 수 없었던 멘델의 법칙과 세포학을 연결시킬 수 있었고 검증이 가능한 추론을 제시할 수도 있었다. 서턴은 10년 후 모건의 초파리 그룹의 연구로 고전적 유전학이 최고점에 도달하게 될 발판을 마련하였다. 그리고 마침내 모건 그룹이 유전적 방법으로 개별적인 염색체를 조작할 수 있게 되었다는 점은 흥미롭다.

멘델 유전비율의 변이

1902년에 《왕립학회 진화위원회 보고서》(*Reports to the Evolution Committee of the Royal Society*)라는 시리즈의 시작 부분에 근본적인 중요성을 띤 또 다른 논문이 발표되었다. 첫 번째 것은 베이트슨과 에디스 손더스(Edith R. Saunders)의 논문이었다(1902). 1897년에 멘델을 알기 전에 이들은 다른 변종의 식물과 동물로 일련의 교배를 시작하였다. 멘델의 논문을 읽게 되자 이들은 "유전에 관한 전체 문제가 완전한 혁명을 거치게 되었다"는 것을 깨달았다(p. 4). 그들의 교배결과는 멘델의 패러다임으로 설명될 수 있었다. 이들은 또한 멘델 유전학의 일부 기본 용어를 제공했다.

생식세포(*germ-cell*)의 순수성과 대립형질을 모두 전달할 수 없다는 것이 멘델 연구의 중심사실로 드러났다. 따라서 우리는 상반되는 쌍으로 존재하는 단위형질의 개념을 갖게 되었다. 그러한 형질을 대립이형(*allelomorph*)이라고 부를 것을 우리는 제안하며 한 쌍의 대립되는 대립이형적 배우체가 결합하여 형성된 접합체를 이형접합자(*heterozygote*)라고 부를 것이다. 마찬가지로 동일한 대립이형을 가진 배우체가 결합하여 형성된 접합체를 동형접합자(*homozygote*)라고 부를 것이다(p. 126).

곧 대립이형(*allelomorph*)은 유전자(*gene*)와 유전자 좌위(*locus*)라는 다른 두 용어와 밀접한 연관성을 가진 대립인자(*allele*)라는 단어로 축약되었다. 분자유전학이 생기기 이전 이 용어들은 다음과 같이 구분되었다. 유전자는 염색체의 일부로서 당연히 탐지할 수 있는 개별적인 효과를 초래한다(유전의 원자!). (그렇지 않다면 우리는 그 존재를 결코 알지 못할 것이다) 염색체상에서 유전자가 점유하는 위치는 유전자 좌위이다. 대립인자는 돌연변이로 야기된 유전자의 표현으로 확인이 가능한 변이형이다. 우리가 아는 모든 유전자는 적어도 두 개의 대립인자를 가지며 그렇지 않다면 이것의 존재를 아직 모르는 것이다. 멘델은 다른 표현형을 만드는 두 대립인자를 가진 완두콩에서 이들 유전자를 알아내었다. 완두콩은 아직도 알려지지 않은 많은 유전자를 갖고 있다. 새로운 변이형이 인식될 만큼 변화는 없었기 때문이다. 새로운 돌연변이 대립인자가 눈에 띌 만큼 다를 때 유전자의 존재가 인지된다.

완두의 변종에 대한 교배결과인 우성과 열성, 단성교배에서 F_2는 3:1로 나타나고 양성교배에서 F_2는 9:3:3:1로 나오는 분리와 독립적 분배는 고도의 일관성을 보였기에 그 발견의 보편성에 대해 의문이 제기되었다.

오늘날까지도 전형적인 멘델의 단성교배와 양성교배의 비는 가장 흔한 패턴이지만 유일한 패턴은 아니다. 아주 다양한 생물종이 연구되자 이형접합자가 중간형이거나 다른 두 유전자가 상호작용하여 완전히 새로운 표현형을 나타내는 예들이 나타났다.

진화위원회에 제출한 첫 보고서에 베이트슨과 손더스(1902)는 수많은 교배를 기술하였다. 이들 중 다수는 멘델의 연구를 알기 전에 시작된 것이었다. 손더스는 동자꽃속(*Lychnis*)류의 야생종을 이용한 자신의 실험을 기술하였다. 이 종의 어떤 것은 털이 많고(*hairy*) 다른 것은 털이 없이 반들반들(*glabrous*)하였다. 이 결과는 처음엔 매우 당혹스러운 것이었으나 일단 멘델의 모델을 알게 되자 쉽게 해석되었다.

(1) 털이 많은 것 × 반들반들한 것 간의 교배는 1,006개의 털이 많은 것과 0개의 반들반들한 것으로 구성된 F_1이 나왔다. 이것은 털이 많은 것이 우성대립인자인 단순한 단성교배의 결과로 해석되었다. 만약 우리가 A를 우성대립인자로, a를 열성으로 일반화된 모식도를 그리면 AA(*hairy*) × aa(*glabrous*)가 된다. 모든 F_1은 Aa로 털이 많은 것(*hairy*) 표현형을 보인다.

(2) Aa인 F_1을 교배했을 때 408개의 털이 많은 것과 126개의 반들반들한 것으로 구성된 F_2가 나왔다. 이것은 3.2:1의 비율로 샘플 수가 적은 것을 감안하면 3:1로 볼 수 있다. 이론적 비율은 특정한 조건을 충족할 때만 달성될 수 있다는 것을 상기할 필요가 있다. 한 가지 조건은 그 중 AA, Aa, aa의 모든 유전자형이 동등한 생존력을 갖는 것이다. 만약 어느 하나라도 생존력이 떨어지면 이 비율은 예상치와 달라진다.

(3) F₁ 개체를 순종인 털이 많은 것과 교배했을 때 41개의 털이 많은 것과 0개의 반들반들한 것으로 구성된 자손이 나왔다. 멘델 모델로는 이 결과가 예측될 것이다. F₁이 Aa이고 털이 많은 것이 동형접합 우성인 AA라면 모든 자손은 우성 부모로부터 A 대립인자를 받게 되어 모든 자손은 털이 많은 것이 된다. 이 경우 자손은 같은 빈도로 AA이거나 Aa가 된다.

(4) F₁ 개체가 순종인 반들반들한 것과 교배했을 때 447개의 털이 많은 것과 433개의 반들반들한 것으로 구성된 자손이 나왔다. 이것은 이형접합인 Aa F₁과 동형접합 열성인 aa의 교배로서 50%의 Aa와 50%의 aa가 생길 것을 예측할 수 있다. 이런 유형의 교배는 표현형이 동일한 개체의 유전형을 알아내는 데 유용하다. 이것이 "역교배" 또는 "검정교배"(*testcross*) 라고 알려진 것이다. 따라서 모든 F₁은 털이 많은 것이지만 표현형으로 이들이 동형접합인 AA인지 이형접합인 Aa인지 알 수가 없다. 만약 이들이 동형접합이면 자손은 모두 유전자형이 Aa로 털이 많은 것이 된다. 만약 이형접합이면, 동일 수의 털이 많은 것과 반들반들한 것이 있게 된다.

따라서 털이 많은 것과 반들반들한 것의 교배는 멘델 모델의 단성 교배로서 틀에 들어맞는 설명을 할 수가 있었다. 예측한 결과에서 벗어나, 변이를 보인 결과가 손더스의 일부 다른 실험에서 나타났다. 그 예로 민트 속에 속하는 샐비어(*Salvia*, 사루비아 또는 깨꽃 ― 역자) 식물을 이용한 결과를 들 수 있다(베이트슨 외, 1905). 여기서는 분홍색(*pink*)과 흰색(*white*) 꽃을 피우는 순종이 사용되었다.

(1) 분홍색을 흰색과 교배하였더니 모든 F₁이 자주색(*violet*)이었다. 이것은 분명한 우성 대립인자가 없는 혼합유전의 경우이다. 이를 설명하는 가설은 분홍색과 흰색 대립인자가 이형접합자에서 모두 나타나

는 경우 자주색이 생긴다는 것이다. 비록 뚜렷한 우성이 없지만 분홍색에 대해 A, 그리고 흰색에 대해 a라는 부호를 쓰기로 하자. 그러면 자주색은 Aa가 된다.

(2) 두 개의 자주색 F_1 식물을 교배하여 이 가설을 검증할 수 있다. F_1 식물은 Aa이므로 F_2의 1/4은 AA, 2/4는 Aa, 1/4은 aa가 되어 1/4은 분홍색, 2/4는 자주색, 그리고 1/4은 흰색이 되어야 한다. 손더스가 F_1 식물을 교배하였더니 59개의 자주색, 25개의 분홍색, 그리고 34개의 흰색 개체가 나왔다. 또 다른 실험에서는 225개의 자주색, 114개의 분홍색, 114개의 흰색 개체가 나왔다. 따라서 추론은 맞는 것으로 확인되었다.

이와 같은 경우에는 F_2의 비율이 1:2:1로 나온다. 만일 우리가 식물을 유색 대 무색으로 분류하면 그 비율은 흔히 접하는 3:1이 된다. 이런 종류의 단성교배에서 "3"은 항상 두 가지 유전자형으로 구성되어 있는데 1/3은 동형접합이고 2/3는 이형접합이다.

같은 논문에서 베이트슨은 닭을 이용한 그의 초기실험을 발표하였는데 매우 설명하기 어려운 완전히 새로운 종류의 유전을 보여주었다. 연구한 형질 중의 하나는 다양한 교배종에서 전형적으로 나타나는 닭 볏의 모양이었다. 〈그림 53〉에 4가지 유형인 단일 볏(single), 장미 볏(rose), 완두콩 볏(pea), 그리고 호두 볏(walnut)이 나타나 있다.

(1) 완두콩 볏을 단일 볏과 교배하면 모든 F_1은 완두콩 볏을 가졌다 (〈그림 54〉).
(2) F_1을 교배하면 자손 중 332마리는 완두콩 볏을, 110마리는 단일 볏을 가졌다. 여기까지는 이상한 점이 전혀 없이 F_2의 비율은 늘 그렇듯이 3:1이다.
(3) 장미 볏과 단일 볏을 교배하면 F_1이 모두 장미 볏이었다.

(4) F_1을 서로 교배하면 F_2는 221마리의 장미 볏과 83마리의 단일 볏이 나와 3:1의 비율을 보였다.

(5) F_1을 단일 볏과 교배하면 449마리의 장미 볏과 469마리의 단일 볏 자손이 나왔다. 이 1:1 비율은 이형접합자를 열성 동형접합자와 교배한 경우에 예상되는 것으로, 모델은 Aa × aa 교배가 자손으로 1/2의 Aa와 1/2의 aa를 내는 것과 같다.

〈그림 54〉에 설명이 나와 있다. 정말 그럴까? 장미 볏 × 단일 볏 교배와 완두콩 볏 × 단일 볏 교배를 따로 보면 F_2에서 3:1이 나오는 단순한 단성교배처럼 보인다. 장미 볏과 완두콩 볏은 모두 단일 볏에 대해 우성이다. 그러나 단일 볏의 유전자형을 첫 번째 교배에서는 rr로 두 번째 교배에서는 pp로 기록한 것을 주목하라. 이는 마치 이 유전자 좌위에 3개의 대립인자가 있는 것을 암시한다. 단지 한 쌍의 반대 형질만 존재한다고 멘델이 발견했고 베이트슨이 재차 강조하였던 당시로는 뜻밖의 결과였다.

(6) 완두콩 볏과 장미 볏 순종의 교배에서 문제는 정말로 더 심각해졌다. F_1세대는 동일한 형질이긴 하지만 모두가 양쪽 부모에서는 볼 수 없었던 유형의 볏으로, 다른 품종에서 알려져 있는 호두 볏을 갖고 있었다(〈그림 53〉).

(7) F_1을 재교배하면 F_2는 99마리의 호두 볏, 26마리의 장미 볏, 38마리의 완두콩 볏, 16마리의 단일 볏으로 구성되었다. 이 데이터는 9:3:3:1의 비율이 연관되어 있음을 암시한다. 그럴 경우 예상되는 수는 99마리의 호두 볏, 33마리의 장미 볏, 33마리의 완두콩 볏, 11마리의 단일 볏일 것이다. 예상치와 실제값이 매우 유사하여 양성교배의 F_2에서 나오는 9:3:3:1의 비율로 받아들일 수 있다. 이 사실은 다른 두 유전자가 관여한다는 의미로 볼 수 있고 이것을 P와 R

로 표시할 수 있다.

⑻ 만약 이 가설이 옳다면, 즉 F_1이 Pp Rr이라면 검정교배의 결과를 예측할 수 있다. Pp Rr × pp rr로 교배하면, 자손의 1/4은 Pp Rr이고 1/4은 Pp rr일 것이며 1/4은 pp Rr, 1/4은 pp rr로 단일 벗을 보일 것이다. 이 검정교배를 수행했더니 139의 호두 벗, 142의 장미 벗, 112마리의 완두콩 벗, 그리고 141마리의 단일 벗 자손이 나왔다. 따라서 예측 결과가 확인되었다(〈그림 55〉).

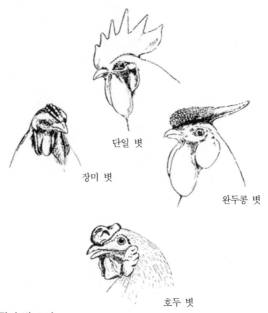

단일 벗

장미 벗

완두콩 벗

호두 벗

〈그림 53〉 닭의 벗 모양.

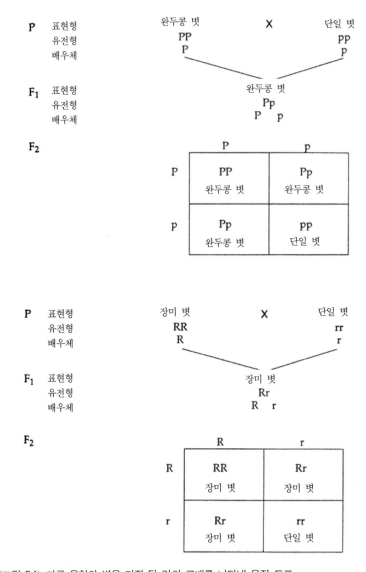

P 표현형   완두콩 벗   X   단일 벗
   유전형   PP   PP
   배우체   P   p

F₁ 표현형   완두콩 벗
   유전형   Pp
   배우체   P   p

F₂

	P	p
P	PP 완두콩 벗	Pp 완두콩 벗
p	Pp 완두콩 벗	PP 단일 벗

P 표현형   장미 벗   X   단일 벗
   유전형   RR   rr
   배우체   R   r

F₁ 표현형   장미 벗
   유전형   Rr
   배우체   R   r

F₂

	R	r
R	RR 장미 벗	Rr 장미 벗
r	Rr 장미 벗	rr 단일 벗

〈그림 54〉 다른 유형의 볏을 가진 닭 간의 교배를 나타낸 유전 도표.

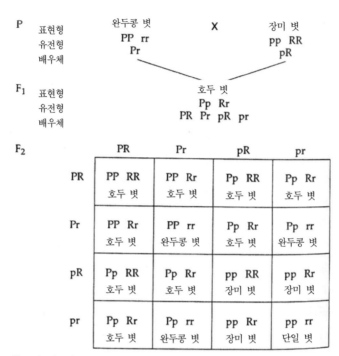

P	표현형	완두콩 볏	X	장미 볏
	유전형	PP rr		pp RR
	배우체	Pr		pR

F₁	표현형	호두 볏
	유전형	Pp Rr
	배우체	PR Pr pR pr

F₂		PR	Pr	pR	pr
PR		PP RR 호두 볏	PP Rr 호두 볏	Pp RR 호두 볏	Pp Rr 호두 볏
Pr		PP Rr 호두 볏	PP rr 완두콩 볏	Pp Rr 호두 볏	Pp rr 완두콩 볏
pR		Pp RR 호두 볏	Pp Rr 호두 볏	pp RR 장미 볏	pp Rr 장미 볏
pr		Pp Rr 호두 볏	Pp rr 완두콩 볏	pp Rr 장미 볏	pp rr 단일 볏

F₂ ratio: 9 *walnut*; 3 *rose*; 3 *pea*; 1 *single*.

〈그림 55〉 호두 볏을 생산한 완두콩 볏과 장미 볏 순종의 교배 도표.

이 볏 모양의 교배에서 어떤 구조는 적어도 다른 두 유전자에 의해 만들어진다는 것이 드러났다. 이러한 대립인자는 멘델법칙인 우열, 분리, 독립적 분배법칙을 따른다. 다른 두 대립인자 쌍이 동일 특성인 볏 모양에 영향을 주는 것이 다를 뿐이다. 이후의 연구에서 이것은 복잡한 특성에 대한 일반적 규칙이라는 것이 밝혀졌다. 머리색, 눈, 귀, 위, 키, 체중, 팔, 머리 같은 것들은 하나의 유전자에 의해 결정되지 않는다.

다음 교배는 또 다른 멘델법칙의 변이를 보여주는데 이것은 더욱 이해하기 어려웠다. 베이트슨과 다른 과학자들은 완두콩(*sweet pea*,

Lathyrus) 과 스톡(*stock*, *Matthiola*, 자라난화 — 역자) 사이의 수많은 교배로 혼란스러운 결과를 얻었다.

    (1) 흰색(*white*) 꽃을 가진 다른 두 변종을 교배하였더니, 모든 F_1식물이 유색(*colored*)이 되었다.

    (2) 이 F_1을 다시 교배하면 처음엔 동일한 수의 흰색과 유색 꽃이 나오는 것처럼 보였다. 이것은 F_2로선 이상한 비율이다. 이 실험을 계속하여 많은 수의 개체를 조사하였더니 유색:흰색의 비율이 9:7이었다.

베이트슨과 그의 동료들은 원래의 두 가지 흰색 변종의 흰 꽃 색깔이 동일한 유전형에 의해 조절된 것이 아니라는 결론을 내렸다. 한 종은 CC rr로 다른 종은 cc RR로 표시됐다. 꽃이 유색을 나타내려면 적어도 하나의 C와 하나의 R이 필요하다. F_1은 모두 Cc Rr이므로 모두가 유색을 나타냈다. F_2에서 9/16가 이 유전자형을 가질 것으로 예측된다. 7/16은 R이나 C 중 하나를 갖지 못하여 흰색 꽃을 갖게 된다.

    20세기 초 몇 년간 이뤄진 이런 유전조사로 기존에 존재하던 복잡성과 혼동을 인식하게 되었다. 멘델의 완두에 적용된 법칙처럼 세상이 돌아가도록 바란 이들은 사실이 그렇지 않은 것을 알게 되었다. 원래의 멘델법칙에 따른 설명이 "잘못된"(*wrong*) 것이라는 의미는 아니다. 다만 멘델의 설명이 완전하지 못했기에 유전의 본성을 더 잘 이해하게 되면서 다른 것으로 교체되었다는 의미이다.

    원래의 멘델법칙은 어느 한 가지도 모든 경우에 다 유효하지는 않은 것으로 판명되었다. 유전학의 놀라운 진보가 "비과학적"(*unscientific*) 태도에 바탕을 두고 있다고 주장할 수도 있다. 즉, 멘델의 실험이 알려진 직후부터 멘델의 원래 가설이 모든 생물에 적용되지 않는다는 것이 분명했다. 그럼에도 불구하고 "맹종자"(*true believer*)들은 예외를 받아들이지 않았고 서서히 원래의 멘델 식의 용어로 설명할 수 있는 것이 무엇인지를 알게 되었다. 다른 생물체에서 점점 더 많은 교배결과가 알려지면서 새로운 데이터를 수용할 수 있도록 이론을 확장하는 것이 가능해졌다.

마침내 몇 개의 가장 어려운 문제가 염색체 때문이라는 것이 밝혀졌다. 그 중 한 가지 문제가 수수께끼 같던, 이전에 지적한 부가 염색체 또는 "X" 염색체와 연관된 것이기에 이제는 20세기 초 몇 년간 세포학자들이 한 연구를 살펴보도록 하자.

성 염색체의 발견

몽고메리가 1901년 자신의 논문에서 제안했듯이 다양한 생물을 연구하는 것이 중요하다. 왜냐하면 일부 생물체는 염색체가 이상한 행동을 보여 다른 방법으로는 가능하지 않은 데이터나 결론을 제공할 수 있기 때문이다. 부가 염색체가 그 경우에 속했다. 사실 이들의 행동을 연구함으로써 결국에는 유전자가 염색체의 일부라는 결정적 증거를 얻을 수 있었다.

보바리가 성게에서 다정자에 의한 수정을 연구했던 이유를 상기해 보자. 그의 실험은 초기 배세포에 비정상적인 염색체 그룹이 분배되는 메커니즘을 보여주었다. 그 결과로 배는 죽었고 정상적인 발생에 정상적인 염색체 세트가 필요하다는 가설이 제시되었다. 그러나 그 실험은 그리 성과가 큰 유형의 실험은 아니었다. 개별 염색체를 구별할 수 없었고, 특정 표현형을 특정 염색체와 연관시키거나 또는 어느 염색체를 어느 배아세포에 넣을지를 조절할 수 없었다.

종종 그러하듯이 자연은 필요한 실험을 항상 하는 중이다. 그리고 종종 그렇듯이 세포학자들이 그것을 깨닫는 데는 상당히 오랜 시간이 걸렸다. 1891년에 헨킹(H. Henking)은 땅별노린재(*Pyrrhocoris*)라는 곤충의 정자 형성 과정에서 염색체의 행동에 관한 관찰 결과를 발표하였다(〈그림 56〉). 이 종은 2배체인 23개의 염색체를 갖고 있었는데, 이는 11쌍의 염색체와 그가 X염색체라고 부른 부가 염색체였다. 시냅스 형성 시 상동염색체 11쌍이 11개의 사분체를 형성하였다. 그러나 X염색체의 행동은 달랐다. 상동염색체가 없으므로 시냅스를 형성할 수 없었지만 복제하여 이분염색체 같은 구조를 형성하였다. 감수분열이 시작될 때 세포는 11개의 사분체와 하나의 X 이분체를 갖고 있었다. 첫 번째 감수분열에서 세포 중 11개의 사분체는 분리되어 이분체로서 각각의 딸세포로 들어갔다. 그러나 X 이분체는 하나의 방추

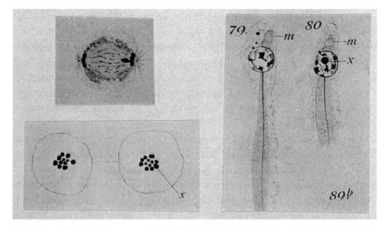

〈그림 56〉 땅별노린재(*Pyrrhocoris*) "곤충"(*bug*)에서의 감수분열을 나타낸 헨킹의 그림 도표 (1891). 상단 왼쪽 그림은 두 번째 감수분열의 말기에 있는 정모 세포이다. 나머지와 달리 뒤쳐져 있는 X염색체는 오른쪽 극으로 간다. 그 결과로 생긴 딸세포가 하단 왼쪽 그림에 오른쪽 세포에만 X가 있는 것으로 나와 있다. 오른쪽 그림에서 볼 수 있듯, 하나는 X를 갖고, 다른 하나는 X가 없는 채 나타나 있는 것처럼 두 종류의 정자가 형성될 것이다.

체 극으로만 이동하였고, 따라서 하나의 딸세포 속에만 포함되었다.

11개의 이분체만 갖는 세포의 두 번째 감수분열에서는 이분체가 분리되는 것이 관찰되어 각각 하나씩 딸세포로 이동했다. 11개의 이분체와 X 이분체를 갖는 세포가 분열하면서 11개의 이분체에서는 각기 하나의 염색체가 방추체의 반대 극으로 이동했다. X 이분체도 역시 분리되어 각각의 딸세포가 하나씩 받았다. 따라서 감수분열로 동일한 수의 4가지 세포가 생성되었는데, 두 가지는 11개의 염색체를 갖고, 다른 두 가지는 11개의 염색체와 하나의 X를 갖게 되었다. 그 결과 X를 가진 것과 갖지 않은 두 종류의 정자가 동수로 형성된다.

헨킹은 그가 관찰한 것을 발표했을 뿐이었다. 그 후 다른 사람들도 많은 다른 종에서 유사하게 특이한 염색체를 발견했다. 이들은 다른 염색체들과는 다르게 염색되었기 때문에 눈에 띄기도 했지만 다른 염색체보다 빠르거나 느리게 방추체 극으로 이동하거나 또는 시냅스를 형성할 수 있는 쌍이 없거나 정자의 반에만 존재했기 때문에 잘 드러났다. 절대 대다수는 수컷에서 관찰되었는데 이는 기술적 문제로 정자 형성 과정이 난자형성 과정보다 관찰하기가 쉬웠기 때문이었다.

1901년 미국 세포학자 맥클렁(E. C. McClung)은 X염색체가 어떤 식으로든 성의 결정에 관여하는 염색체일 것이라고 제안하였다.

> 핵에 있는 여러 염색체 간에 질적 차이가 있다고 가정하면 반드시 두 종류의 다른 정자가 형성되고 난자와 수정하여 질적으로 다른 개체를 생성하는 과정을 따르게 마련이다. 두 종류의 정자 수가 각기 동일하므로 두 종류의 다른 자손이 거의 동일한 수로 생길 것이다. 생물종을 이런 두 그룹으로 분리하는 유일한 성질은 성(性) 뿐이라는 것을 우리는 알고 있다.

이 가설은 점점 더 많은 종에서 발견되는 그 이상한 염색체에 대해 설명할 수 있었다. 몽고메리는 여러 경우를 관찰하였고, 서턴도 메뚜기(Brachystola)에서 동일한 상태를 관찰, 기술하였다. 처음에는 부가 염색체가 부가적으로 수컷에만 한정된 것으로 생각했었다. 서턴은 난소세포의 염색체는 정소에 있는 것들과 닮았으며 단지 부가 염색체만 없다고 보고하였다. 그러나 그는 실수한 것이었고 그 후에 메뚜기의 암컷에 부가 염색체가 없기는커녕 두 개나 있는 것을 알게 되었다. 서턴은 매우 중요한 주장을 하였는데 과학에서 흔히 그러하듯 중요한 주장들은 다른 사람에 의해 검증받기 마련이다.

20세기 첫 10년간 성 염색체에 대한 연구는 과학적으로 특별히 다른 패턴을 보이지 않았다. 증거는 부족했지만 널리 적용될 수 있을 것으로 보이는 중요한 가설이 제안되었다. 이것은 멕클렁이 제안한 것으로 부가 염색체가 수컷을 결정한다는 것인데 이로 인해 활발한 연구가 촉발되었다. 상반되는 결과가 나타나면서 수컷이 부가 염색체를 가진다는 원래의 가설이 모든 생물에 적용되지 않는 것이 분명해졌다. 상반되는 결론도 나왔다. 일부 과학자들은 부가 염색체를 찾을 수 없었다. 이 사실을 알아낸 이들은 그것을 설명하기 위해 다양한 다른 가설을 제안하였다. 일부는 이것을 퇴화하는 염색체로 생각했고 다른 이들은 특수한 유형의 인으로 생각했고 일부는 여전히 멕클렁이 아마도 맞을 거라고 생각했다.

이 시나리오의 마지막 단계는 지지 데이터를 주의 깊게 분석하여 결론을 유추하는 데 조심스런 개인 또는 몇몇 사람들이 탐구 주제에 대해 개념적 질서를 만들어 정리하는 것이다. 그리고 또다시 종종 그러하듯이 독립적으로 연구하던 두 명 또는 그 이상의 개인들이 동시에 근본적으로 동일한 결과에 도달했다. 윌슨은 부가 염색체에 대한 수수께끼를 푸는 데 가장 주된 역할을 한 사람이었다. 그러나 그의 발견이 발표된 시기는 넬리 스티븐스(Nellie M. Stevens)가 유사한 결론을 내린 논문의 발표와 일치하였다.

월슨이 기여한 가장 중요한 내용은 1905년부터 1912년까지 펴낸 8개의 긴 논문 염색체 연구 I-Ⅷ 속에 담겨 있다. 다른 사람들과 자신의 관찰을 토대로 맥클렁과 서턴은 상상치도 못했던 복잡성을 밝혔다. 대부분의 동물에서 암컷은 한 쌍의 상동 X염색체를 갖는데 XX로 표시한다(〈그림 57〉). 이것의 모든 난자는 하나의 X를 가진다. 반면에 여러 종의 수컷은 종에 따라 상당히 다르다. 어떤 것은 X 하나만을 갖고 있어서 XO로 표시하는데 "O"는 염색체가 없다는 표시이다. 그 결과 정자의 반은 하나의 X를 갖고 반은 성 염색체를 갖지 않는다. 일부 다른 종의 수컷은 두 개의 염색체를 갖고 있는데 하나는 암컷과 같은 X염색체이고 다른 것은 보통 크기와 모양이 다른 Y염색체를 가진다. 이러한 수컷은 XY로 표시한다. 성 염색체에 관해서 수컷은 이 경우 동일한 수로 두 종류의 다른 정자를 만든다. 하나는 X를 갖는 정자이고 다른 하나는 Y를 가져 이형배우체(heterogamete)가 된다. 암컷은 단일 종류의 난자를 만들므로 동형배우체(homogamete)이다(이후 사람과 초파리는 모두 XX가 암컷이고 XY가 수컷인 것이 밝혀졌다). 이 두 가지 패턴의 성 염색체가 가장 흔히 나타나는 것이지만 다른 가능성이 전혀 없는 것이 아니다. 일부 종은 다수의 성 염색체를 가진다. 새와 나비의 성 염색체는 암컷이 이형배우체이고 수컷은 동형배우체이다. 다음은 월슨, 스티븐스와 다른 과학자들의 수많은 연구 결과에서 이끌어낸 결론의 일부이다.

(1) 자손의 성은 수정 시에 결정된다.

(2) 성 염색체에 의해서만 성이 결정되는 경우 우리가 염색체 자체나 그 발현을 변형시키지 않는 한 개체의 성은 바뀔 수 없다.

(3) 감수분열이 정상이고 수정이 무작위적이면 두 종류의 성은 대략적으로 동일한 수로 만들어져야만 한다.

(4) 1910년에 이르러서 확고하게 정립된 성과 염색체의 관계는 염색체가 유전의 물리적 바탕이라는 서턴의 가설을 지지하는 추가적인 증거가 되었다.

20세기의 첫 10년이 마감되면서 유전을 연구하던 세포학자와 유전학자들 중에서 점점 더 많은 사람들이 염색체가 유전에서 어떤 중요한 역할을 할 것이라고 확신하게 되었다. 다른 분야의 생물학자들은 그만큼 확신을 갖지 못했다. 늘 조심스러운 윌슨은 다음과 같이 적고 있다(1911).

어떤 견해로든 이렇게 복잡한 일련의 현상을, 예를 들면 한성유전에서처럼 그것의 조합과 재조합이 실제 현미경상으로도 추적이 가능한 명확한 구조적 인자의 분포에 상응하는 것이 드러나듯이, 보여줄 수 있다는 것이 참으로 놀라운 일이다. 이런 상응현상(*parallesism*)에 대한 더 나은 설명이 나올 때까지는 구조적 인자와 발생 과정 사이에는 직접적 인과관계가 있다는, 다른 많은 데이터에 의해서도 직접적인 지지를 받는 가설에 무게를 둘 수밖에 없다.

"이런 상응현상"에서 도출된 가설은 연역추론의 설정을 가능하게 하여 가설의 정당성 여부를 더 검증할 수 있도록 한다. 여기 한 가지 보기가 있다. 만약 어떤 유전자가 X염색체의 일부라면, 이러한 유전자의 유전은 성 염색체의 유전을 따른다고 예측할 수 있다.

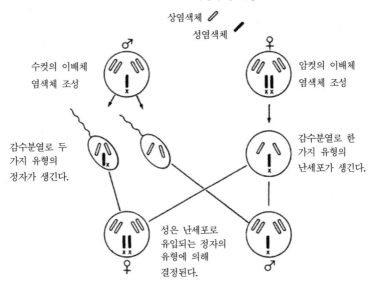

XO-XX 유형의 성 결정

상염색체
성염색체

수컷의 이배체
염색체 조성

암컷의 이배체
염색체 조성

감수분열로 두
가지 유형의
정자가 생긴다.

감수분열로 한
가지 유형의
난세포가 생긴다.

성은 난세포로
유입되는 정자의
유형에 의해
결정된다.

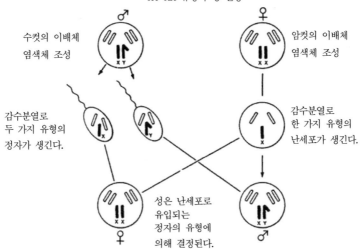

XY-XX 유형의 성 결정

수컷의 이배체
염색체 조성

암컷의 이배체
염색체 조성

감수분열로
두 가지 유형의
정자가 생긴다.

감수분열로
한 가지 유형의
난세포가 생긴다.

성은 난세포로
유입되는
정자의 유형에
의해 결정된다.

〈그림 57〉 염색체에 의한 성 결정의 주요 유형 두 가지. XO 수컷은 단일 X염색체만을 갖는 반면에 XY 수컷은 X염색체, 크기와 모양에서 X염색체와 다른 Y염색체를 갖고 있다.

예를 들어 XX 암컷과 XY 수컷을 가진 어떤 생물종의 X염색체상에 어떤 한 유전자가 있다고 가정하자. 수컷 자손은 그의 X염색체를 어머니로부터만 받는다(만일 그가 아버지로부터 X염색체를 받았다면 그는 딸이 될 것이다). 딸은 하나의 X염색체는 어머니로부터 다른 하나는 아버지로부터 받는다. 따라서 유전자가 X염색체의 일부라면 수컷은 어머니로부터만 유전자를 받게 된다. 이것은 검증이 가능한 추론으로 다음 장에서 보게 될 것이다.

제16장

초파리 유전학

과학사에서 가장 유명한 초파리 개체는 드로소필라 멜라노가스터(노랑초파리, *Drosophila melanogaster*)라는 학명을 가진 한 수컷 초파리이다. 이 초파리는 정상적인 붉은 눈이 아닌 흰 눈을 갖고 있기 때문에 유명해졌지만 그보다 더 중요한 이유는 이것이 우연히 1910년 컬럼비아대학의 셔머혼 빌딩(*Schermerhorn Hall*) 613호에 나타났기 때문이다. 이곳은 "파리 연구실"로, 토머스 헌트 모건과 뛰어난 실력의 젊은 학생들이 있던 실험실이었다. 이곳의 복도 끝에는 "자신의 염색체에 관한 연구"(*Studies on Chromosomes*)라는 논문 시리즈를 마무리 짓고 있던 윌슨의 실험실이 위치하고 있었다.

이 초파리는 자신의 짧은 생애를 보낼 적절한 때와 장소를 골랐으며, 그 덕에 영원히 기억될 불멸의 지위에 올랐다. 모건(1910)은 그 이야기를 다음과 같이 서술했다.

> 초파리의 한 계통을 거의 1년간 상당히 많은 세대에 걸쳐 배양하고 있었는데 흰 눈을 가진 수컷 한 놈이 나타났다. 정상적인 초파리는 선명한 붉

은 눈을 가진다.

훤 눈 수컷을 자매인 붉은 눈의 암컷과 교배하였더니 1,237마리의 붉은 눈을 가진 자손(F_1)과 3마리의 훤 눈 수컷을 얻었다. 이 3마리의 훤 눈 수컷(F_1)은 (추가적으로 돌연변이를 거칠 것이 분명하므로) 여기서는 잠시 무시하고자 한다. F_1 잡종을 자가교배하였더니 2,459마리의 붉은 눈 암컷과 1,011마리의 붉은 눈 수컷, 그리고 798마리의 훤 눈 수컷이 나타났다. 훤 눈을 가진 암컷은 하나도 나타나지 않았다. 그러므로 이 새로운 형질은 손자에게로만 유전되는 한성유전인 것으로 보였다. 그러나 다음 실험에서 증명되듯이 이 형질이 암컷에서 존재할 수 없는 것이 아니었다.

훤 눈 수컷(돌연변이체)을 나중에 자신의 딸(F_1)과 교배하였더니 129마리의 붉은 눈 암컷, 132마리의 붉은 눈 수컷, 88마리의 훤 눈 암컷, 그리고 86마리의 훤 눈 수컷이 나왔다. 이 결과는 새로운 형질인 훤 눈이 적절한 교배로 암컷에 전달될 수 있으며 이런 의미로 보면 한쪽 성에만 한정되어 있지 않다는 것을 보여주고 있다. 4가지 종류의 개체가 대략적으로(roughly) 동일한 수(각 25%)로 나타나는 것을 보게 될 것이다.

어떤 결론을 내릴 수 있을까? 훤 눈 수컷과 붉은 눈 암컷의 원래 교배에서 나온 F_2의 비율은 4.3:1이었다. 이것은 훤 눈(white-eyed)이 형제자매인 붉은 눈(red-eyed)보다 눈에 잘 띄지 않기 때문에 (훤 눈 수컷을 딸인 F_1과 교배한 나중의 결과에서 드러났듯이) 약 3:1로 받아들여질 수 있다. 그러나 이 데이터를 전형적인 F_2의 비율인 3:1로 해석할 수는 없다. 정상적인 멘델식 교배와는 달리 훤색 눈이 암컷과 수컷에 균등하게 분포되어 있지 않기 때문이다. 원래 교배에서 나온 F_2에서 훤 눈 암컷은 한 마리도 없었다. 이러한 유전과 성의 연관은 서턴의 가설을 검증할 수 있는 결정적인 방법이 생겨날 수도 있다는 것을 암시한다. 다시 모건의 이야기로 돌아가 보자.

모건의 첫 번째 가설

결과를 설명할 가설 — 방금 기술한 결과는 다음의 가설로 설명할 수 있다. 흰 눈을 가진 수컷의 모든 정자가 흰 눈 "W"에 대한 "인자"(factor)를 가지며 정자의 반은 성 인자 "X"를 갖고, 다른 반은 갖지 않는다고 가정하자. 즉, 수컷은 성에 관해 이형접합이라고 가정하자. 따라서 수컷은 "WWX" 부호로, 그리고 수컷의 두 가지 정자를 WX-W로 표시할 수 있다. 붉은 눈을 가진 암컷의 모든 난자가 붉은 눈 "인자" R을 갖고 있다고 가정하자. 모든 난자는 (감수분열 후) 하나의 X를 가지므로 붉은 눈 암컷은 RRXX로 표시할 수 있고 그 난자는 RX-RX가 될 것이다.

모건이 어떻게 성체와 배우체의 유전자형을 표시했는가를 주목하면 참 흥미롭다. 그는 모든 유전 "인자"(factor)와 염색체가 독립적인 현상인 것처럼 취급했다. 그가 사용한 붉은 눈에 대한 대립인자 부호 "R"과 흰 눈에 대한 대립인자 부호 "W"는 결국 표기를 명확히 하기 위해 우성과 열성 대립인자를 대문자와 소문자로 각각 표시했던 멘델의 표기법으로 대체되었다. 여기서는 모건의 원래 표기를 바꾸어 흰 눈을 w로, 붉은 눈을 W로 표기할 것이다. 또 주목할 점은 수컷은 단지 하나의 X염색체만을 갖는 것으로 가정하여 XO로 표기하였다. 차후에 초파리 수컷은 Y염색체도 갖고 있다는 것이 밝혀졌다.

〈그림 58〉은 모건의 가설을 이용하여 흰 눈 수컷과 붉은 눈 암컷의 첫 번째 교배결과를 설명한 것이다. 이 모식도는 데이터와 부합하여 F_1이 암컷이나 수컷 모두 붉은 눈만으로 구성되어 있다고 예측하고 있다. F_2로 이어지면 이 가설은 모든 암컷은 붉은 눈을 갖고 수컷의 반은 흰 눈을, 나머지 반은 붉은 눈을 가진다고 예측하고 있다. 지금까지는 이 가설이 발견된 사실대로 예측하고 있다. 그러나 그렇게 설

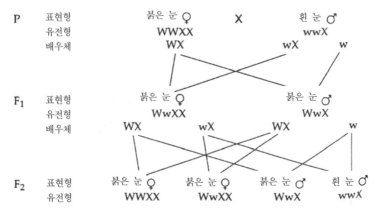

		붉은 눈 ♀		X		흰 눈 ♂	
P	표현형						
	유전형	WWXX				wwX	
	배우체	WX			wX		w

		붉은 눈 ♀			붉은 눈 ♂	
F₁	표현형					
	유전형	WwXX			WwX	
	배우체	WX	wX	WX		w

		붉은 눈 ♀	붉은 눈 ♀	붉은 눈 ♂	흰 눈 ♂
F₂	표현형				
	유전형	WWXX	WwXX	WwX	wwX

〈그림 58〉 초파리에서 흰 눈의 유전을 설명하기 위한 모건의 첫 번째 가설.

명되도록 설정된 가설이므로 전혀 놀라운 일은 아니다.

그러나 이 가설은 중요한 성질 하나에만 초점을 두고 데이터를 설명하고 있다. 〈그림 58〉에서 F_1 개체를 주목해보자. 암컷이 만든 배우체의 반은 W가 X와, 다른 반은 w가 X와 짝을 이루고 있다. 그러나 이 가설에서 F_1 수컷에 대해서는 매우 다른 상황을 요구하고 있다. 수컷은 WwX로 나타나 있다. 따라서 네 종류의 배우체 WX, wX, W (또는 WO), w(또는 wO)가 예측된다. 모건은 단 두 종류의 정자 WX와 w만을 가정했는데, 이것을 다음과 같이 설명하고 있다.

> 붉은 눈 F_1 수컷(WwX)에서 두 종류의 정자가 형성될 때 W는 X와 같이 이동해야 한다는 것을 가정해야 한다. 그렇지 않으면 (여기서 사용된 표식으로) 결과를 설명할 수 없다. 매우 중요한 이 점에 대해서는 이 논문에서 전부 다 논의할 수 없다.

가설의 가치는 실험을 통해 얻은 데이터를 설명할 수 있을 뿐만 아니라 새로운 상황에서 어떤 일이 벌어질지를 예측하게 해주는 것이다. 모건은 자신의 가설에 대한 4가지 실험을 수행하였다.

(1) 만약 흰 눈 수컷의 유전자형이 wwX이고 흰 눈 암컷이 wwXX라면 자손은 암컷과 수컷 모두 흰 눈이어야 한다. 교배를 했더니 예측대로 결과가 나왔다(〈그림 59-1〉).

(2) 첫 번째 교배에서 F_2의 붉은 눈 암컷은 외형적으로는 동일하지만 두 가지 유전자형 WWXX와 WwXX를 가질 것으로 예측되었다. 이들 암컷 여러 마리를 흰 눈 수컷과 각각 교배하면 두 가지 결과를 예측할 수 있다. 교배의 대략 반에서는 모든 자손이 붉은 눈을 가질 것이고 나머지 반의 교배에서는 4가지의 표현형을 가진 자손이 나올 것이다. 이렇게 교배했더니 예측된 결과가 관찰되었다(〈그림 59-2〉와 〈그림 59-3〉).

(3) 원래 교배에서 F_1 암컷의 유전자형은 WwXX일 것으로 예측되었다. 그렇다면 이러한 암컷을 흰 눈 수컷과 교배하면 그 결과는 〈그림 59-3〉과 같이 나와야 한다. 또다시 이렇게 교배했더니 예측된 결과가 관찰되었다.

(4) 가설에 따르면 원래 F_1 수컷(〈그림 58〉)이 WwX이 되어야 한다. 만약 이러한 수컷이 흰 눈 암컷과 교배한다면, 붉은 눈 암컷과 흰 눈 수컷이 〈그림 59-4〉와 같이 나와야 한다. 교배한 결과 예측이 확인되었다. 그러나 이 가설은 WwX 수컷의 특이한 감수분열을 필요로 한다. W인자는 항상 X와 연합되어 WX 정자를 형성해야 하며 wX 정자는 존재하지 않는다.

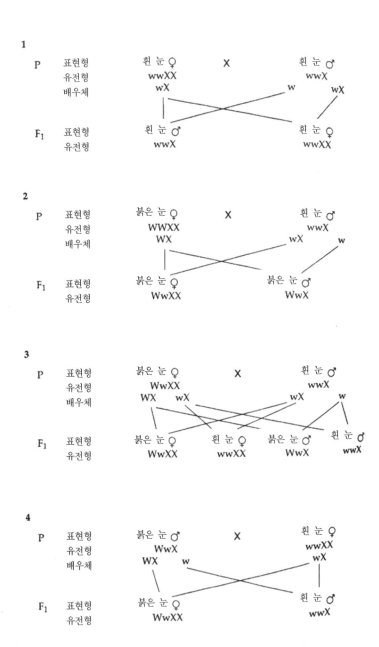

<figure>

1

P   표현형   흰 눈 ♀   X   흰 눈 ♂
      유전형   wwXX   wwX
      배우체   wX   w   wX

F_1 표현형   흰 눈 ♂   흰 눈 ♀
      유전형   wwX   wwXX

2

P   표현형   붉은 눈 ♀   X   흰 눈 ♂
      유전형   WWXX   wwX
      배우체   WX   wX   w

F_1 표현형   붉은 눈 ♀   붉은 눈 ♂
      유전형   WwXX   WwX

3

P   표현형   붉은 눈 ♀   X   흰 눈 ♂
      유전형   WwXX   wwX
      배우체   WX   wX   wX   w

F_1 표현형   붉은 눈 ♀   흰 눈 ♀   붉은 눈 ♂   흰 눈 ♂
      유전형   WwXX   wwXX   WwX   wwX

4

P   표현형   붉은 눈 ♂   X   흰 눈 ♀
      유전형   WwX   wwXX
      배우체   WX   w   wX

F_1 표현형   붉은 눈 ♀   흰 눈 ♂
      유전형   WwXX   wwX

</figure>

〈그림 59〉 흰 눈의 유전을 설명하기 위한 모건의 첫 번째 가설에 대한 4가지 실험.

이것은 의문의 여지가 없는 진실일까? 그럴 수도 있다. 멘델의 가설을 제외하고는 유전학의 초기 가설이 이렇게 철저하게 검증된 일이 없었다. 모건의 첫 가설은 거의 대부분 잘 입증된 유전원칙인 우열의 법칙, 분리의 법칙 그리고 성염색체의 이동에 바탕을 두고 있었다. 그의 4가지 추론은 명백하고 중요한 것이었다. 모든 경우에서 추론을 검증키 위한 실험들은 예측을 증명하는 데이터를 제공하여 가설을 지지하였다.

확실히 WwX 수컷의 정자 형성에서 그런 성향이 존재했지만 1910년에 이르자 그의 동료인 윌슨과 다른 세포학자들이 감수분열 시 일어나는 온갖 종류의 염색체의 이상행위에 대해 보고하였다. 수컷의 X가 W와만 연합되고 w와는 연합하지 않는다는 가설을 배제할 만한 연역적 근거가 없었다. 모건은 정말 수수께끼 같은 또 다른 발견을 보고하였다.

> 흰 눈 암컷을 전혀 다른 가계에서 온 붉은 눈 야생형 수컷과 교배하였을 때 가장 놀라운 사실이 나타났다. 예상대로라면 야생형 수컷과 암컷은 붉은 눈의 인자를 갖고 있어야 한다. 그러나 실험 결과는 모든 야생형 수컷이 붉은 눈에 대해 이형접합이고 모든 야생형 암컷이 동형접합인 것으로 나타났다. 즉, 흰 눈 암컷을 야생형 붉은 눈 수컷과 교배하였더니 암컷의 모든 자손은 붉은 눈이고 수컷의 모든 자손은 흰 눈이었다.

이런 데이터는 곤란한 문제를 제기하였다. 자연집단의 모든 수컷에서 눈 색에 대한 대립인자가 이형접합이라면 야생집단과 실험실 배양군 모두에서 수많은 흰 눈 초파리가 존재할 것으로 예상된다. 그런데도 모건이 여러 달 초파리를 배양하였지만 그런 현상을 관찰할 수가 없었다. "현재까지 흰 눈 종류가 그만한 수로 나타난다는 증거를 찾을 수가 없었다. 선택적 수정이 이 문제에 대한 답과 관련이 있는지도 모르겠다."

유전학에 혁명을 가져온 일련의 실험을 촉발하였던 이 유명한 논문에는 흥미로운 점들이 많다. 가장 흥미로운 것은 눈 색깔 대립인자가 X염색체의 일부(part)라고 단순히 가정하면 모든 결과가 설명될 수 있다는 점을 모건은 왜 깨닫지 못했는가 여부이다. 1910년에도 모건은 여전히 서턴의 가설을 의심하고 있었다. 그러나 동료인 윌슨과 데이터에 관해 토론할 수도 있지 않았을까? 확실히 논문이 서둘러 작성된 것은 틀림없다. 알렌(1978: 153)은 흰 눈 수컷이 1910년 1월에 발견되었다고 추정하였다. 그 무렵에 실험이 수행되었지만 논문은 모건이 우즈홀 해양생물연구소로 떠난 이후인 1910년 7월 7일에 완성되었고 1910년 7월 22일자 〈사이언스〉(Science)에 발표되었다.

상당한 교육적 관심을 이끄는 점은 이 논문이 "과학적 방법"(scientific method)에 대한 대중적 견해에 부응하는 형태로 작성되었다는 것이다. 첫째는 자연현상에 대한 관찰이 있었다. 이 경우 흰 눈을 가진 이상하고 새로운 초파리와의 교배가 관련되어 있다. 그리고 가설이 세워진다. 마지막으로는 가설로부터 추론을 만들어 검증하는 것이다. 모건의 경우에는 검증결과가 가설을 지지하는 것처럼 보였다. 과학자들이 이와 비슷한 "과학적 방법"을 염두에 두었더라도 발표된 논문에서는 이러한 단계를 거의 언급하지 않았다. 모건의 논문은 발표에서 이런 단계들이 명확하게 기술되어 있다는 점에서 매우 특이했다.

모건의 두 번째 가설

모건은 몇 달 되지 않아 눈 색깔의 한성유전을 설명하는 자신의 첫 번째 가설에 근본적인 문제가 있는 것을 발견하였다. 흰 눈 대립인자와 동일한 방법으로 유전되는 여러 돌연변이가 추가로 발견되었다. 그 결과들은 1911년 7월 7일에 매사추세츠 주의 우즈홀 해양생물연구소 공개강의에서 처음 발표되었다. 그의 새로운 가설은 극도로 간결하여 한성대립인자가 X염색체의 일부가 아니라 연관되어 있다는 그의 첫 번째 가설과는 달리 이들이 X염색체의 일부라고 가정하였다(〈그림 60〉).

> 초파리에 관한 실험은 나로 하여금 두 가지 중요한 결론에 도달하도록 했다. 첫째로 한성유전은 한성형질을 나타내는 재료인자의 하나가 암컷이 되도록 하는 재료인자와 동일한 염색체에 의해 전달된다는 가정으로 설명이 가능하다. 둘째로 유전에서 어떤 형질의 '연관'(association)은 이러한 형질의 발현에 필수적인 화학물질(인자)이 염색체상에서 가까이 존재하기 때문이다(모건, 1911a: 395).

따라서 흰 눈과 붉은 눈에 대한 대립인자가 X염색체의 일부라고 가정하면 모든 교배결과들은 감수분열과 수정 시 X염색체의 분포에서 예상되는 결과와 일치한다. 그렇게 되면 WxX 수컷의 감수분열에서 w가 X와 연관될 수 없다든지 모든 야생형 수컷이 이형접합이라는 것과 같은 보조적인 가설을 끌어들일 필요가 없어진다.

모건의 두 번째 가설은 가능한 모든 검증을 거쳐 확인되었기에 의심의 여지가 없는 진실로 받아들여질 수 있었다. 〈그림 60〉은 이 가설이 어떻게 흰 눈의 유전을 설명하는지 보여준다. 이 그림은 또한 수컷이 Y염색체를 갖고 있다는 것을 보여주는데, 곧 수컷 초파리가 XO가 아닌 XY인 것으로 밝혀졌기 때문이다. 데이터에 따르면 Y염색체는 흰 눈에 대한 대립인자를 갖고 있지 않으며 현재 우리가 알고 있듯이 Y염색체는 아주 소수의 활성 유전자를 갖고 있을 뿐이다.

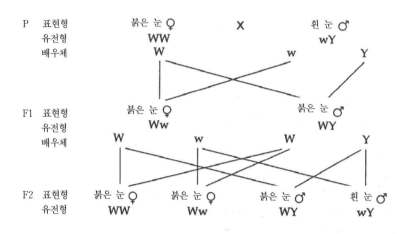

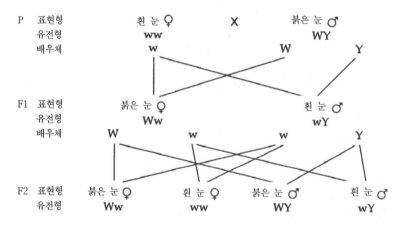

〈그림 60〉 흰 눈의 유전을 설명하기 위한 모건의 두 번째 가설

다시금 우리는 "명백한"(obvious) 것이 전혀 명백한 것이 아닌 예를 보게 된다. 사실이 밝혀진 후에야 사물이 명확해지는 경우가 대다수다. 모건은 겨우 7년 전에 유전자가 염색체의 일부라야만 된다고 주장했던 서턴이 속한 동물학과에서 일하고 있었다. 모건의 동료인 윌슨은 서턴의 패러다임을 이어가는 연구를 계속하고 있었다. 그러나 모건은 자신의 실험으로 스스로 확신이 설 때까지 염색체가 유전의 물리적 토대라는 것을 받아들이지 않았다. 사실 그는 유전 데이터를 설명하기 위해 유전학자들이 사용한 설명을 그리 탐탁하게 생각하지 않았다. 흰 눈 초파리에 대한 고전적인 첫 논문을 발표하기 전 해인 1909년 1월에 그는 미국 교배학자 연합 강연에서 다음과 같이 말했다.

> 멘델 유전의 현대적 해석에서 사실(fact)은 급속히 요인(factor)으로 변형되고 있다. 만약 하나의 요인으로 사실이 설명되지 않으면 두 개의 요인이 도입되었다. 그리고 두 개가 충분치 않으면 때로는 3개를 만들어냈다. 결과를 설명하기 위해 때로는 필요한 것을 마음대로 만들어내어 너무 순진하게 받아들이면, 종종 설명을 위한 설명이 고안되기 때문에 결과는 훌륭하게 "설명되는"(explainable) 진부한 상태가 된다. 우리는 사실에서 요인으로 가는 역방향으로 작업하게 되고 어느새 우리가 설명하기 위해 만든 그 요인들로 사실을 설명하게 된다. 멘델과 다른 대체적인 유전의 특별한 사실을 설명하기 위해 우리가 일종의 멘델 유전식 의례를 개발하고 있다는 두려움을 떨칠 수 없다(p. 365).

그 후 불과 몇 년도 지나지 않아 20세기 유전학의 거인으로 인정받게 된 사람의 소견이 위와 같았다.

초파리 실험실

1910년 이후 10년간 모건과 그의 학생들이 차지하던 컬럼비아 대학 동물학과의 중형 실험실은 유전학의 중심이 되었다. 1911년에 모건(1866~1945)은 45세였다. 1900년에 그는 세계적인 발생학자로서 컬럼비아 대학에 부임했었다. 이 초기의 10년간 모건에게는 자신의 학생으로 시작해 동료로 남은 3명이 있었는데, 스터트반트, 브리지스, 그리고 뮐러였다. 알프레드 헨리 스터트반트(Alfred Henry Sturtevant, 1891~1970)는 연관 결과를 이용하여 최초의 유전자 지도를 만들어 1914년에 박사학위를 받았다. 캘빈 브리지스(Calvin B. Bridges, 1889~1938)는 상동염색체의 비분리현상(*nondisjunction*)을 설명한 고전적인 논문으로 1916년에 박사학위를 받았는데, 이 논문은 유전자가 염색체의 일부라는 것을 최종적으로 확실하게 보여준 것으로 널리 인정된다. 허만 뮐러(Herman J. Muller, 1890~1967)는 교차에 대한 명확한 연구로 1915년에 박사학위를 받았다. 이 초파리 실험실을 방문하거나 또는 여기에서 연구하기 위해 전 세계의 생물학자들이 몰려들었다.

이 모든 발견의 토대는 노랑초파리였다. 구대륙에서 이주한 것으로 보이는 이것은 집, 가게, 쓰레기통 등 과일이 있는 곳이면 어디든지 발견되었다. 이들은 자연 서식처에도 퍼져 있었고 어떤 지역에서는 가장 개체수가 많은 종이었다. 모건이 초파리를 사용하기 시작한 것은 포유동물을 사용할 만한 연구비가 없었기 때문이었다. 초파리는 값싼 재료로 많은 수를 교배할 수 있었다. 처음에 모건은 자신의 집에 배달된 우유병에 바나나를 넣어 먹이로 사용하였다. 동일한 시기에 다른 몇몇 실험실도 초파리를 사용하고 있었는데, 모건이 이 유명한 초파리 떼를 어디서 얻었는지에 대해선 많은 추측이 난무했다. 단일 출처에서 나온 것이 아니라고 믿을 만한 근거는 없었다. 1930년대에 내가 컬럼비아 대학의 학생이었을 때, 그 원천은 모건 실험실 창문턱에 놓여 있던 파인애플이라고 들었다.

흰 눈 초파리를 발견한 것은 캘빈 브리지스의 공이었다. 당시에 그는 컬럼비아 대학의 학부 학생으로 초파리 병을 청소하기 위해 고용되었다. 병을 청소하기 직전 그는 흰 눈을 가진 초파리를 발견하였다. 브리지스는 초파리 실험실에서 새로운 돌연변이를 발견한 가장 날카로운 눈을 가진 사람으로 기억되는데, 몇 년 내로 85마리의 새로운 돌연변이가 발견되었다. 초파리 실험실의 모든 사람들은 돌연변이 대립인자를 발견하는 데 적극적이었으며 성공적이었다. 스터트반트는 색맹이었는데도 불구하고 여러 가지 새로운 돌연변이형 대립인자를 발견하였다.

단지 배양을 계속하면서 매 세대마다 개체를 조사하는 식으로 초파리나 다른 어떤 생물체의 돌연변이체를 찾으면 새로운 돌연변이체는 지극히 드물게 나타난다. 흰 눈(white)이나 흔적 날개(vestigial wings)를 가진 초파리는 수천 마리의 개체를 조사해야 겨우 발견될 수 있다. 짧은 기간에 그렇게 많은 돌연변이체가 초파리 실험실에서 발견된 주요 이유는 여기서 연구한 이들의 헌신과 뚜렷한 목표의식, 그리고 규율이 있었기 때문일 거라고 짐작된다.

어떤 이는 "왜 그렇게 많은 돌연변이체가 필요할까?"라고 물을 수 있다. 일단 상염색체(성염색체를 제외한 모든 염색체)상에 있는 대립인자와 변형된 X염색체 위의 대립인자들에 대한 멘델 유전이 확립되었다면 왜 재확인할 필요가 있을까? 답은 간단하다. 유전자와 염색체의 관계, 유전자 위치, 염색체의 유전자 지도, 그리고 염색체 구조 자체의 변형과 같은 것들에 해당하는 유전의 물리적 토대에 대해 더 많은 정보를 얻기 위해 돌연변이체를 사용할 수 있었기 때문이다.

연관과 교차

1902년에 서턴이 처음부터 새로 시작했을 때 그는 상동염색체 쌍의 수보다 더 많은 대립인자가 있어야만 한다고 주장했다. "그러므로 우리는 적어도 일부 염색체가 많은 다른 (대립)인자와 관련이 있다고 가정할 수밖에 없다. 그래서 염색체가 자신의 개별성을 영구히 유지한다면 한 염색체 위의 모든 (대립)인자는 함께 유전될 수밖에 없다."

이 진술은 유전자가 염색체의 일부라는 가설하에서 필요한 연역추론이다. 즉, 함께 유전되는 이러한 그룹의 유전자 수가 상동염색체의 수를 초과한다는 의미이다. 이 추론은 현미경상으로 검사한 염색체 수와 교배실험을 통해 연관 그룹의 수를 결정함으로써 검증할 수 있다.

노랑초파리는 4쌍의 염색체를 갖는데 3쌍은 상염색체이고 1쌍은 성염색체인 것으로 밝혀졌다. 체세포분열의 중기에는 2쌍의 길게 구부러진 상동염색체와 1쌍의 작은 점 모양의 상염색체가 존재한다. 암컷의 X염색체 두 개는 중간 길이의 막대 모양이며 수컷은 한 개의 X와 한 개의 고리 모양 Y염색체를 갖고 있다.

실험의 초기 몇 달간 모건 그룹은 다수의 다른 유전자가 연관되어 있으며 이들의 유전 패턴으로 보아 이들이 X염색체의 일부임을 강력히 암시하는 것을 바로 알게 되었다. 즉, 유전 패턴은 〈그림 60〉에 나타나 있는 흰 눈 대립인자를 따랐다. 따라서 이런 반성유전자들이 세포학적 시료에서 나타난 X염색체의 일부라고 결론내리는 것이 합리적이다.

상염색체에서의 연관에 대한 검증은 열성 순종과 F_1을 양성교배하면 자손이 1:1:1:1의 비율로 나오는 것을 알 수 있다. 예를 들어 AA BB × aa bb를 교배하면 F_1은 Aa Bb가 될 것이다. 이것을 aa bb 개체와 교배하면 1/4은 A와 B의 특성을, 1/4은 A와 b의 특성을, 1/4은 a와 B의 특성을, 1/4은 a와 b의 특성을 가진 자손을 낳는다. 그러나 만약 A와 B가 동일 염색체의 일부라면 자손의 반은 A와 B의 표현형을 보이고 반은 a와 bb 표현형을 보일 것으로 예상된다. 이러한 방법으로 급속히 늘어난 수의 새로운 돌연변이를 시험한 결과는 일관성이 없었다. 즉, 연관이 강했지만 완전한 것은 아니었다. 이 시점에서 이런 완전한 연관의 예외는 잠시 제쳐두기로 하자.

반성유전자와 더불어 두 개의 다른 연관 그룹이 발견되었는데, 이들이 2쌍의 긴 상염색체와 관련이 있는 것으로 가정했다. 겨우 몇 개의 미발견된 유전자를 갖고 있거나 아니면 전혀 유전자를 갖고 있지 않을 것으로 보이는 작은 점 모양의 상염색체보다 큰 염색체가 더 많은 유전자를 가질 것으로 보였기 때문이다. Y염색체도 전자에 속하는 경우다.

궁극적으로 돌연변이 초파리 한 마리가 발견되었는데, 이것을 3개의 알려진 연관 그룹을 가진 돌연변이 대립인자를 가진 초파리와 교배했을 때 독립적으로 분리되었다. 그러므로 이 새로운 돌연변이 유전자는 작은 점 모양인 상염색체의 일부일 가능성이 아주 높았다. 결국에는 이 네 번째 그룹에 속하는 다른 유전자들도 발견되었지만 현재까지도 극소수에 지나지 않는다.

1915년에 이르러 모건 그룹은 85개 유전자의 유전을 밝혀냈다. 이들은 4개의 연관 그룹으로 나뉘는데 체세포분열 중기의 염색체와 함께 〈표 2〉에 있다. 세포학적 검사로 결정된 염색체 수와 유전적 실험으로 결정된 연관 그룹의 수가 일치하는 것은 유전자가 염색체의 일부일 뿐만 아니라 동일 염색체상의 유전자들이 함께 유전되는 것에 대한 강력한 증거였다.

〈표 2〉의 데이터는 다른 의미로도 유익하다. 많은 다른 유전자가 같은 형질에 영향을 주는 것을 주목하라. 13개는 눈 색에 영향을 주며 33개는 어떤 식으로든 날개를 변형하며, 10개는 몸 색에 영향을 미친다. 그렇다면 무엇이 정상적인 붉은 색 눈을 결정하는가? 그 답은 이 모든 13개 눈 색깔 유전자의 야생형 대립인자가 그 후 발견된 많은 다른 유전자와 앞으로도 발견될 다른 유전자와 더불어 작용하여 정상적인 야생형 붉은 눈을 만드는 것이다. 만일 어떤 개체가 이 중한 가지의 돌연변이 대립인자에서 동형접합이라도 눈 색깔은 붉은 색이 아니라 흰색, 복숭아색(peach), 먹물색(sepia) 또는 다른 많은 색중의 하나가 된다. 정상적인 붉은 색 눈은 일련의 유전자 작용의 최종산물로 생각할 수 있다. 만약 이들 중 어느 하나의 작용이라도 변형된다면 눈 색깔이 달라질 것이다.

곤충의 복눈에는 눈 색깔 이상으로 중요한 것이 더 많다는 것을 아는 게 중요하다. 눈의 형태에 영향을 주는 다른 많은 유전자가 있는데, 네 번째 연관 그룹에 속하는, 눈이 없거나 X염색체의 막대 눈(bar eye)의 경우와 같이 일부는 극단적이다.

돌연변이 대립인자는 가장 눈에 띄는 효과에 따라 명명되었다. 즉, 흰 눈 대립인자는 흰 눈을 만들게 된다. 그러나 흰 눈 초파리를 세심하게 관찰한 결과 눈 색깔뿐 아니라 일부 내부기관의 색깔도 변형된 것이 드러났다. 이런 식으로 하나 이상의 구조나 과정에 영향을 미치는 유전자의 다형성(pleiotropic)은 그리 특이한 경우가 아니며 많은 유전자가 다형성이다. 초기의 일부 유전학자들은 모든 유전자가 몸의 모든 구조나 기능에 적어도 조금씩은 기여하는 것으로 짐작하기도 하였다.

　이제 완전한 연관의 예외인 경우로 되돌아가 보자. 이 예외는 만일 두 가지 다른 유전자가 같은 염색체의 일부라면 나타날 수가 없다. 따라서 우리의 모델에서 만일 Aa Bb 개체에서 A와 B가 동일한 염색체에 있고 a와 b가 다른 상동염색체에 있다면 완전한 연관이 될 것이다. Ab나 aB 표현형을 가진 일부 개체만으로도 마치 유전자가 하나의 염색체에서 다른 염색체로 이동할 수 있다는 것을 암시하기 때문에 가설을 부인하기에 충분하다. 따라서 만일 이 가설이 유지되려면 염색체 간에 유전자의 교환을 허용하는 메커니즘이 발견되어야만 한다. 유전 데이터는 세포학적 설명이 필요한데 실제로 이를 충분히 뒷받침할 세포학적 현상이 최근에 보고되었다.

　흰 눈 초파리가 탄생한 1909년에 세포학자 얀센(F. A. Janssens, 1863~1924)은 모건과 그의 동료들에게 필요했던 상동염색체 간의 유전자 교환 가설을 뒷받침하는, 감수분열 동안 일어나는 염색체 현상을 보고하였다(〈그림 61〉). 이것을 교차라고 불렀는데 시냅스를 형성하는 동안 상동염색체의 긴 면은 나란히 서로 가까워진다. 두 염색체는 복제되어 4개의 염색분체가 형성된다. 이 단계까지는 관찰이 가능했다. 그 다음에 얀센에 의하면 두 개의 염색분체가 서로 상당히 꼬이는 것이 발견되었고 어떤 경우에는 그 지점에서 각각 절단되었다. 절단된 염색분체는 한 염색분체의 부위가 다른 쪽의 절단된 부위와 연결되는 식으로 재결합(재조합)된다. 그 결과 원래의 염색분체 조각의 모자이크인 "새로운"(new) 염색분체가 만들어진다. 절단과 재결합을 직접 볼 수 없었기에 이 제안은 가설에 지나지 않았다.

　얀센의 가설에 대한 증거는 더 많이 필요했지만 모건으로서는 데이터를 설명할 수 있는 유일한 방법이었다. 모건은 한 페이지로 된 논문

〈표 2〉 초파리 유전자에서 연관 그룹

1그룹		2그룹	
이름	영향을 받은 지역	이름	영향을 받은 지역
비정상	복부	뿔 모양의	날개
막대 (Bar)	눈	날개 없는	날개
두 갈래의 (Bifid)	날개의 무늬	궁형 (Arc)	날개
활 모양 (Bow)	날개	풍선 (Balloon)	날개의 무늬
진홍색 (Cherry)	눈 색깔	검정 (Black)	몸 색깔
황적색 (Chrome)	몸 색깔	물집 모양의	날개
갈라진 (Cleft)	날개의 무늬	콤마 (Comma)	가슴 표지
곤봉 (Club)	날개	융합된	날개의 무늬
평평한	날개	크림색 2 (Cream II)	눈 색깔
점박이 (Dotted)	가슴	휜 (Curved)	날개
선홍색 (Eosin)	눈 색깔	닥스 (오소리) (Dachs)	다리
홑눈 (Facet)	곁눈	추가 맥의 (Extra vein)	날개의 무늬
갈래의 (Forked)	등 돌기	술 모양의 (Fringed)	날개
주름진 (Furrowed)	눈	멋진 (Jaunty)	날개
융합된 (Fused)	날개의 무늬	제한된 (Limited)	날개
녹색 (Green)	몸 색깔	교차 결여 (Little crossover)	염색체 2
멋진 (Jaunty)	날개	오디 모양 (Morula)	곁눈
레몬 색 (Lemon)	몸 색깔	올리브 색 (Olive)	몸 색깔
치사 13 (Lethals 13)	죽음	망상의 (Plexus)	날개의 무늬
소형 (Miniature)	날개	자주색 (Purple)	눈 색깔
새긴 (Notch)	날개의 무늬	작은 반점 (Speck)	가슴 표지

1그룹		2그룹	
이름	영향을 받은 지역	이름	영향을 받은 지역
이중 (Reduplicated)	눈 색깔	띠 모양 (Strap)	날개
적홍색 (Ruby)	다리	줄무늬 (Streak)	패턴
흔적 (Rudimentary)	날개	세 잎 모양의 (Trefoil)	패턴
흑색 (Sable)	몸 색깔	끝이 잘린 (Truncate)	날개
변형된 (Shifted)	날개의 무늬	흔적 (Vestigial)	날개
짧은 (Short)	날개		
스키 (Skee)	날개	3그룹	
스푼 (Spoon)	날개	이름	영향을 받은 지역
얼룩 (Spot)	몸 색깔	줄무늬 (Band)	패턴
황갈색 (Tan)	안테나	구슬 모양 (Beaded)	날개
끝이 잘린 (Truncate)	날개	크림색 3 (Cream III)	눈 색깔
주홍색 (Vermilion)	눈 색깔	기형의 (Deformed)	눈
하얀 (White)	눈 색깔	난장이의 (Dwarf)	몸 크기
노랑 (Yellow)	몸 색깔	흑단색 (Ebony)	몸 색깔
거대한 (Giant)	몸 크기	콩팥 모양 (Kidney)	눈
4그룹		낮은 교차율 (Low crossing over)	염색체 3
이름	영향을 받은 지역	밤색 (Maroon)	눈 색깔
구부러진 (Bent)	날개	복숭아 빛 (Peach)	눈 색깔
눈이 없는 (Eyeless)	눈	분홍색 (Pink)	눈 색깔
		꺼칠한 (Rough)	눈

1그룹		2그룹	
이름	영향을 받은 지역	이름	영향을 받은 지역
		사프라닌(적자) 색 (inSafran)	눈 색깔
		세피아(적갈) 색 (Sepia)	눈 색깔
		검댕의 (Sooty)	몸 색깔
		가시가 없는 (Spineless)	가시
		펼쳐진 (Spread)	날개
		세 갈래의 (Trident)	패턴
		끝이 많이 잘린 (Truncate intensf)	날개
		백발의 (Whitehead)	패턴
		홑눈 (White ocelli)	단순 눈

에서 연관이 완전하지 않을 수 있다는 관찰을 설명할 새로운 가설을 제안하였다(1911b).

초파리의 눈 색깔, 몸 색깔, 날개 돌연변이와 성 결정인자에 관한 유전연구의 결과를 토대로 비교적 단순한 설명을 감히 제안하려고 한다. 이러한 인자를 표현하는 물질이 염색체에 들어 있다면, 그리고 이러한 인자들이 일직선상에 일렬로 연관되어 있다면 (이형접합형에서) 부모 염색체 쌍이 접합(시냅스) 할 때 유사한 지역은 서로 마주보게 된다. 얀센이 주장한 대로 상동염색체는 (사분체가 분리되기 시작할 때) 서로 꼬여 있지만, 염색체가 단일 면에서 분리될 때 잘려진다는 견해를 지지하는 좋은 증거가 있다. 결과적으로 가까운 거리에 놓여 있는 원래의 물질은 갈라질 때 같은 쪽으로 이동할 가능성이 높고 멀리 떨어져 있던 지역은 같은 쪽에 있기보다 다른 쪽으로 이동할 가능성이 높다. 그 결과로 어떤 형질에서는 (완전한 연관) 을 다른 형질에서는 (연관) 이 전혀 없는 것을 보게 된다. 즉, 인자를 대표하는 염색체 물질의 직선거리에 따라 차이가 생긴다. 이러한 해석은 본인이 관찰했던 많은 현상 전부와 내 생각에 이제까지 기술되었던 다른 경우도 잘 설명할 수 있다. 이 결과는 염색체상에 있는 물질의 위치에 대한 단순한 기계적인 결과일 뿐이고 상동염색체의 결합방법과 결과적으로 나타나는 부분은 염색체에서 인자의 상대적 위치에 대한 수치적 시스템이 표현된 것은 아니다. 멘델 유전의 의미에서 무작위적 분리 대신에 염색체에서 서로 가까이 위치한 "인자의 연합"을 보게 된다. 세포학은 실험적 증거가 필요한 메커니즘을 제공하고 있다.

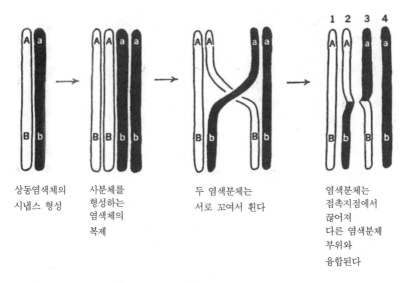

〈그림 61〉 교차에 대한 얀센의 가설(1909).

연관(*linkage*)이라는 용어는 한 염색체의 일부분이면서 다른 유전자가 같이 유전되는 경우를 설명하기 위하여 사용되었다. 감수분열에서 일어나는 교차(*crossing-over*)는 상동염색체가 시냅스에 함께 와서 복제되고 절단되어 결국에는 염색분체가 새로운 방식으로 재연결되어 유전자의 변형된 조합을 초래한다. 따라서 모건에게 단순한 멘델 유전의 수수께끼 같았던 예외들이 사실 유전자는 동일한 염색체의 일부이며 때때로 감수분열 중의 교차로 인해 이들이 재분배되는 사실의 결과라고 확립한 공을 모건에게 돌릴 수 있을까?

사실상 그렇게 할 수 없다. 만일 두 유전자가 한 염색체의 일부라면 연관은 설명될 수 있고 교차는 이전에 연관된 유전자가 분리되는 것에 대한 설명이 될 수 있다. 우리는 모건의 이러한 통찰력을 높이살 수 있는데, 차후의 연구로 그의 가설이 옳다는 것이 드러났다.

교차의 세포학적 증명

교차에 대한 가장 결정적인 증거는 감수분열 시 상동염색체 간 절단과 재조합에 대한 실질적인 세포학적 증거일 것이다. 상동염색체의 외형이 동일하고 설사 교차가 일어났다 하더라도 이들이 잘리고 재조합되었다는 증거를 찾기는 거의 불가능해 보였다. 따라서 상동염색체를 구분할 수 있는 방법이 필요했다. 1910년대에는 별 방법이 없었는데도 초파리 그룹은 자신들의 실험 결과를 계속 설명할 수 있었기 때문에 교차가설을 수용했다. 커트 스턴(Curt Stern, 1931)이 교차에 대한 세포학적 증거를 제공할 수 있기까지는 거의 20년이 지나서였다(〈그림 62〉).

스턴이 연구를 시작할 무렵 초파리 유전학자들은 다수의 염색체 이상을 가진 것을 포함하여 많은 종류의 돌연변이 초파리를 갖고 있었다. 일부는 자생적으로 생긴 것이고 일부는 라듐 방사선이나 X-선을 조사한 초파리의 후손이었다. 스턴은 자신이 필요한 검증물질을 제공할, 구조적으로나 유전적으로도 다른 X상동염색체를 가진 암컷 초파리 무리를 만들기 위해 이러한 광범위한 돌연변이체 라이브러리를 사용하였다. X염색체 중 하나는 두 부위로 되어 있었는데 한 부위는 독립적인 염색체였고 다른 부위는 작은 네 번째 염색체에 붙어 있었다. 다른 X염색체에는 Y염색체가 부착되어 있었다. 이러한 구조적 차이는 매우 커서, 고정하여 염색한 세포에서 염색체를 동정하는 것이 가능했다.

2개의 X염색체는 유전자 표지(*genetic marker*)도 갖고 있었다. 분리된 X염색체의 한 부위는 동형접합일 때 짙은 루비 색의 눈을 만드는 카네이션(*carnation*; C) 열성대립인자와 정상적인 둥근 눈이 줄어들어 좁은 밴드의 막대 눈을 만드는 막대 눈(*bar eye*; B) 우성대립인자를 갖고 있었다. Y염색체의 단편이 부착된 X염색체는 야생형 대립인자인 C와 b를 갖고 있어 붉고(*red*) 정상적인 둥근(*normal-shaped*) 눈을 만드는 대립인자를 갖고 있었다. 암컷에서의 감수분열 중에 일부에서 이 두 가지 좌위 간에 교차가 일어났고 일부에서는 그렇지 않았다. 그 결과로 4가지 유형의 배우체가 만들어졌다. 이들은 각각 유전적으로나 구조적으로도 특이했다. 이러한 암컷을 모두 열성대립인자를 가진 카네이션-정상 눈 수컷과 교배하면 암컷 배우체의 대립인자 각각이 발현된다.

결정적인 증거는 4개의 다른 표현형을 가진 F_1 암컷에서 나왔다. 더구나 이들 표현형은 예상대로 다른 염색체를 갖고 있었다. 스턴은 카네이션-정상 눈을 가진 교차된 개체가 두 개의 긴 X염색체를 갖도록 교배를 설정했다. 다른 교차그룹은 붉은 막대 눈을 갖고 있었다. 이들의 염색체는 하나의 긴 X염색체와 Y염색체 단편이 부착된 X염색체를 갖고 있었다. 교차가 일어나지 않은 다른 두 가지 표현형 그룹들도 특이한 염색체 배열을 갖고 있었다.

스턴이 4가지 그룹 모두에 속하는 거의 4백 마리의 암컷 염색체를 조사한 결과 표현형이 예상되는 세포학적 배열과 일치하는 것을 발견하였다. 이것은 유전적 재조합의 메커니즘이 염색체의 교차라는 모건의 가설이 정말 옳았다는 것을 훌륭하게 예시한 것이었다.

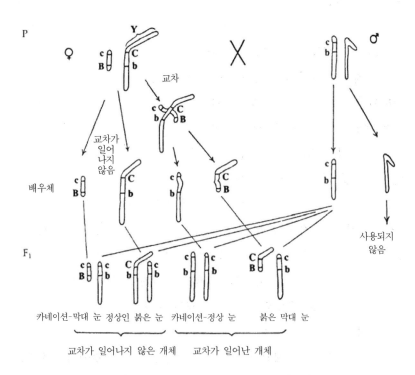

〈그림 62〉 교차에 대한 커트 스턴의 세포유전학적 증거(1909).

동일한 결과도 나왔다. 이보다 몇 주 전에 출간된 논문에서 해리엇 크라이턴(Harriet Creighton)과 바바라 맥클린톡(Barbara McClintock)은 옥수수(*Zea Mays*)에서 교차가 세포학적인 바탕으로 일어나는 것을 실증하였다(1931). 이들의 방법은 스턴이 초파리에서 사용했던 방법과 유사하였다. 이들은 유전적으로나 세포학적으로도 다른, 아홉 번째 염색체를 가진 옥수수 품종을 개발하였다. 이들은 다른 표현형을 가진 식물에서 예측되는 세포학적 배열의 존재를 그 증거로 들었다.

염색체 지도 만들기

모건의 첫 번째 장편 논문에서 초파리 유전학의 대부분이 논의되었다 (1911a). 여기서 그는 두 가지 주요 가설을 강조하였는데, 유전자가 염색체의 일정 지역에 위치하며 이들이 직선상의 순서로 배열된다는 것이다. 만약 교차가 염색체상의 어느 곳에서나 일어날 수 있다고 가정한다면 그 내부의 어느 지역 한 부위에서 교차가 일어날 확률은 그 부위의 길이에 비례할 것이기에 길이가 길수록 그 사이에서 교차가 일어날 확률이 크다. 모건은 이것으로 염색체 지도를 만들 수 있다고 생각했다. 그의 학생이었던 스터트반트가 지적하였듯이 "교차비율을 어떤 두 인자 간의 거리에 대한 지표로 사용할 수 있다. 그렇다면 (위의 관점에서) A와 B 사이의 거리와 B와 C 사이의 거리를 결정하면 AC를 예측할 수 있다. 왜냐하면 만약 교차율이 정말로 거리를 나타낼 수 있다면 AC는 대략적으로 AB와 BC의 합이거나 아니면 AB와 BC의 차이여야지, 어떤 중간값은 아니어야 한다"(1913: 45).

그러자 스터트반트는 X염색체에 돌연변이 대립인자를 가진 초파리를 야생형 초파리와 교배하는 실험을 시작하였다. 그런 후 F_1 암컷을 다시 열성대립인자를 가진 수컷과 교배하였다. F_1 수컷은 사용하지 않았는데, 이전에 모건이 수컷에서는 교차가 일어나지 않는 것을 발견하였기 때문이었다. 그리고 대립인자 간의 재조합이 일어났는지를 보기 위하여 그 자손의 수를 헤아렸다. 이러한 재조합은 두 좌위 간에 교차가 일어났다는 것을 암시한다.

y(*yellow*, 노란 몸체)와 v(*vermilion*, 주홍색 눈) 사이의 교차율은 32.2였고 y와 m(*miniature*, 작은 날개) 간의 교차율은 35.5였다. 모건의 가설에 의하면 v는 m보다 y에 약간 더 가까울 것으로 추정된다. 그러나 m과 v의 상대적 위치에 대해 어떤 결론을 내릴 수 있을 것인가? 스터트반트는 m과 v 간 거리는 67.7(35.5＋32.2)이거나 3.3 (35.5 - 32.2)일 것으로 예측하였다. 〈그림 63〉은 이러한 추론의 모식도이다.

가설은 중요한 추론과 검증방법을 이끌어낸다. 즉, v와 m 사이의 교차 정도를 측정하여 그 값이 대략 3.2 또는 67.7%인지를 확인하면 된다. 스터트반트가 실험해보니 그 값은 3%였다. 이것은 v와 m이 서로 가까이 있으며 y쪽으로 위치하고 있다는 것을 암시한다. 실제값과 기대값이 매우 비슷하다는 것은 이 가설이 옳다는 것을 강력히 지지한다.

다른 반성유전자를 이용한 유사한 실험들이 〈그림 63〉의 C에 나타나 있는 최초의 유전자 지도에 대한 기초가 되었다. 이러한 방법으로 만들어진 유전자 지도가 염색체상 유전자의 위치를 정확하게 나타내고 있는가? 스터트반트는 다음과 같이 말하였다(유전적 표기는 최근의 방식으로 바꾸었다).

A

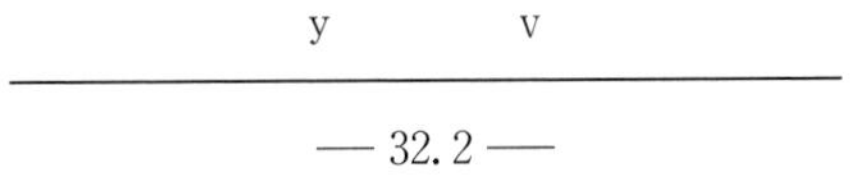

```
                         y        v
        _____
                      — 32.2 —
```

이제 여기 나타나 있는 것처럼 m은 y의 왼편이나 오른편 어느 쪽에도 있을 수 있다.

B

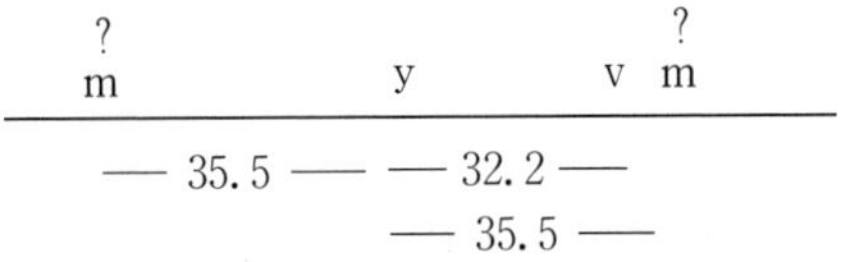

```
              ?                              ?
              m              y          v    m
        _____
              — 35.5 ——— 32.2 —
                    — 35.5 —
```

C

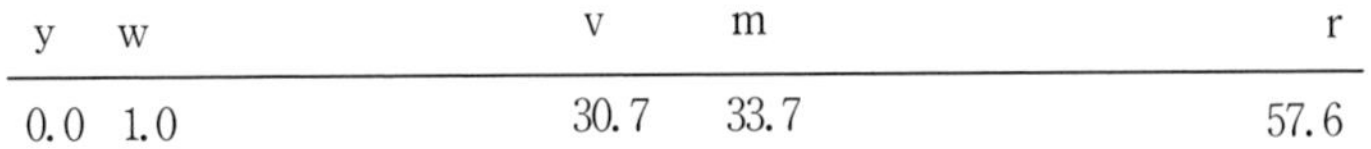

```
          y  w                   v    m                    r
        _____
          0.0  1.0               30.7  33.7                57.6
```

〈그림 63〉 유전자 좌위의 직선상 순서를 결정하는 알프레드 헨리 스터트반트의 방법 (1913). A는 y와 v가 그들 간의 교차율 백분율과 m이 v와 같은 쪽에 있는지를 아는 것이 불가능한 것을 보여준다. B는 y와 m 간의 교차율 백분율에 해당하는 거리만큼 떨어져 있는 것을 보여준다. C는 X염색체상에 있는 5개 유전자 좌위의 상대적인 위치를 보여준다.

물론 그림에 그려진 이러한 거리가 인자 간에 떨어져 있는 실질적인 상대적 공간거리를 나타내는지를 알 수 있는 방법은 없다. 따라서 실제로는 wv 거리가 yw 거리보다 짧을 수도 있지만 y와 w 사이에서보다 w와 v 사이에서 절단이 일어날 가능성이 훨씬 더 높다는 것을 우리는 알고 있다. 그러므로 wv 간의 거리가 멀거나 아니면 어떤 다른 이유로 그 사이가 약하여 잘 끊어진다는 것을 말한다. 여기서 내가 지적하고 싶은 것은 염색체가 균일한 강도를 가졌는지 여부를 우리가 알지 못한다는 점이다. 만약 강하고 약한 장소가 있다면, 우리의 모식도가 실제적인 상대거리를 반영하지 못하겠지만 내 생각에 모식도의 가치를 손상시키지는 않을 것이다(p. 49).

스터트반트는 다음과 같은 결론에 도달하였다.

이러한 결과는 모건이 얀센의 키아스마 유형에 대한 가설을 연관유전에 적용한 것을 토대로 하여 설명할 수 있다. 이 결과들은 유전의 염색체 이론을 지지하는 새로운 주장인데, 조사한 인자들이 직선상에 일렬로, 적어도 수학적으로 배열되어 있다는 것을 강하게 암시하기 때문이다.

스터트반트는 최초의 X염색체 유전자 지도를 만드는 실험을 수행하는 동안 동형접합형이 되면 세포학에서 사용하는 분홍색 색소와 유사한 선홍색의 눈을 만드는 돌연변이체 선홍색(eosin)의 유전자 좌위를 찾아내었다. 그는 또한 선홍색 눈과 흰 눈은 인접한 유전자 좌위에 대해 동일한 교차율을 나타내는 것을 알았다. 이것은 선홍색 눈과 흰 눈이 염색체상에서 동일한 장소에 있다는 것을 암시하는 것으로 보였다. 모건 그룹은 다음과 같이 데이터를 해석하였다.

이 예는 상동염색체에서 동일 좌위를 차지하는 이형대립인자(allelo-morph)의 개념이 두 개의 다른 인자로 한정되지 않는다는 것을 암시하며 위에서처럼 3개나 심지어 더 많은 다른 인자가 서로 간에 그런 관계를 가질 수가 있다. 이들이 동일 좌위에 있기 때문에 서로 상호배제적이며 따라서 동일한 동물에서 동시에 두 개 이상이 나타날 수가 없다. 연역적 논리에 따라 인자는 한 가지 이상의 방법으로 변화하여 다수의 이형대립인자을 만든다고 가정할 수 있다.

염색체 가설에서는 이러한 상관관계에 대한 설명이 명백하다. 돌연변이 인자는 특정 염색체의 일정한 좌위에 위치하고 이것의 정상적인 이형대립인자는 상동염색체에서 이에 대응하는 위치(좌위)를 차지할 것이다. 만약 동일한 장소에서 또 다른 돌연변이가 일어난다라면 "부모형"의 정상적인 이형대립인자뿐만 아니라 새로운 인자도 첫 번째 돌연변이의 이형대립인자로 작용해야만 한다(모건·스터트반트·밀러·브리지스, 1915: 155~157).

여러 해가 지나면서 흰 눈과 동일 좌위에 존재하는 돌연변이가 더 많이 발견되었다. 이것은 더 이상 특이한 경우가 아니었다. 동일한 유전자에 대한 다수의 대립인자는 흔한 유전적 현상이었다.

이 한 종에 관한 정보가 증가하면서 유전 메커니즘에 대한 새로운 통찰력이 어떻게 얻어졌는지를 다시 한 번 강조해야겠다. 초파리 실험실의 아주 적극적인 그 연구원들이 자신들의 노력을 1다스의 생물종이 아닌 한 생물종의 유전학에 집중한 것은 훨씬 더 효율적이었다. 1915년에 이르자 광범위한 돌연변이 대립인자의 라이브러리가 이용 가능해져 모든 종류의 질문들에 대한 납득할 만한 해답을 얻을 확률이 높았다. 수년 후 박테리아인 대장균(*E. coli*)이 그런 집중적인 관심을 끌었다는 사실은 대장균에 대한 생물학이 어떤 생물종보다 더 잘 알려졌다는 것을 의미한다.

최종적 증거

19세기의 마지막 20년 동안 유전을 담당하는 인자가 염색체와 연합되어 있다는 가설은 겨우 소수의 저명한 세포학자들만 주장하였다. 이 가설은 1903년 서턴에 의해 새로운 생명을 얻었고 1910년 이후 모건, 스터트반트, 브리지스, 그리고 밀러의 초파리에 대한 연구로 유전인자, 즉 유전자가 염색체의 일부일 가능성이 아주 높아졌다. 그런데도 베이트슨과 다른 많은 전문가들은 전혀 믿지 않았다.

캘빈 브리지스는 서턴의 가설에 "최종적 증거"(*final proof*)를 제공한 것으로 인정받고 있다. 또다시 알려진 법칙에 대한 예외는 이해를 증가시키는 기회를 제공하였다. 〈그림 64〉는 초파리 성염색체의 정상적인 유전을 나타낸다. 암컷의 염색체는 대문자로, 수컷의 염색체는 소문자다. 수컷의 x염색체는 항상 자신의 딸에게만 전달되고 y염색체는 아들에게만 전해진다. 암컷의 X염색체는 딸, 아들에게 모두 전해진다. 따라서 딸은 한 개의 X는 엄마로부터, 한 개의 x는 아빠로부터 받는다. 아들은 X를 엄마에게 받고 y는 아빠에게 받는다. 그러므로 흰 눈 암컷을 붉은 눈 수컷과 교배하면 딸은 모두 붉은 눈이고 아들은

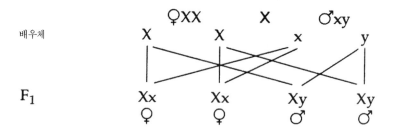

〈그림 64〉 노랑초파리에서 성염색체의 정상적인 유전. 암컷 염색체는 대문자로, 수컷 염색체는 소문자로 나타나 있다.

모두 흰 눈이 될 것으로 예상되며 그 외의 경우는 없다.

새로 나타난 많은 돌연변이 중 매우 이상하게 행동하는 흰 눈 암컷이 있었다. 브리지스(1916)가 이것을 붉은 눈 수컷과 교배하였더니 일부는 흰 눈 암컷으로, 또 다른 일부는 붉은 눈 수컷으로 나타났다 (〈그림 65〉). 정상적인 성염색체의 유전이라면 이런 일이 절대 생길 수 없었다. 흰 눈을 가진 딸들이 아빠의 X염색체를 받았을 수가 없다. 왜냐하면 아빠는 붉은 눈에 대한 우성대립인자를 갖고 있었으므로 이것을 받았다면 우성형질이 나타나야 한다. 그러므로 이러한 예

	비분리 상동염색체를 가진 흰 눈 ♀		정상적인 붉은 눈 ♂	
	XXY	×	XY	
	XY(46%) : X(46%)		X(50%)	
	XX(4%) : Y(4%)		Y(50%)	

	XY(46%)	X(46%)	XX(4%)	Y(4%)
F₁				
	1	2	3	4
	XXY 23%	XX 23%	XXX 2%	XY 2%
X **(50%)**	붉은 눈 ♀	붉은 눈 ♀	염색체 3개 ♀	붉은 눈 ♀
	교배하면 상동염 색체가 비분리	정상적인 염색체 이동	일반적으로 치사	X는 아버지로부터 Y는 어머니로부터 왔다. 이것은 정상적인 상황의 반대이다.
	5	6	7	8
	XYY 23%	XY 23%	XXY 2%	YY 2%
Y **(50%)**	흰 눈 ♂	흰 눈 ♂	흰 눈 ♂	흰 눈 ♂
	추가적인 여분의 Y염색체를 가짐	정상적인 염색체 이동	교배하면 상동염 색체가 비분리	항상 치사

〈그림 65〉 비분리 상동염색체를 가진 암컷을 이용한 캘빈 브리지스의 실험(1916).

〈그림 66〉〈그림 65〉에서 보여준 교배에서 암컷 후손의 염색체에 대한 브리지스의 그림. 검사한 것 중 대략적으로 반은 왼쪽 그림처럼 정상적인 염색체 조성을 가지며 두 번째 부류에 속한다. 나머지 암컷(첫 번째와 일곱 번째 부류)은 XXY이다.

외적인 딸들은 자신의 반성유전자를 엄마로부터만 받았음에 틀림없다. 예외적인 붉은 눈 아들도 유사한 설명이 필요하다. 이들의 X염색체는 정상적인 경우 엄마로부터만 오며 엄마의 X염색체는 둘 다 흰 눈에 대한 대립인자만 갖기 때문에 붉은 눈 수컷의 X염색체는 자신의 붉은 눈 아빠로부터 왔음에 틀림없다.

브리지스가 제안한 가설은 예외적인 자손을 갖는 암컷은 두 개의 X염색체뿐만 아니라 한 개의 Y염색체도 갖는다는 것이었다. 이 가상의 XXY 암컷에서는 감수분열 동안 4가지 종류의 배우체, X, XX, XY, 그리고 Y가 생성될 것으로 상상할 수 있다(정상적인 암컷은 한 개의 X염색체를 가진 단일 종류의 배우체만 만든다). 이러한 배우체 간의 비율을 예측할 방법은 전혀 없지만 실험 결과는 X가 46%, XY가 46%, XX가 4%, 그리고 Y가 4%라고 제시했다.

이러한 XXY 초파리를 비분리(nondisjunction) 암컷이라고 불렀다. 이 용어는 일부 난세포에서 X염색체의 분리가 일어나지 않은 사실, 즉 두 개의 X염색체가 비분리되어 둘 다 난세포에 남아 있고 Y염색체가 극체로 갔다는 사실을 일컫는다. 정상적인 감수분열에서는 한 개의 X염색체가 극체로 전달되고 나머지 X염색체가 난세포에 남는다.

이렇게 상식을 벗어난 가설을 설정하는 데는 상당한 용기가 필요했을 것이다. 그렇지만 유전자가 염색체의 일부라는 주장을 계속하려면 이와 같은 가설이 필요했다. 브리지스의 가설에서 가장 중요한 사실은 이것이 검증될 수 있었기에 얼마나 터무니없는가를 평가할 수 있었다는 점이다. 다음이 주요 연역추론이다.

(1) 만약 가설이 사실이라면, 우리는 F_1인 딸의 50%가 비분리형 암컷일 것으로 예상할 수 있다(〈그림 65〉에서의 1과 7그룹; 이 그림에 나타나 있는 %는 모든 초파리에 대한 값이므로 암컷만 고려할 때 그 값은 두 배가 된다). 모든 흰 눈 암컷(7그룹)은 비분리형이다. 대다수의 암컷은 빨간 눈을 가질 것으로 예측된다(1과 2그룹). 표현형만으로 이들을 구별할 수는 없지만 유전실험을 하면 반(2그룹)은 정상이고 나머지 반(1그룹)은 비분리형일 것이다. 브리지스가 교배를 수행한 결과 이 추론이 옳다는 것이 확인되었다.

(2) 가설이 사실이라면 예외적인 수컷(4그룹), 즉 X염색체를 아빠로부터 받았지만 다음 세대에서는 예외적인 자손을 만들 능력을 전달하지 못하는 수컷이 나올 것으로 예상된다. 이들은 정상적인 수컷처럼 행동할 것이다. 실험 결과 추론이 옳다는 것을 확인하였다.

(3) 가설이 사실이라면 46%의 수컷은 XXY일 것이다. 이들은 4가지 종류의 배우체, X, XX, XY, Y를 생성할 것으로 예상할 수 있다. 이런 수컷을 정상적인 암컷과 교배하면 예외적인 자손이 생기지 않는다. 즉, 수컷은 반성형질을 아빠로부터만, 암컷은 반성형질을 엄마로부터만 얻는다. 그러나 단일 X를 가진 정상적인 난자로 들어가는 모든 XY정자는 XXY딸을 만든다. 이 추론은 검증되어 옳다는 것이 드러났다(이 마지막 문장이 이 검증에서나 다른 검증에서 엄청난 양

의 일이 관여되었다는 것을 의미하지는 않는다).

(4) 만약 가설이 사실이라면 50%의 딸(1과 7그룹)이 XXY일 것으로 예상된다. 이 추론은 많은 암컷의 염색체를 슬라이드 표본으로 만들면 검증할 수 있다. 그가 발견한 바가 〈그림 66〉에 나타나 있다. 약 반수의 암컷이 두 개의 X를 가진 정상적인 염색체 세트를 갖고 있었다. 나머지 반은 정상적인 상염색체 외에 두 개의 X와 한 개의 Y를 갖고 있었다.

이런 것들은 증명이 힘든 연역추론이었는데도 명쾌하게 검증되었다. 젊은 브리지스는 "염색체의 특이한 행동과 반성유전자의 행동이 완전히 병행하는 것에는 의심의 여지가 없다. 이 경우 성은 반성유전자는 X염색체에 위치하며 그 속에 들어 있다는 의미이다"라고 결론지었다. 이것은 적절히 자제했지만 대담한 발언이었다. 실험이 수행되었던 당시 유일하게 의심의 여지없이 증명된 것은 흰색과 붉은색 대립인자가 실험에 사용했던 노랑초파리 품종의 X염색체 중의 일부라는 사실이다.

그렇다면 이러한 실험들이 유전자가 염색체의 일부라는 최종적인 증거라고 주장하고 마치 이것이 모든 생물에서 항상 진실인 것처럼 암시하는 근거는 무엇인가? 이것이 어떤 생물체에서든지 최초로 이루어진 유전실험이었다면 방금 인용한 브리지스의 결론이 그 정도까지 나아갈 수 있었을 것인가? 그러나 이것이 처음은 아니었다. 1900년 이후 16년간 엄청난 양의 유전 정보가 축적되었다. 많은 동식물의 종에서 단순한 법칙에 바탕을 둔 것처럼 보이는 유전법칙이 드러났다. 사실상 생물종 간에 구조와 모양이 막대한 차이를 보이는 것과는 대조적으로 유전 체계에는 통일성이 바탕에 깔려 있다. 따라서 비분리 현상에 바탕을 둔 결론을 노랑초파리의 다른 유전자와 다른 종의 유전자에 확장하여 모든 종에서 유전자는 염색체의 일부라고 가정하는 것이 합리적으로 보였다.

1921년에 베이트슨이 초파리 실험실을 방문하였다. 그의 방문 중 주요 사건의 하나가 비분리실험에서 나온 염색체 슬라이드를 브리지스가 보여준 일이었다. 세포학에 대해서 전혀 무지했던 베이트슨은 파이프에서 담뱃재를 여기저기 떨어뜨리며 현미경들을 오갔다고 전해진다. 마침내 그는 유전자가 염색체의 일부라는 것을 확신했다고 공식적으로 털어놓았다.

1922년 토론토에서 열린 미국과학진보협회(American Association for the Advancement of Science, AAAS)의 강연에서 베이트슨은 다음과 같이 말했다.

> 우리는 또다시 항로를 꺾어 방향을 돌아서 배우체 뒤에 있는 염색체를 보게 되었다. 세포학의 경이로움을 보지 못해 마치 짙은 색의 유리창을 통해 본 탓이라고 이해되지만 회의론자들이 더 이상 초파리 연구자들의 주된 논제를 무시하는 태도를 유지할 수가 없다. 모건과 그 동료들의 주장, 그리고 특히 브리지스의 실증은 접합자의 특정한 형질이 특정 염색체와 직접적으로 연합되어 있다는 것에 대한 모든 회의론을 누그러뜨릴 수밖에 없다. 배우체에 들어 있는 이동되는 특성은 눈에 보이는 핵 배열의 세부적인 모양으로 여겨도 무방하다. 아주 최근까지도 역설적인 호기심에 지나지 않던 변이와 유전에 담긴 규칙을 단계적으로 추적하다보니 이런 아름다운 발견을 하게 되었다. 이 성탄절 시즌에 들어서면서 서방에 떠오른 별 앞에 경의를 표하게 된다.

성 결정인자

초파리와 다른 많은 종에 대한 이러한 실험은 개체의 성이 난자와 정자가 수정 시 결합할 때 받는 성염색체에 의해 결정된다는 사실을 보여준다(우리는 이제 이 일반적인 규칙이 모든 종에서 사실이 아닌 것을 알고 있다). 따라서 1915년에 이르자 성 결정에 대한 완벽한 설명이 손아귀에 들어온 것처럼 보였다. XX접합체는 암컷이 되고 XY는 수컷이 된다. 그렇다면 암컷으로 되는 것은 두 개의 X를 갖기 때문인가 아니면 Y가 없기 때문인가? 수컷이 수컷인 것은 Y를 갖기 때문인가 아니면 하나의 X밖에 없기 때문인가? 이것도 아니라면 성 결정은 더욱 복잡한 현상의 결과인가?

이러한 질문에 대한 답은 연역추론에 대한 검증을 제공할 수 있는 방식으로 염색체를 이리저리 다양하게 다루는 능력을 필요로 하는 것 같았다. 그러나 또다시 많은 생물체들을 조사해보니 일부 종에서는 이미 그 답이 나온 상태였다. 어떤 종에서 수컷은 XO로서 하나의 성염색체만을 가진다는 것을 상기하라. 명백히 이들은 수컷이 되기 위해 Y는 필요치 않다. 더구나 초파리의 Y염색체에선 아무런 유전자도 발견되지 않았기에 Y는 유전적으로 활성이 없는 것으로 보였다. 그러므로 수컷이 수컷인 까닭은 하나의 X만을 갖기 때문이며, 암컷이 암컷인 까닭은 두 개의 X를 갖기 때문이라는 가설은 지지를 받았다. 이 가설은 초파리 실험실에서 나타난 어떤 주목할 만한 초파리들로 더욱 강화되었다. 이들은 한쪽 편은 암컷이고 다른 쪽은 수컷이었다. 동일한 기형이 다른 종에서도 보고되었는데 이들을 암수모자이크(*gynandromorphs*) 라고 불렸다. 그러나 상세한 분석이 이뤄지지 않아 이것의 원인은 알려져 있지 않았다.

초파리의 수컷과 암컷은 여러 면에서 외형적으로 서로 다르다. 수컷은 앞다리에 일단의 강모와 웅성 볏(*sex comb*)이 존재하며 복부의 뒷부분이 새까만 반면에 암컷은 여기에 줄무늬가 나있으며 웅성 볏이 없다. 자웅의 성기는 상당히 다르다. 게다가 수컷은 암컷보다 몸체가 작다.

세포학적 연구는 이러한 암수모자이크가 정상적인 XX암컷으로 시작하지만 발생의 아주 초기에 세포학적인 돌발사고로 몸의 반쪽을 형성할 세포에서 한 개의 X가 소실된 것을 암시한다. 이 세포의 후손들은 단지 하나의 X만을 갖고 있어서 수컷의 유전형이고 몸의 다른 반쪽을 만드는 세포는 두 개의 X를 갖고 있어 유전적으로 암컷이다. 그 결과로 이러한 개체는 몸의 한쪽 면은 수컷이고 다른 쪽은 암컷이다. 수컷 쪽 몸에는 웅성 볏이 존재하며 복부의 뒷부분이 까맣다. 몸 크기의 차이로 말미암아 이 암수모자이크는 커다란 암컷 쪽이 상당히 구부러져 수컷 쪽의 몸체가 오목한 모양이다. 성기는 한쪽 면으로는 전형적인 수컷이고 암컷 쪽은 비정상적이다. 가장 흥미로운 그룹의 암수모자이크는 X염색체의 붉은 눈과 흰 눈에 대한 대립인자가 이형접합형이다. 이들이 좌우대칭성 암수모자이크가 되면 초파리의 한쪽 눈은 빨갛고 다른 쪽 눈은 하얗다. 이러한 관찰로 말미암아 어떤 초파리 개체는 세포에 들어 있는 X염색체의 수에 따라 암수가 결정된다는 가설은 타당할 가능성이 아주 높다. 약간의 우연이 겹치면서 염색체를 이리저리 다룬 결과 추론에 대한 중요한 검증이 가능하게 되었다.

브리지스의 비분리현상에 대한 연구(1921, 1939)는 우연적인 사건의 결과로 더욱 현저한 염색체 이상이 생길 수 있다는 것을 보여주었다. 그 결과로 X염색체의 수와 개체의 성에 대한 관계를 검증할 새로운 방법을 시행할 수 있게 되었다. 이미 살펴본 바와 같이, 브리지스

의 XXY 초파리는 구조적으로 정상이며 번식이 가능한 암컷이다. 이
것은 초파리 실험실에서 가장 먼저 발견된 염색체 이상을 가진 개체
였다. 주의 깊은 실험 결과로 브리지스는 차츰 성이 단지 X염색체의
수로만 결정되는 것이 아니라 X와 상염색체 간의 어떤 관계로 결정된
다고 믿게 되었다. 그의 데이터는 Y의 역할이 미미한 것을 제시하였
다. 다음은 그의 가설을 간단히 설명한 것이다.

노랑초파리 암컷은 3쌍의 상염색체와 두 개의 X염색체를 가진다.
"상염색체 쌍"이라는 용어를 사용하여 단상의 3가지 상염색체 그룹을
A로 표기하고자 한다. 그러므로 정상적인 암컷은 두 세트의 상염색체
와 한 쌍의 X를 가진다. X와 상염색체 세트의 비는 $2X/2A = 1.0$이 된
다. 수컷은 하나의 X를 갖고 두 세트의 상염색체를 가지므로 그 비율
은 $1X/2A = 0.5$이다.

각 염색체 종류가 3개인 3배체 암컷이 발견되었다. 추가적인 X가
어떻게 행동할까? 슈퍼 암컷일까? 전혀 그렇지 않다. 정상적이었다.
기술한 도식에 따르면 이 암컷은 $3X/3A = 1$이다. 그러므로 규칙은
1.0이면 암컷, 0.5이면 수컷으로 보였다. 다른 조합이 가능할까?

일단 생식이 가능한 3배체 암컷을 이용할 수 있게 되자 새로운 염
색체 조합을 가진 개체의 창조가 가능해졌다. 이 암컷을 2배체 수컷
과 교배하면 다양한 종류의 비정상적인 염색체 조합이 만들어질 것이
다. 만약 이 새로운 조합 중 어느 것이라도 번식이 가능하면 이들을
다시 교배에 사용하여 더 복잡한 염색체 이상을 만들어낼 수 있을 것
이다.

다양한 조합의 일부가 〈그림 67〉에 나타나 있다. X의 수가 상염색
체의 수와 동일하기만 하면 그 비율은 1이고 초파리는 암컷이 된다.
만약 초파리가 두 개의 X를 갖고 네 세트의 상염색체를 가지면 비율

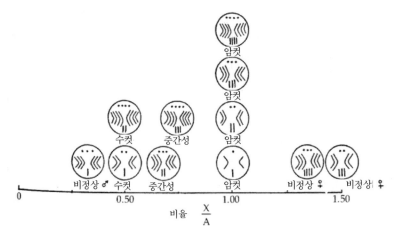

<그림 67> 브리지스와 다른 이들이 얻게 된 X염색체와 상염색체의 여러 가지 조합. 비율 1.0인 가장 하단 원은 단수체인 암컷이다. 브리지스는 그런 개체를 관찰하지 못했지만 일부 2배체인 파리가 몸의 일부지역에서 반수체를 갖고 있는 것을 알아냈다. 만일 그런 부위가 성과 관련이 있는 구조를 함유하면 이들은 암컷이다.

은 0.5이고 수컷이 된다. 즉, 'XX는 암컷이다'라는 가설은 상염색체가 두 세트인 경우에만 적용된다.

그러나 비율이 0.5와 1.0 사이면 어떤 일이 벌어지는가? 놀라운 사실은 이런 질문에 대한 답이 나왔는데 이들은 중간적인 성적 특성을 가진 초파리가 되었다. 이들은 중간성(intersex)이라고 불렸다. 상염색체 세트보다 X염색체가 더 많도록 하여 1.0 이상의 비율이 가능해졌는데 이들을 슈퍼 암컷(superfemeale)으로 불렀다. 이들은 암컷의 특성이 증폭되는 경향을 보였다.

<그림 67>에 나타난 조합과 또 다른 조합은 일관성 있는 패턴을 보여주었다. 초파리의 성은 "성"(sex) 염색체에 연관된 유전자로만 결정되는 것이 아니라 X염색체와 상염색체 유전자 사이의 상호작용의 결과였다. 상염색체 유전자는 수컷을 형성하는 경향이 있고, X염색체는

암컷을 만드는 경향이 있다. 정상적인 수컷에서는 두 세트의 상염색체가 하나의 X에 있는 유전자를 초과하여 균형이 상염색체로 쏠린다. 정상적인 암컷에서는 두 개의 X에 있는 유전자들이 상염색체의 유전자를 초과하여 균형이 성염색체로 쏠린다. 그리고 복잡한 특성은 많은 유전자 간의 복잡한 상호작용의 결과라는 아주 일반적인 현상은 더 많은 지지를 얻게 되었다.

고전 유전학의 개념적 기반

수천 번의 교배가 이뤄지고 수백만의 자손을 분류한 후 1930년대 후반 유전학자들은 수백 년간 제기되었던 커다란 질문들에 대한 납득할 만한 답을 얻었다는 만족감을 느꼈다. 유전적으로 알려지지 않은 생물을 처음 연구할 때, 멘델, 서턴, 모건의 법칙이나 이들 법칙을 수용할 만큼 확장하여 데이터를 설명하였다. 유전학은 생물학에서 개념적으로 적합한 수준에 처음으로 도달한 분야였다. 이렇게 된 데는 불가피한 이유가 있었다. 유전학은 비록 가장 기본적인 문제를 다루고 있었지만 생물학에서 가장 덜 복잡한 과학이었기 때문이다. 유전형은 표현형보다 단순할 수밖에 없다. 왜냐하면 기본적인 것은 파생된 것보다 개념적으로 덜 복잡하기 때문이다. 유전 부호는 생물계의 영역에서 근본적으로 공통적인 반면에 생물의 구조와 기능은 가지각색의 다른 형태를 취한다.

만약 유전학과 세포학에서 무엇이 성취되었는가를 묻는다면 그 답은 그리 인상적이지 않을 것이다. 부모에게서 자손으로 유전자의 이동을 지배하는 법칙을 발견했을 따름이다. 이 법칙은 외견상 모든 생물에서 공통적인 것으로 보여 식물과 동물 및 미생물에서도 적용되었다. 이들은 다음과 같다.

(1) 개체의 기본적인 형태학, 생리학, 분자생물학은 유전에 의해 결정되어 규정된 환경에서 작용한다.

(2) 개체의 유전 물질인 유전자가 양적으로 작다고 하더라도 이 유전자들은 자신의 부모와 같은 개체의 발생에 필요한 모든 유전 정보를 담고 있다.

(3) 유전자는 염색체의 일부이다(차후의 연구로 일부 유전 정보가 미토콘드리아나 엽록체, 그리고 바이러스나 일부 바이러스 유사체 등에서도 존재하는 것이 밝혀졌다).

(4) 각 유전자는 염색체상에서 정해진 위치인 유전자 좌위(locus)를 가진다. 이 개념에는 역위나 전위처럼 납득할 만한 예외가 알려져 있고 염색체에서 염색체로 유전 물질의 이동에 대한 예는 시간이 지남에 따라 증가하고 있다.

(5) 초파리의 Y염색체와 같은 몇몇 경우를 제외하고는 각각의 염색체는 많은 유전자를 갖고 있으며 직선 모양으로 배열되어 있다.

(6) (비생식세포인) 체세포는 각기 다른 종류의 염색체를 두 개씩 가진다. 즉, 이들은 상동적인 쌍으로 존재한다. 이것은 모든 유전자 좌위가 두 개씩 존재한다는 것을 의미한다. 일부 잘 알려진 예외도 있다. 예를 들어 벌과 같은 일부 종에서는 여왕과 일벌만이 2배체 암컷이고 수벌은 반수체 수컷이다. 성염색체는 또 다른 예외로서 XO와 XY형 수컷은 단지 하나의 성연관 유전자를 가진다. 또한 우리의 간에서처럼 어떤 동물의 일부 조직세포는 배수체(polyploid)이다.

(7) 각각의 체세포분열 주기 동안에 유전자는 세포에 있는 화학물질을 사용하여 복제된다. 세포의 복제에는 선행되는 유전자의 복제가 관여한다.

(8) 유전자는 장시간에 걸쳐 매우 안정적인 특징을 보이지만 유전 가능

한 변화인 돌연변이가 일어난다. 이들은 원래 유전자의 대립인자로서 유전된다. 돌연변이는 매우 드물어 보통 한 유전자당 수백만 세대마다 한 번 정도 일어난다.

(9) 유전자는 교차를 통해 하나의 상동염색체에서 다른 염색체로 이동될 수 있다. 이것은 감수분열의 정상적인 과정이지만 몇 가지 예외가 있다. 예를 들면 노랑초파리 수컷의 경우 유전적으로 활성이 높은 지역에서는 교차가 일어나지 않는다.

(10) 감수분열 과정은 모든 배우체가 각 상동염색체 쌍에서 하나의 염색체만을 받도록 보장한다. 이 두 가지 염색체 중 어떤 것을 받는가는 우연의 문제일 뿐이다. 따라서 배우체는 각각의 유전자 쌍 중에서 어느 것이나 받을 수 있다(분리; *segregation*). 각각의 상동염색체는 그 속에 담긴 유전자와 같이 배우체의 반에만 분배된다. XO 수컷은 명백한 예외이다.

(11) 배우체의 형성 시한 상동염색체 쌍 중 어느 한 염색체 분리는 그 속에 담긴 유전자와 같이 다른 상동염색체 쌍의 분리에 영향을 미치지 않는다. 따라서 염색체와 그 속에 담긴 유전자는 독립적으로 분배된다.

(12) 수정은 모든 쌍의 상동염색체 중 각각 하나씩의 염색체를 가진 난자와 정자의 무작위적 결합이다. 따라서 접합자는 각 쌍의 상동염색체 중 하나를 모계로부터 다른 하나를 부계로부터 받는다. 또다시 성염색체는 당연히 예외이다.

(13) 동일 좌위에 두 가지 다른 대립인자가 존재하면 그 개체는 그 유전자에 대해 이형접합성이다. 표현형에 영향을 많이 미치는 유전자를 우성이라 하고 다른 것은 열성이라 한다. 대부분의 경우 이형접합형은 우성대립인자에 대해 동형접합성인 개체와 표현형이 동일하게 보인다. 가끔씩 이형접합형은 중간인 표현형을 가진다.

(14) 마지막으로 유전자는 세포의 생화학적 반응을 조절하는 화학물질의 생산을 통해 효과를 발생하여야만 한다. 1930년대에 이것은 단지

추정적인 가설에 지나지 않았지만, 다른 대안이 될 설명이 불가능했기 때문이다. 일부 유전학자들은 유전자의 주된 기능이 세포의 생명 활동을 조절하는 특정 효소를 생산하는 것이라고 제안하였다.

이러한 14가지의 제안은 고전적 유전학과 유전 물질의 전달에 관한 유전학적 현상의 대부분을 설명한다. 이들은 전체적으로 만족할 만한 개념적 틀을 형성하였다. 그러나 이것이 충분하지는 않았다. 인간의 탐구적인 정신은 알려진 것보다 알려지지 않은 것에 더 자극을 받는다. 눈 색깔 유전자가 어떻게 유전되는지는 정확히 알고 있었지만 유전자의 구조나 그 작용 모드에 대해서는 근본적으로 전혀 아는 바가 없었다. 유전학의 다음 주된 패러다임의 관심사가 무엇이 될지 감지할 수 있을 텐데 바로 세포와 분자 수준의 분석을 수행하는 것이다.

이 장을 훈계조로 마치고자 한다. 메더워(Medawar, 영국의 생물학자로 쥐의 이식실험을 한 면역학자 — 역자)가 진술한 "진화가설을 전문가들이 예외 없이 받아들인 이유는 일반인들이 이해하기에 너무나 난해했기 때문이다"라는 구절을 회상하라. 진화학자들뿐만 아니라 대부분의 과학 분야에서도 이것이 사실인 것은 불행한 일이다. 만약 당신이 실험과 논쟁을 힘겹게 이룩해왔다면, 특히 브리지스의 "유전자가 염색체의 일부라는 최종적 증명"의 경우에서처럼 그랬다면 당신은 "나는 유전자가 염색체의 일부라고 믿지 않는다"라고 주장하는, 전혀 생물학 지식이 없는 사람에게 이것이 수용될지 여부에 대해 쉽게 파악할 수 있을 것이다. 일반인은 자신들이 그에 대한 증거를 이해하지 못하더라도 과학자가 자신들이 말하는 내용을 알고 있을 것으로 믿기 때문에 보통 과학적 주장을 수용할 것이다. 진화생물학과 유전학에서의 진술을 받아들이는 데 차이가 있었던 것은 아무도 〈창세기〉

(*Genesis*)를 유전학의 교재라고 주장하지 않았기 때문이다.

그러나 전문가들에게도 새롭고 급진적으로 다른 증거를 수용하는 것은 쉽지 않은 일이다. 1920년대 중반 브리지스의 실험이 수행된 지 10년 후에도 유전의 염색체 이론을 받아들인 생물학자는 영국에서 거의 없었다고 달링턴(Darlingtion)이 추정한 사실을 상기하라. 선뜻 받아들이기 어려우면서도 생각해볼 만한 일이다.

제 17 장

유전자의 구조와 기능

1930년대 말에 이르러서는 유전의 전달과 관련하여 사소한 문제를 제외하곤 모두 해결되었다. 때문에 "유전자가 무엇을 하는가?"와 "유전자의 화학적 성질은 무엇인가?"라는 어려운 질문에 주안점을 두게 되었다. 물론 20세기로 접어들면서부터 이러한 질문에 대한 관심이 있었지만 이용 가능한 테크닉으로 상세한 답을 얻을 가능성은 거의 없었다. 전자현미경, 방사성 동위원소, 컴퓨터, 크로마토그래피와 같은 오늘날에는 일상적인 테크닉뿐만 아니라 믿기 어려울 정도로 세밀한 분석 기기도 이용할 수가 없었다. 미국과학재단이나 간접비, 그리고 외부로부터 연구 후원비도 거의 없었다. 실험실의 연구조교나 연구원도 아주 드물었다. 우수한 대학의 운용에서 교육과 연구는 동등한 중요성을 지녔기에 연구에 사용할 시간이 더 적었다. 그런데도 윌슨과 모건은 오늘날 대부분의 첨단 생물학자를 경악시킬 정도의 교육 의무를 수행하면서도 왕성한 연구 프로그램과 논문을 출판할 수가 있었다.

이러한 제약에도 불구하고 1953년 이전에 이용할 수 있었던 조잡한 연구방법으로 유전자 기능에 대한 중요한 발견이 가능해졌다. 탐사방법 중에는 효소를 연구하기 위해 개발되었던 것도 있다. 20세기 전반부에 세포생물학과 생화학 분야에서 가장 활발했던 분야 중의 하나는 효소연구였다. 효소는 생명현상을 가능하도록 했던 주요 요인으로 여겨졌다. 세포에서 일어나거나 일어날 것으로 생각되었던 종류의 반응은 반응속도를 엄청나게 가속시켰던 이런 유기촉매의 존재 없이는 일어날 수가 없었다.

아이디어 발전사에서 이상한 에피소드 중의 하나라고 할 수 있지만 유전자와 효소는 양쪽 다 별로 알려져 있지 않던 시기에 처음으로 서로 연결 지어졌다. 영국 내과의사 아치발드 개로드(Archibald E. Garrod, 1857~1936)는 알캅톤뇨증(*alkaptonuria*)이라는 희귀한 질병을 가진 유아 환자를 진료하게 되었다. 이 병명은 이 질환을 가진 환자의 소변에 주로 호모겐티스산(*homogentisic acid*)으로 구성된 알캅톤 덩어리가 들어 있기에 붙여졌다. 이 물질은 산화되면 진홍색이나 흑색으로 변했다. 환자의 병에 대한 증후는 기저귀에 이런 색깔이 묻어 나타난다.

개로드는 아기의 부모가 서로 친사촌이라는 사실을 알았기에 알캅톤뇨증이 유전병일지도 모른다고 생각했다. 개로드는 알캅톤뇨증과 유사한 질병을 "선천적 대사의 결함"(*inborn errors of metabolism*)이라고 말했다. 그는 1902년에 그 질병이 열성대립인자와 관련이 있을지도 모른다고 제안한 베이트슨(Bateson)과 의논했다. 베이트슨은 다음과 같이 설명적인 가설을 제안하였다.

> 알캅톤뇨증은 알캅톤이라는 물질을 분해하는 힘을 지닌 어떤 효소 (*ferment*)의 결핍 탓으로 여겨져야만 한다. 정상적인 신체에서는 이 물질이 그 역할을 담당하는 효소에 의해 분해되기 때문에 오줌 속에 존재하지 않는다. 그러나 생물체에 그 효소를 생산할 능력이 결핍되면 알캅톤이 분해되지 않고 분비되어 오줌이 그런 색깔을 띠게 된다(《멘델의

유전법칙 증보판》, 1913: 233).

모건과 그의 제자들이 활발한 탐구활동을 하던 시절에 이들이 저술한 책 어디에도 개로드나 알캅톤뇨증이 언급되어 있지 않다. 설사 모건이 개로드의 가설을 알았다손 치더라도 그는 무시했을 것이다. 모건은 실험과학을 너무나 강력히 옹호하고 비실험과학을 포함한 나머지는 모두 거부하였기에 개로드의 가설을 쓸모없는 것으로 여겼을 터인데 그 까닭은 다음과 같은 글을 썼기 때문이다.

철학과 형이상학의 추론적 과정에 비하여 실험적인 증명을 할 수 있는 이론만 품고 나머지는 틀렸기 때문이 아니라 쓸모가 없기 때문에 버릴 수 있다는 것이 과학의 특권이다.

그러나 답의 일부는 다른 곳에 연유할 수도 있다. 초파리 연구자들에게 해당되듯이 연구 프로그램이 급속히 생산적으로 발전할 때는 새롭게 다른 일을 하려는 충동이 별로 일지 않는다. 형질 전달 위주의 유전학이 만족스런 설명을 제공하던 1930년대까지 유전학자들은 개로드가 흥미를 가진 종류의 문제에 대해 집중적인 연구를 시작하지 않았다.

1유전자 1효소설

조지 비들(George W. Beadle, 1903~1989), 에드워드 테이텀(Edward L. Tatum, 1909~1975), 보리스 에프루시(Boris Ephrusi, 1901~1979)는 유전자가 어떻게 작용하는지에 대한 연구 분야를 주도하는 과학자였다. 1930년대 후반에 이르러서는 세포의 대사에 대한 상당한 정보가 존재했다. 모든 생명체의 기본적 반응인 다음의 각 반응은 특정 효소에 의해 조절되는 수십 개의 분리된 반응으로 드러났다.

$$C_6H_{12}O_6 + 6O_2 \rightarrow 6H_2O + 6CO_2$$

이 한 가지 대사경로를 밝히는 데도 여러 해 동안 많은 과학자의 노력이 필요했다. 주요 문제점의 하나는 세포 내 반응의 속도였는데 종종 몇 분의 1초밖에 걸리지 않았다. 연구자가 시작했는지조차도 모르기 전에 끝나는 반응을 어떻게 탐구할 수 있단 말인가? 일반적인 방법은 특정 효소의 작용을 차단하는 화학물질["효소용 독"(enzyme poison), 효소억제제를 칭함— 역자]을 사용하는 것이다. 그 결과로 해당 효소의 기질이 세포에 축적되면 아마도 기질의 검출과 동정이 가능해질 수 있다.

예를 들면, 세포의 한 대사경로가 A분자가 B분자로, 그 다음 B분자가 C분자로, 계속해서 알파벳의 끝 문자인 Z분자까지 변형되는 것을 담고 있다고 가정하자. A분자에서 B분자로의 변형은 효소 A-아제(A-ase; 아제는 화학물질이 효소라는 것을 나타내는 접미어이다)에 의해, B분자에서 C분자로의 변형은 B-아제에 의해, Y분자에서 Z분자로의 변형은 Y-아제에 의해 조절된다고 가정하자. 즉, 단일 반응에서는 단일 효소에 의해 전환이 이뤄진다. 만일 잘 알려진 효소억제제인 시안화물(청산칼리)이 사용된다면 Z는 형성되지 않고 전에는 검출되지 않았던 M이 형성되었다고 하자. 어떤 결론을 내릴 수가 있는가? 세포는 A에서 M으로, M에서 Z로 전환되는 최소한 두 단계를 거쳐 A에서 Z로 전환된다. 물론 A와 M 사이, 그리고 M과 Z 사이에 다른 단계들이 있을 수도 있다. 다른 억제제도 사용될 수 있고 이런 화학렌치를 세포의 생화학 기어장치에 집어넣으면 머지않아서 정상적인 대사에 대해 점차 더 많이 알게 될 것이다.

초파리의 눈 색깔 유전자가 영향을 미치는 방식에 대한 비들과 에프루시의 일부 초기연구는 "1유전자 1효소" 가설이 효과적인 접근방식임을 암시했다. 초파리의 생화학은 이 가설을 검증하기에 너무 복잡하여 처음으로 이 기특한 동물은 유전학자를 실망시켰다. 그래서 오랫동안 유지되어 온 실험적인 테크닉, 즉 한 생물체로 실험이 이뤄질 수 없다면 적당한 다른 생물체를 찾는 일이 벌어졌다. 이 무렵에 이르러 비들은 모건과 캘리포니아 공대(California Institute of Technology)에 재직하고 있었다. 모건이 컬럼비아 대학을 떠나기 전 뉴욕식물원(New York Botanical Garden)의 버나드 닷지(Bernard Dodge)는 그에게 유전 실험에 유용할 거라고 믿고 붉은 빵 곰팡이인 뉴로스포라(*Neurospora*, 빵곰팡이)의 배양균주를 제공했다. 그러나 모건은 초파리에 집착하여 뉴로스포라를 전혀 사용하지 않았다. 비들과 데이텀이 자신들의 연구용 생물체를 찾을 때 뉴로스포라는 여전히 모건의 실험실에서 배양되고 있었다.

비들과 데이텀은 치사돌연변이가 대립인자를 변형시켜 그 생물체의 생존에 필수적인 효소를 만들지 못하게 한다고 추정했다. 따라서 방사선으로 치사돌연변이를 유도하여 그들의 생화학적 영향을 조사할

의도였다. 만일 치사돌연변이가 개체를 죽인다면 연구할 대상이 없어지기 때문에 이것은 상당히 심각한 문제로 보였다. 그러나 비들과 데이텀은 1930년대와 1940년대에서 확실히 가장 혁신적이고 생산적인 한 가지 일련의 실험을 통해 그 문제를 해결했다. 다른 이들도 그렇게 생각했음에 틀림없는데, 비들과 데이텀은 이 일로 1958년에 조수아 리더버그(Joshua Lederberg)와 함께 공동으로 노벨상을 받았기 때문이다.

곧 이어 알게 될 명백한 이유 탓으로 그들은 먼저 뉴로스포라의 정상적인 생장에 필요한 정확하게 최소한의 분자 종류, 즉 최소배지(*minimal medium*)에 필요한 분자를 결정해야 했다. 그 메뉴는 놀랍도록 단순하여 공기, 물, 무기염, 설탕, 그리고 바이오틴(비타민C의 일종 — 역자)이었다. 물론 뉴로스포라는 모두 자신의 생명물질로 서로 상호작용하는 셀 수 없이 많은 유기물로 구성되어 있다. 그런데도 앞서 나온 몇 가지 재료물질로 뉴로스포라는 아미노산, 단백질, 지방, 탄수화물, 핵산, 비타민, 그리고 다른 몸체의 물질을 합성할 수가 있다.

비들과 데이텀이 행한 많은 실험 가운데 한 가지 예로서 아미노산인 아르기닌의 합성에 관해 논하도록 하겠다. 작용가설은 특정 유전자가 아르기닌으로 종결되는 반응을 촉매하는 특정효소의 생산을 조절한다는 것이다. 아마도 이 유전자들은 효소를 전혀 만들지 못하거나 필요한 양만큼 만들지 못하는 대립인자의 형태로 돌연변이가 될 수 있을 것이다. 아르기닌은 뉴로스포라의 생존에 필수적이므로 그런 돌연변이는 치사성이 될 것이다.

그런 후 비들과 데이텀은 아르기닌의 합성과 연관된 것으로 확인함과 더불어 아르기닌 합성의 대사경로를 규명하기 위한 배양을 유지하기 위해서 이러한 치사유전을 생산하는 방법을 고안했다. 뉴로스포라의 생활사 대부분이 반수체(*monoploid*)라서 치사유전이 이형접합성으로 전달되지 않는다는 사실을 알게 되면 특히 이것은 불가능한 것처럼 보인다.

이것이 그들의 게임전략이었다. 먼저 돌연변이를 유도하기 위해 X-선을 사용했다. 그들은 온갖 종류의 돌연변이가 만들어질 것으로 가정했지만 일부는 우연히 아르기닌의 합성에 관여할 것이다. 어떤 특정 돌연변이가 얼마나 드문 것인지를 알고 있기에 바라는 돌연변이를 얻을 확률은 지극히 낮을 것이다. X-선이 조사된 뉴로스포라로부터 엄청난 수의 포자가 최소배지에 뿌려졌다. 그들의 대부분은 자라나서 어떤 돌연변이가 일어났다 하더라도 그 중 어느 것도 뉴로스포라가 최소배지에 있는 몇 가지 화학물질로부터 모든 필요한 물질을 합성하는 것을 방지할 만큼 심각한 것은 없었다. 다른 포자들은 발아하지 않아서 이들 중에 정상적인 생장과 발달에 필요한 효소를 생산하지 못하는 생화학적 돌연변이체가 있을 수도 있다. 그리고 이들 중 어느 것은 아르기닌의 합성에 관여하는 유전자일 수도 있다. 어떻게 이들을 찾을 수 있을까? 포자들이 발아하지 않아서 이들은 실질적으로 "죽은"(*dead*) 것이나 다름없다.

이러한 어려움의 해결책은 그 단순성과 효과에서 정말로 멋들어졌다. 만일 포자가 자신의 아르기닌을 합성할 수가 없어서 자랄 수 없다면 그 아미노산을 제공하는 것은 간단한 일일 것이다. 이렇게 실험해서 최소배지에서 발아되지 않은 포자들이 이제 발아되는지를 점검했다. 또다시 대부분의 포자는 발아되지 않았지만 일부 기특한 놈들이 발아되었다. 이들 중 일부가 아르기닌의 합성에 관여하는 유전자의 돌연변이체일 수도 있다.

그 다음 중요한 분석단계는 포자에서 잘못된 것이 무엇이든 간에 그것이 유전되는지를 확인하는 일이다. 원래는 "치사성"(lethal)이던 포자가 단지 아르기닌의 첨가로 자랄 수 있다고 해서 돌연변이가 원인이라고 결론내릴 수는 없다.

뉴로스포라의 생활사는 어떤 유형의 유전 분석에 이상적이다. 포자군은 이들의 생애에서 거의 전 시기에 걸쳐 반수체이다. 교배행동을 제외하곤 구분이 불가능한 A형과 a형의 두 가지 교배형이 존재한다. 만일 A형과 a형의 포자군을 같이 배양하면 각각의 일부가 융합하여 A형의 핵이 a형의 핵과 결합(수정; fertilize)하여 2배체의 접합자를 형성하게 된다. 즉시 감수분열이 일어나며 4개의 반수체 포자가 형성된다. 이들은 체세포분열을 하여 8개의 반수체 포자를 생산하는데 기다란 포자낭(자낭)에 둘러싸여 있다. 현미경 아래에서 포자낭을 열어 개개의 포자를 들어내어 배양용 배지에 둘 수가 있다. 따라서 하나의 접합자가 감수분열되어 나온 모든 포자를 얻을 수가 있다.

돌연변이체로 여겨지는 균주를 정상적인 균주와 교배했다. 그 후에 즉시 감수분열이 일어나 반수체 포자가 형성되었다. 그런 후 이들을 분리하였는데 반은 최소배지에서 자랐고 반은 아르기닌이 첨가되었을 때에만 자랐다. 이런 결과는 야생형 뉴로스포라가 아르기닌의 합성에 필요한 유전자 A를 갖고 있다는 가설과 일치한다. 방사선 처리는 A를 a로 돌연변이시켰는데 a는 아르기닌 합성에 필수적인 어떤 역할을 할 수가 없었다. 실험 과정은 제대로 작동하는 것처럼 보였고 생장에 아르기닌이 필요한 다수의 다른 유전적인 균주가 분리되었다. 그렇다면 모든 유전적인 균주가 동일한가 아니면 아르기닌을 합성할 수 없는 대립인자로 돌연변이가 일어난 다른 유전자를 가진 것인가?

두 가지 답이 가능하다. 첫째는 모든 돌연변이 균주가 단일 유전자 좌위에서 변화한 탓이다. 둘째는 많은 다른 좌위에 돌연변이가 일어난 것이다. 이 경우 A_1, A_2, A_3, A_X 등의 많은 유전자가 아르기닌의 합성에 관여한다고 추정할 수가 있다. 이들 중 어느 것이든 각각 a_1, a_2 등으로 돌연변이될 수 있다. 이 모든 돌연변이체들에서 동일한 표현형, 즉 아르기닌이 없는 최소배지에서는 자라지 못하는 표현형을 관찰하게 될 것이다. 그런데도 못 자란다면 다른 이유 때문일 것이다. 교차교배는 다음과 같이 다른 경우를 설명할 수 있을 것이다.

만일 단일 좌위가 관여한다면 두 가지 균주의 교배는 아르기닌이 없이는 자랄 수 없는 포자를 생산할 것이다. 반대로 만일 다른 좌위가 관여한다면 다음의 까닭으로 일부 표자가 야생형 포자군으로 자라게 될 것이다. 다른 유전자들이 관여한다고 가정하여 a_1과 a_2를 교차교배한다고 하자. 만일 아주 가능성이 높은 것으로 여겨지는 일로 각각의 균주에서 돌연변이가 다른 좌위에서 일어났다면 돌연변이 균주는 다른 좌위에는 정상적인 대립인자를 가질 것이다. 따라서 돌연변이 균주 a_1은 A_2를 가질 것이다. 균주 a_2는 A_1을 가질 것으로 예상된다. 따라서 $a_1A_2 \times A_1a_2$의 교차교배는 $A_1a_1 \, A_2a_2$의 유전형을 가진 2배체 접합자를 생산할 것이다. 그런 후 감수분열이 일어나서 반수체 포자가 만들어질 것이다. 만일 두 좌위가 다른 염색체상에 있다면 분리된 포자는 다음의 결과를 보일 것이다.

- 1/4은 A_1A_2로 최소배지에서 자랄 것이다.
- 1/4은 A_1a_2로 a_2가 기능을 할 수가 없기에 아르기닌이 필요할 것이다.
- 1/4은 a_1A_2로 a_1이 기능을 할 수가 없기에 아르기닌이 필요할 것이다.
- 1/4은 a_1a_2로 두 대립인자가 모두 기능을 할 수가 없기에 아르기닌이 필요할 것이다.

비들과 데이텀은 조사한 수천의 포자들 중에 정상적으로 자라기 위해서 추가로 아르기닌이 필요한, 유전적으로 다른 7개의 돌연변이체를 발견했다. 데이터에 대한 다양한 해석이 가능하지만 비들과 데이텀은 아르기닌의 합성에 각각이 필수적인 효소를 생산하는 적어도 7개의 정상적인 유전자가 필요하다는 가설을 선호했다. 이러한 유전자들 중에서 어느 것이라도 특정 효소가 만들어지지 않게끔 돌연변이되었을 때 아르기닌의 합성은 차단되었다. 물론 뉴로스포라에서 아르기닌의 합성에 겨우 7개의 단계만이 존재한다고 믿을 이유는 없었다. 7개의 단계가 최소수라는 결론만은 내릴 수가 있다.

아르기닌의 합성에 관해 이미 알려져 있는 사실을 이용하면 분석을 확장할 수가 있다. 1932년에 생화학자 한스 크렙스(Hans Krebs)는 일부 척추동물의 세포에서 아르기닌은 시트룰린으로부터, 시트룰린은 오르니틴으로부터, 오르니틴은 미상의 전구체로부터 형성된다는 사실을 발견하였다. 각각의 변환에 특정효소가 필요했다.

$$? \rightarrow 오르니틴 \rightarrow 시트룰린 \rightarrow 아르기닌$$

만일 뉴로스포라가 유사한 대사 경로를 갖고 있다면 어떻게 7개의 돌연변이 균주가 관련되어 있는지를 결정할 수 있을 것이다. 이 일은 만일 아르기닌을 시트룰린이나 오르니틴으로 교체했을 때 7개의 돌연변이 균주 중 어느 것이 자라는지를 확인함으로써 가능하다.

많은 실험이 진행되었다. 4개의 돌연변이 균주가 아르기닌, 오르니틴, 시트룰린 중 어느 것을 첨가하여도 자랐다. 이 결과는 이들 4개의 돌연변이 균주가 오르니틴 이전 단계의 반응에 관여하는 것을 제시하고 있다. 만일 오르니틴이나 다른 물질들을 첨가하면 나머지 효소반응 단계가 정상이기에 아르기닌에 이르는 반응을 완수할 수가 있다. 두 가지 균주는 오르니틴만 첨가하면 자라지 않았지만 아르기닌이나 시트룰린을 첨가하면 자랐다. 이런 경우에 차단된 곳은 오르니틴과 시트룰린 사이이다. 유전적으로 다른 두 개의 균주가 모두 오르니틴과 시트룰린 사이를 차단하기 때문에 이 두 분자 간에는 적어도 두 단계가 존재한다는 결론을 내리는 것이 합리적이다. 끝으로 한 균주는 오직 아르기닌을 첨가했을 때만 자라는 것으로 드러났다. 이것은 시트룰린과 아르기닌 사이의 어떤 효소가 결핍된 것을 제시하고 있다.

따라서 비들과 데이텀은 뉴로스포라가 아르기닌을 합성하자면 최소한 7개의 효소 조절반응이 필요하고 최소한 7개의 분자가 관여한다는 결론을 내릴 수가 있었다. 이들 중 두 가지는 알려져 있는데 오르니틴과 시트룰린이다.

유전자의 한 가지 기능은 특정 효소의 생산을 조절하는 것이라는 가설이 지지를 받게 되었다. 이것이 유전자가 하는 유일한 일이라는 결론을 내릴 수는 없었다. 비들과 데이텀은 오로지 대사경로에 관여하는 효소를 찾기 위한 실험을 고안했다.

1900년대 초에 서턴이 세포학과 유전학을 연관시켰듯이 1940년대 초에 비들과 데이텀은 실질적으로 유전학과 생화학을 연결시켰다. 그들이 행한 유형의 실험은 즉각 다른 많은 연구자들에 의해 다른 곰팡이, 효모, 박테리아 등에 적용되었다. 이러한 접근법이 바로 오늘날 분자생물학을 낳게 되었다.

이런 모든 일이 진행되는 동안 유전학을 분자 수준에서 연구하려는 또 다른 시도가 진행되고 있었다. 이 계열의 연구는 1920년대에 시작되어 결국 유전자가 DNA라는 사실을 확실히 밝혔다. 이것이 다음의 주제로서 1953년에 왓슨과 크릭이 체계화한 유전학의 현존 패러다임을 안겨주었다.

유전 물질

과학적 발견의 변천과정은 오늘날까지도 우리를 혼란스럽게 한다. 누가 무엇을 어디서 처음 찾아내었는지를 알 방도가 전혀 없다. 중요한 발견은 거의 언제나 그 분야에서 활발한 연구활동을 벌이던 과학자에 의해 이뤄지지만 걸출한 과학자나 새내기에 의해 획기적인 진보가 일어나기도 한다. 후자의 범주에 속하는 이들인 멘델, 서턴, 모건, 왓슨, 크릭은 자신들이 뛰어난 기여를 시작하기 전까지는 유전 분야의 선도자가 아니었다. 왓슨과 크릭의 너무도 유명한 DNA 구조의 발견과 그 뒤를 이은 많은 유전학의 진보는 부분적으로 다른 분야, 주로 물리학에서 온 과학자 덕분이었다. 이들은 생물학의 문제가 물리학의 문제보다 더 흥미롭다고 여겼다. 20세기 중반의 많은 저명한 분자유전학자는 본인이 물리학자였던 슈뢰딩거(Schrödinger, 1945)가 저술한 얇은 책인 《생명은 무엇인가?》(*What Is Life?*)로 유전학 연구에서의 새로운 가능성을 깨닫게 되었다고 회고하고 있다. 그 분야의 데이터와 전통에 너무 깊숙이 빠져 있지 않은 사람이 더 쉽게 어떤 문제와 그 해결책을 볼 수도 있다.

그러나 일부 중요한 발견은 특정 질문에 대한 해답을 찾으려는 의도적인 시도의 결과로 나온 것이다. 비들과 데이텀의 우아한 실험은 특정 가설을 시험하기 위해 계획된 실험의 한 예이다. 다른 경우들에서 발견은 좀더 우연적인 일이었다. DNA의 규명을 위한 진보의 경로는 질병을 야기하는 박테리아에 대한 우연한 관찰로 시작되었다.

1928년 영국 보건성의 의료 관료였던 프레드릭 그리피스(Frederick Griffith)는 인간의 질병을 연구하던 세균학자였다. 그의 논문 실적으로 볼 때 그가 유전학에 관심을 가졌다는 증거는 전혀 없지만 그의 실험은 DNA를 유전 물질로 규명하는 데 중요한 단계가 되었다.

인간과 다른 많은 포유류에서 폐렴은 디프로코커스 뉴모니아에 (*Diplococcus pneumoniae*)라는 학명을 가진 뉴모코커스(*pneumococcus*)라는 박테리아에 의해 야기되는데, 이들도 다른 많은 질병을 유발하는 미생물에서처럼 유형 1, 유형 2 등으로 부르는 여러 가지 유전적 균주로 존재한다. 그 차이는 세포를 둘러싸고 있는 다당류 캡슐의 화학적 조성에 의해 구분된다.

만일 캡슐을 가진 세포가 배양접시에서 자라게 되면 부드럽고 윤기나는 세균군을 형성한다. 군집이 커지면 일부가 거친 형태를 지닌 다른 모습을 띤다. 이 현상은 상당한 의학적 관심을 끌었는데, 표면이 매끄러운 세포는 폐렴을 유발하지만 표면이 거친 세포는 그렇지 않았기 때문이다. 표면이 매끄러운 세포는 다당류 캡슐을 갖고 있지만 표면이 거친 세포는 갖고 있지 않다.

그리피스는 만일 캡슐을 가진 유형 2의 표면이 매끄러운 세포를 쥐에 주사하면 쥐는 죽지만 캡슐을 갖고 있지 않은 유형 2의 표면이 거친 세포는 쥐를 치사시키지 않는다는 사실을 알고 있었다. 캡슐이 사망 원인일까? 추가 실험에서 병을 유발하는 표면이 매끄러운 세포를 가열하여 죽인 후에 쥐에 주사하였다. 쥐는 죽지 않았다. 열처리로 표면의 캡슐이 파괴되지 않았기 때문에 다당류의 캡슐이 사망 원인이 아니라는 결론을 내렸다.

그 다음 실험은 아주 예기치 않은 결과를 낳았다. 그리피스는 4마리의 쥐에게 유형 2인 살아 있는 표면이 거친 비병원성 세포와 죽은 표면이 매끄러운 병원성 세포를 함께 주사하였다. 표면이 거친 세포는 비병원성이며 표면이 매끄러운 병원성 세포는 죽은 것이기에 쥐가 생존할 것으로 예상했다. 그런데 닷새 후에 4마리 쥐는 모두 죽었다.

쥐에 주사한 유일하게 살아 있는 세포는 표면이 거친 세포였는데도 이들의 혈액에서 유형 2의 표면이 매끄러운 세포가 발견되었다. 표면이 거친 세포로만 주사된 30마리의 살아 있는 쥐는 건강하게 남아 있었다.

이것은 믿기 어려운 결과였지만 반복된 실험으로 결과가 확인되었다. 마치 캡슐을 합성할 수 있는 능력이 죽은 캡슐을 가진 세포로부터 살아 있는 캡슐을 갖고 있지 않은 세포로 전달된 것 같다. 설사 이러한 실험을 알고 있었다 하더라도 1928년도 당시의 유전학자라면 누구라도 어깨를 으쓱거리며 다시 초파리 연구에 매진했을 것이다. 그러나 그 시대에는 유전학자라면 거의 완전히 미생물을 무시하였고 미생물학자는 유전학을 무시하였다. 양쪽 그룹 모두 미생물이 고등 생물과 아주 밀접하지는 않지만 유사한 유전 체계를 갖고 있다는 것을 전혀 의심해보지 않았다.

이런 계통의 연구를 뉴욕의 록펠러 대학(Rockefeller University)의 오스왈드 에이버리(Oswald T. Avery)와 도손(M. H. Dawson)을 포함한 많은 세균학자들이 차지하였다. 이들은 형질전환이 어떤 화학물질 때문이라는 것을 확신, 캡슐의 다당류를 의심하였다. 그러나 실제는 그렇지 않은 것으로 드러났다. 형질전환 요소는 캡슐을 가진 세포에서 추출할 수 있으며 형질전환이 쥐를 사용할 필요도 없이 시험관 내에서 일어날 수 있다는 게 밝혀졌다. 그 뒤 10년 후 에이버리를 비롯하여 맥로이드(MacLeod)와 맥카티(McCarty)는 표면이 거친 세포를 표면이 매끄러운 세포로 형질전환할 수 있는 물질을 정제하였다고 보고했다. 그것은 거의 확실히 디옥시리보핵산, 즉 DNA였다. 많은 시험을 거쳐 이들은 이 결론에 도달했다. 예를 들면, 형질전환 요소의 전체적 화학조성은 DNA와 밀접하게 일치하였다. 분자량은 약 50만으로 판단되었다. 이 물질은 아주 활성이 높아 6백만분의 1만 있어도 형질전환을 시킬 수가 있었다. 트립신과 키모트립신의 처리 후에는 활성이 온전하게 남아 있어 이 물질이 단백질은 아니라는 것을 암시했다. RNA를 변성시키는 효소인 리보뉴클레아제도 역시 효과가 없었다. 그러나 DNA에 작용하는 디옥시리보뉴클레아제의 추출물은 형질전환 물질의 활성을 파괴했다. 에이버리, 맥로이드, 그리고 맥카티는 자신들의 실험을 다음과 같이 해석하였다.

유도된 변화의 본성을 설명하고자 다양한 가설이 제시되었다. 이 현상의 원래 기술에서 그리피스는 접종된 죽은 박테리아가 "영양물"(*pabulum*)로 작용하며 캡슐이 없는 형태가 캡슐용 탄수화물을 만들도록 하는 어떤 특정 단백질을 제공한다고 제안했다.

더 최근에는 유전적 관점에서 그 현상을 해석했다. 유도물질을 유전자로 비견하여 반응의 결과로 생산된 항원성 캡슐은 유전자의 산물로 여겨졌다. 형질전환 현상을 논의하면서 도브잔스키는 "만일 이런 형질전환을 돌연변이라고 기술한다면, 그리고 이런 식으로 기술하지 않기도 힘들지만, 우리는 특정 처리에 의해서 일어나는 특정 돌연변이의 유도에 대한 진정한 경우를 다루는 셈이다 …"라고 진술했다.

물론 기술한 물질의 생물학적 활성이 핵산의 고유한 성질이 아니라 검출이 안될 정도로 그것에 흡착되거나 매우 밀접하게 연관된 다른 어떤 물질 탓일 수도 있다. 그러나 이용될 만한 증거가 강력히 시사하듯이 디옥시리보핵산의 나트륨 염처럼 아주 정화된 형태의 생물학적으로 활성을 가진 물질이 실제로 형질전환 요소로 증명된다면 이런 유형의 핵산은 단순히 구조적으로만 중요할 뿐만 아니라(당시에 생화학자들은 핵산의 어떤 기능도 알지 못했다) 박테리아 세포의 생화학적 활성과 특성을 결정하는 데 기능적으로도 활성을 갖는 것으로 여겨져야만 한다. 디옥시리보핵산의 나트륨 염과 활성을 가진 물질이 하나이면서 동일한 물질이라고 가정하면 기술한 형질전환은 화학적으로 유도되면서 알려진 화합물에 의해 특정하게 지정되는 변화를 나타낸다. 형질전환 요소의 화학적 본성에 관한 현재의 연구 결과가 확인된다면 핵산은 화학적 원리가 아직 밝혀지지 않은 생물학적 특성을 갖고 있는 것으로 여겨져야만 한다.

DNA는 단지 유도매개체인가 아니면 다른 무엇인가? 대부분의 유전학자들은 DNA가 유전 물질이 될 수는 없지만 유전적 변화는 유도할 수 있다는 도브잔스키의 의견을 받아들였다. 증거는 상당히 믿을 만했다. DNA가 몇 가지 염기와 간단한 당, 인산으로 구성된 꽤 단순한 분자라는 사실을 파악할 만큼 DNA에 대해서는 충분히 알려져 있었다. 유전 물질이 되어 세포의 생활을 조절하기 위해서는 아마도 지극히 복잡한 물질이 필요할 것이다. 단백질은 DNA보다 유전 물질이 되기에 훨씬 더 그럴싸한 후보자이다. 단백질은 거대한 분자가 될 수 있고 영어 알파벳과 비슷한 숫자의 아미노산으로 구성되어 있다. 몇 가지 문자의 조합으로 우리 언어 세계에서 무한한 수의 단어를 만들 수 있듯이 커다란 단백질 분자로 융합된 아미노산은 합쳐져 거대한 단백질 분자를 형성하는 동일한 수의 아미노산으로 필요한 유전적 변이를 제공하기가 충분할 수 있다.

DNA는 돌연변이 매개체가 아니라 유전자라는 답이 10년도 지나지 않아서 나왔다. 이와 관련하여 좀더 중요한 실험 중의 하나가 훨씬 더 정교한 실험이 가능했던 때인 1952년에 허쉬(A. D. Hershey)와 마사 체이스(Martha Chase)에 의해 이뤄졌다. 제2차 세계대전 동안 원자폭탄에 대한 연구 결과, 세포 내 반응을 연구하는 데 사용될 수 있는 많은 종류의 방사성 동위물질이 만들어졌다. 다른 종류의 미생물을 배양하는 방법이 개발되었고, 이는 유전학자가 선호하는 실험 재료가 되었다. 또한 훨씬 더 많은 연구가 진행되었다. 전쟁 중 과학자들의 노고로 인한 특별 기여가 워싱턴의 미국 정부로부터 인정받아 과학 연구는 풍족할 정도의 지원을 받기 시작했다. 1950년대에 활동한 과학자의 수는 그때까지 존재했던 과학자의 수와 맞먹는다고 추정되었다. 대규모 과학연구는 국가 정책이자 국가 차원의 활동이었다.

매우 작은 형태의 생명체인 (박테리오)파지는 독립적으로 존재할 수 없다. 파지는 자신의 복제를 박테리아에 의존하는 박테리아의 기생생물이다. 허쉬와 체이스는 DNA가 이 생물체의 유전 정보를 담고 있는지 여부를 확인하기 위해 박테리오파지의 생활사를 이용하였다.

만일 대장균(Escherchia coli)이 T_2라는 파지에 감염되면 이 대장균은 약 20분 내로 죽는다. 파지가 유입되기 전에는 박테리아 세포가 자신만의 특정 분자인 박테리아의 단백질과 핵산 등을 합성한다. 그러나 파지는 이 모든 것을 변화시킨다. 파지는 박테리아의 합성기구를 조절하여 대장균의 분자 대신에 파지 분자를 생산하도록 한다. 약 20분 내로 100개 정도의 파지가 만들어지는데, 이 무렵에 박테리아가 터져 파지를 방출한다. 파지는 다시 다른 박테리아 세포로 들어가서 이 과정을 반복한다.

파지는 단백질 외피와 내부의 DNA로 구성된 간단한 구조이다. 단백질 외투는 황을 함유하지만 인은 함유하고 있지 않다. 내부의 DNA는 정반대의 경우이다. 외부는 방사성 황인 S^{35}, 내부는 방사성 인인 P^{32}를 사용하여 외부와 내부 물질이 서로 다른 방사성 물질을 띤다.

허쉬와 체이스의 실험은 다음과 같다. 박테리아 분자와 결합하게 될 P^{32}가 들어 있는 배지에 한 그룹의 박테리아를 배양했다. 그리고 나중에 파지를 주입했다. 박테리아가 새로운 파지를 합성하기 시작할 때 파지의 DNA는 P^{32}의 표지를 띠게 되었다. 그러나 파지의 단백질 외투는 방사성 표지를 띠지 않았다. 병행 실험에서는 박테리아를 S^{35}가 들어 있는 배지에서 자라게 했다. 이것이 일부 박테리아 단백질에 결합되었다. 나중에 파지를 주입하였는데, 이 경우에는 파지의 단백질 외투가 S^{35}의 방사성 표지를 띠게 되었다.

그런 후 하나는 단백질 외투에 방사성 표지를 띠고 다른 하나는 DNA에 방사성 표지를 띤, 두 가지 종류의 파지를 별개의 다른 실험에 사용하였다. 이들을 박테리아의 배양액에 넣었더니 허쉬와 체이스는 방사성 표지를 띤 파지 DNA가 박테리아 세포에 들어간 것을 알게 되었다. 방사성 표지를 띤 단백질은 바깥에 남아 있었다.

다른 결과와 더불어 이러한 관찰은 파지가 박테리아의 세포벽에 부착하여 속에 있는 DNA만 주입하고 단백질 외투는 바깥에 남겨 놓는다는 사실을 제시하였다. 양쪽 실험에서 파지는 복제하여 박테리아의 세포를 파괴하였다. 오직 파지의 DNA만 박테리아 내로 들어가기 때문에 이 실험은 "파지를 만드는 법"에 대한 모든 유전 정보가 파지 DNA에 함유되어 있는 것을 실증하였다.

왓슨과 크릭의 DNA 모델

에이버리와 그의 동료들, 그리고 허쉬와 체이스의 실험들이 유전자가 DNA라는 사실을 증명하는 것으로 즉각 받아들여지지는 않았다. 유전자는 경이로운 일을 해야만 하는데 DNA가 어떤 의미 있는 일을 한다는 것조차 전혀 분명치 않았다. DNA가 유전자가 하는 것으로 알려진 일들을 할 수 있다는 증거가 나온 후에서야 DNA가 유전자라는 확신을 갖게 되었다.

고전 유전학은 유전자가 세대를 거쳐 전달되며 염색체의 일부로 매우 정확하게 복제할 수 있고, 새로운 대립인자로 돌연변이가 일어날 수 있으며 세포의 생애를 조절한다는 것을 보여주었다. 그러나 고전 유전학은 DNA의 화학적 본성에 대한 증거를 제공하지는 않았다. 유전자가 염색체의 일부라는 사실이 분명해졌을 때 다음 단계는 염색체의 화학적 본성을 조사하는 것이었다. 물론 유전자의 화학을 연구하는 것이 더 직접적이지만 그렇게 할 수 있는 방법이 전혀 없었다. 할 수 있는 최선은 유전자가 염색체의 주성분이기를 바라면서 염색체의 화학적 본성을 조사하는 일이었다.

그러나 그것은 간단한 문제가 아니었다. 염색체는 세포 전체 질량에서 미세한 부분을 형성하는데다 또한 20세기 중반 이전에는 다른 세포 내 물질에 의해 오염되지 않은 다량의 염색체를 얻는 것이 불가능했다. 그러나 종종 그래왔듯, 널리 찾다보면 자연은 필요한 물질을 제공하곤 한다. 정자가 그런 물질 중의 하나이다. 세포학적 연구로 정자의 주요 성분이 핵이며 핵의 주요 성분이 염색체라는 것이 알려졌다. 따라서 정자가 분석되었고 핵과 그 속의 염색체는 주로 단백질과 DNA로 구성되어 있다는 사실이 알려졌다.

1950년대에 세포의 DNA 양을 측정할 수 있는 광학적 기술이 개발되었다. 4배체 체세포가 2배체 세포보다 2배가 되는 양의 DNA를 가진 게 밝혀졌다. 생화학 실험으로 정자는 2배체 체세포의 반에 해당하는 DNA를 가진 게 드러났다. 이것은 중요하지만 결정적인 정보는 아니었다.

DNA가 유전 물질이라는 가설에서 다음의 4가지 연역추론이 나올 수 있다.

(1) 세포는 DNA를 복제하는 능력, 즉 정확한 복사본을 만드는 능력을 갖고 있다. 그 필요조건은 매우 단순해 보이지만 분자가 어떻게 복제할 수 있단 말인가? 가장 확연한 제안은 세포가 DNA의 복제본을 찍을 수 있는 틀이나 주형을 갖고 있어야만 한다는 것이다.

(2) DNA가 유전 정보를 전달한다는 것을 보여주어야만 한다. 그러나 분자가 어떻게 정보를 전달할 수가 있단 말인가? 비교적 잘 알려진 분자 중에서 헤모글로빈은 산소를 전달하고 효소는 세포에서의 반응을 가속시키지만 이들은 그런 일을 하도록 만들어진 것이지 스스로 그렇게 하지는 않는 것으로 여겨졌다.

(3) DNA는 이 정보를 세포의 정체와 역할을 조절하는 방식으로 번역할 수 있어야만 한다. 이 필요조건도 마찬가지로 완전히 새로운, 전혀 알려지지 않은 화학적 과정이다.

(4) DNA는 돌연변이가 될 수 있어야만 한다. 즉, 한 가지 유형의 유전 정보만 전달하는 것을 중단하고 또 다른 것을 전달하는 방식으로 변화할 수 있어야만 한다.

어떻게 화학분자가 이렇게 복잡한 일을 할 수 있는지 알아내기가 어려웠다. 이를 규명하기 위한 첫 번째 단계로 DNA의 화학구조를 알아내는 것이었다. 1928년에 태어난 미국의 생물학자 제임스 왓슨

(James D. Watson)과 1916년에 태어난 그의 영국인 동료 프랜시스 크릭(Francis Crick)이 그 구조를 알아냈다. 이 발견은 생물학 분야에서 놀랄 만한 진보의 시작이었고, 이를 바탕으로 생물학은 20세기 후반, 반세기 동안 특징지어졌다. 그들은 영국의 케임브리지 대학에서 함께 일했는데, 이곳에는 DNA 분자의 모양에 대한 정보를 얻기 위해서 X-선 산란 테크닉을 사용하던 그룹도 있었다.

왓슨과 크릭은 DNA에 관한 어떤 실험이나 관찰을 단 한 가지도 하지 않았다. 그들의 경력으로 볼 때 이들은 당시에는 순수한 이론 생물학자였다. DNA의 구조에 대한 가설을 만드는 데 이들의 놀라운 기여는 정말로 알려진 게 별로 없었던 몇 가지 사실을 너무나 훌륭하게 분석한 데에 있다.

(1) 생화학자들은 DNA가 4가지 염기 — 아데닌, 구아닌, 티민, 시토신 — 와 디옥시리보오스라는 당, 인산이라는 단지 6가지 종류의 분자로 구성되어 있다는 것을 밝혔다. 이러한 분자들이 결합하여 다음처럼 4가지 종류의 뉴클레오티드를 형성한다. 아데닌, 구아닌, 티민, 시토신이 각각 디옥시리보오스와 인산과 결합하여 아데닌 뉴클레오티드, 구아닌 뉴클레오티드, 티민 뉴클레오티드, 그리고 시토신 뉴클레오티드를 형성한다. 이러한 4가지 뉴클레오티드는 너무 자주 언급되면서도 이름이 너무 길어서 보통 A, G, T, C라는 약어로 표기된다.

(2) X-선 산란 데이터는 DNA가 두 개의 기다란 끈이 서로 꼬인 이중나선으로 존재한다는 것을 암시하였다. 이러한 데이터는 또한 이중나선이 약 20옹스트롬(Å)의 균일한 두께를 지닌다고 제시하였다.

(3) 어윈 샤가프(Erwin Chargaff)에 의해 밝혀진 결정적으로 중요한 또 다른 정보는 A, G, T, C의 상대적인 양이었다. 비록 종에 따라 그 양이 변하긴 했지만 어떤 한 종의 세포에서 A와 T의 양이, G와 C의

양이 동일했다. T와 C는 작은 분자이며 A와 G는 두 배 정도 더 큰 분자로 알려져 있었다. 따라서 동일한 양의 조합, 즉 T＋A 또는 G ＋C의 조합은 하나의 작고 큰 뉴클레오티드로 구성되어 있다. 두 가지 조합은 같은 크기를 갖게 될 것이다.

그런데 문제는 이 모든 분자를 함께 엮어 유전자가 하는 일인 복제와 돌연변이, 유전 정보를 전달하고, 번역하여 세포가 사용할 수 있도록 하는 일을 할 수 있는 구조로 만들어내는 것이다. 왓슨과 크릭은 DNA의 화학 조성에 대해 이용 가능한 사실과 X-선 산란이 제공한 크기와 모양에 관한 정보를 수집하였다. 이들은 분자의 모양과 상대적 크기가 유사한 종이 모형을 만들어 X-선 산란 데이터로 알려진 크기의 한계 내에서 이들이 어떻게 들어맞는지 보았다.

이들의 모델 또는 가설은 다음과 같았다. 이중나선의 각 가닥의 중심축은 교대로 나타나는 인산과 디옥시리보오스 단위에 의해 구성되어 있다. A, G, T, C 중 하나의 질소염기가 각각의 당(디옥시리보오스)에 부착되어 있다(〈그림 68〉). 이중나선의 두 가닥은 수소결합 — 공유하는 수소원자들을 통해 한 나선의 염기에 있는 원자들 사이와 다른 나선의 염기에 있는 원자들 사이의 화학적 인력으로 결합되어 있다. X-선 산란 데이터가 DNA의 이중나선이 일정한 지름을 가진 것으로 제시하고 있었기 때문에, C나 T의 작은 염기 하나가 A나 G의 큰 염기 하나와 서로 반대편에 있어야만 한다는 것을 의미했다(〈그림 69〉). 그 가설은 염기의 상대적인 양이 T＝A이며 G＝C라는 관찰에 대한 설명을 할 수 있었다. T는 A와 결합하며 G는 C와 결합한다. 왓슨과 크릭은 한 사슬에 존재하는 것이 자동적으로 다른 사슬의 것을 규정짓는 의미에서 두 사슬이 서로 상보적이라고 주장했다(1953a).

다시 말해 만일 아데닌이 어느 사슬이든지 한 쌍의 구성원을 형성한다면 다른 구성원은 티민이 되어야만 한다. 마찬가지로 구아닌은 시토신과 구성되어야 한다. 단일 사슬의 염기서열은 어떤 식으로든 한정되어 있지 않는 것처럼 보인다. 그러나 만일 염기의 특정 쌍만 형성될 수 있다면 한 사슬의 염기서열이 주어졌을 때 다른 사슬의 염기서열은 자동적으로 결정되는 방식을 따르게 된다.

따라서 만일 한 사슬의 염기서열이 A-A-C-T-G-T라면 다른 사슬의 서열은 T-T-G-A-C-A라야만 한다(〈그림 70〉). 그런 후에 조심스런 제안이 뒤따랐다.

우리는 우리가 가정한 특정한 짝짓기가 바로 유전 물질의 복제메커니즘을 제시하고 있다는 사실을 간과하지 않았다.

그에 대한 설명은 다음에 기술되어 있다(1953b).

자기복제에 대한 이전의 논의는 주로 주형의 개념을 담고 있다. 주형이 자신을 직접 복제하든지 아니면 "음각주형"(*negative*)을 만들고 이것이 다시 주형으로 작용하여 다시 한 번 원래의 "양각주형"(*positive*)을 만드는 것으로 가정했다. 어느 경우에도 원자와 분자의 수준에서 어떻게 이것이 이뤄지는지를 상세히 설명하지는 않았다. 이제 디옥시리보핵산에 대한 우리의 모델은 사실상 한 쌍의 주형이 되어 각각이 서로 상보적이다. 복제 전에 (두 사슬에 있는 A와 T 사이, G와 C 사이의) 수소결합이 깨져, 두 사슬이 풀리면서 분리된다고 생각했다. 그런 후 각각의 사슬은 새로운 동반사슬을 형성하는 데 스스로 주형으로 작용하여 전에는 한 쌍이었던 사슬이 궁극적으로 두 쌍의 사슬이 된다. 더욱이 염기쌍의 서열은 정확히 복제된 것이다. 일부가 불확실하긴 하지만 디옥시리보핵산에

대해 우리가 제안한 구조는 근본적인 생물학적 문제의 하나인 유전복제
에 필요한 주형의 분자적 기초를 해결하는 데 도움이 될 것이다. 우리가
제안하는 가설은 디옥시리보핵산의 한 사슬에 의해 형성되는 염기 패턴
이 주형이며 유전자는 이러한 주형의 상보적 쌍을 가진다는 것이다.

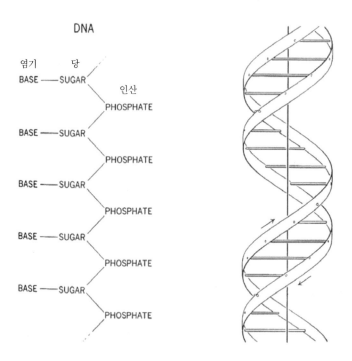

〈그림 68〉 왓슨과 크릭의 것을 다시 그린 DNA 구조, 1953년 〈네이처〉(*Nature*, 171: 965).

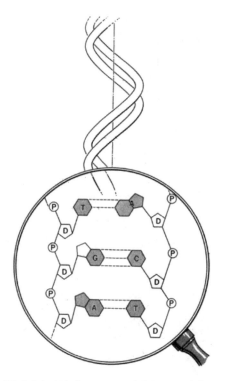

〈그림 69〉 DNA 이중나선의 약식 개요도. A = 아데닌, T = 티민, G = 구아닌, C = 시토신, D = 디옥시리보오스, P = 인산.

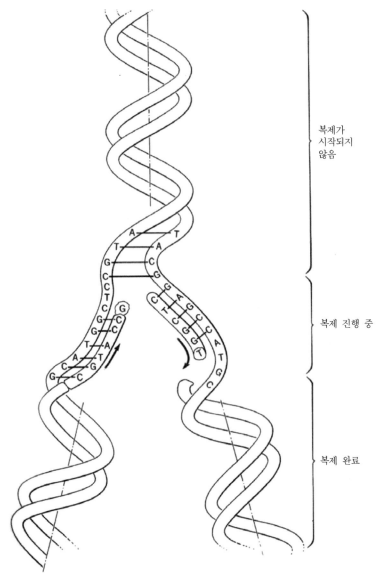

복제 진행 중

복제 완료

〈그림 70〉 DNA의 복제. 이중나선의 두 가닥은 분리되어 각각 상보적인 가닥의 주형으로
작용한다.

따라서 왓슨과 크릭의 모델은 유전자가 정확히 자신의 복제품을 만들 수 있다는 중요한 유전적 사실을 설명하고 있다. DNA에 대한 그들의 모델은 또한 유전 정보가 전해지는 메커니즘을 제시하고 있다. 당-인산 축이 항상 동일하고 염기의 서열만이 변할 수 있기 때문에 "따라서 염기의 서열이 바로 유전 정보를 가진 부호인 것처럼 보였다." 그 후 10년간 추가적인 화학적, 유전적 데이터로 이 가설은 의심의 여지없이 사실인 것으로 드러났다. 1962년에 왓슨과 크릭은 DNA가 일정한 직경을 가진 이중나선인 것을 암시하는 X-선 데이터의 대부분을 제공한 모리스 윌킨스(Maurice Wilkins)와 공동으로 노벨상을 수상했다.

　　중요하면서도 서로 밀접하게 연관된 유전자의 3가지 속성은 여전히 설명되지 않았다. 유전 정보인 부호가 어떻게 뉴클레오티드의 서열로 저장될 수 있는지, 부호상의 이 정보가 어떻게 세포의 분자적인 사건을 지시하는 방식으로 번역될 수 있는지, 그리고 어떻게 부호가 돌연변이에 의해서 바뀔 수 있는지, 아직도 이 질문들이 남아 있는 것이다.

유전자와 단백질의 합성

왓슨과 크릭이 DNA의 구조에 대한 자신들의 모델을 제안했을 때 유전자의 주기능이 단백질의 합성을 조절하는 것이라는 가설이 맞을 가능성이 점차 높아졌다. 대부분 뉴로스포라에 관한 연구이지만 연구 결과는 유전자가 단백질인 효소의 생산에 관여하는 것을 암시했다. 깊이 연구된 또 다른 경우가 겸형적혈구 빈혈증이라는 유전병과 관련된 것이었다. 이 연구에는 다른 단백질을 분리할 수 있는 전기영동이라는 테크닉이 사용되었다. 이 테크닉은 분자들이 자신의 전하량에 따라 다른 속도로 이동하도록 만든다. 이전의 유전 연구로 겸형적혈구 빈혈증은 헤모글로빈의 합성에 관여하는 유전자의 상염색체 열성 대립인자에 의해 초래된다는 것이 알려져 있었다. 라이너스 폴링(Linus Pauling)과 그의 동료는 1940년대 후반에 건강한 사람의 헤모글로빈과 겸형적혈구 빈혈증 환자의 헤모글로빈이 서로 약간 다르다는 것을 알아냈다. 이형접합성 개체는 두 종류의 헤모글로빈을 모두 만들었다.

1950년대 후반 버넌 잉그램(Vernon Ingram)의 추가연구로 분자적인 기초가 밝혀졌다. 헤모글로빈은 두 개의 알파사슬과 두 개의 베타사슬로 연결된 약 6백 개의 아미노산으로 구성되어 있다. 잉그램은 정상 헤모글로빈과 겸형적혈구 헤모글로빈이 각각의 베타사슬에서 한 개의 아미노산이 다른 것을 발견했다. 이를 통해 특정 부위에서 정상 헤모글로빈은 글루탐산을 갖지만 겸형적혈구 헤모글로빈은 발린을 갖고 있는 것을 밝혀냈다.

다음 단계의 분석은 DNA의 뉴클레오티드 서열이 어떻게 단백질의 합성을 조절하는지 이해하는 것이다. DNA가 효소의 복제본을 만들기 위한 주형으로 사용될 뿐만 아니라 단백질을 만들기 위해 아미노산을 연결하는 효소로도 작용할 수 있을까? 그 가설은 한 가지 중요한 이유 때문에 맞지 않을 것 같다. DNA가 담긴 염색체는 핵 속에 있는 반면에 대부분의 단백질은 커다란 분자가 투과될 수 없는 핵막에 의해 핵과 분리되어 있는 세포질에 존재한다. 만일 단백질이 핵 속에서 만들어진다면 체세포분열 시를 제외하고는 세포질로 갈 수 없는데 일부 체세포는 거의 분열하지 않는다.

또 다른 종류의 핵산인 리보핵산 또는 RNA가 관여할지도 모른다는 제안도 나왔다. 상당히 특정적인 염색법으로 RNA는 주로 세포질에 DNA는 주로 핵 속에 한정되어 있는 것이 드러났다. 두 가지 핵산은 RNA가 4가지 염기 중에서 티민 대신에 우라실을 가지며 당으로 디옥시리보오스 대신에 리보오스를 가진 것을 제외하곤 아주 유사하다.

1950년대 초반에는 유전자가 어떻게 단백질을 만드는지에 대한 정확한 정보를 얻을 방법이 없었다. 전체 세포는 너무나 복잡해서 수많은 각각의 반응은 세포 전체 대사의 미미한 일부에 지나지 않았다. 그것은 서로 상호작용하는 물질과 그들의 최종 산물은 너무나 미미한 양으로 존재하여 검출이 근본적으로 불가능했다. 더욱이 반응은 감지가 불가능한 속도로 일어난다. 살아 있는 세포의 변동이 심한 여정에서 유전자가 어떻게 단백질을 만드는지와 같은 단일 반응을 분석하는 데는 아주 특별한 방법과 재료가 필요했다. 그리고 문제를 해결하고 나니 유전자→단백질식의 한 가지 반응이기는커녕 많은 다른 단계가 존재했다.

1950년대 중반 동안 초고속 원심분리기의 발명으로 세포반응을 연구하는 새롭고 가치 있는 방법이 가능해졌다. 초고속 원심분리기에서 발생하는 엄청난 힘은 비록 밀도는 거의 같더라도 수용액 속에 들어 있는 물질을 분획할 수가 있었다. 만일 많은 양의 세포를 마쇄하여 원심분리하면 핵과 깨어지지 않은 세포 같은 무거운 입자는 원심분리기 튜브의 바닥으로 가라앉는다. 작고 덜 조밀한 입자는 핵이 들어 있는 층 위에서 분획된다. 단계적으로 더 위쪽에 있는 분획층은 미토콘드리아, 소포체와 리보솜, 그리고 마침내 가장 적은 입자를 제외하곤 입자가 전혀 없는 액체인 상징액(*supernatant*)이다.

일부 분획층이나 분획층의 조합이 정상 세포에서 일어나는 반응을 수행한다는 것이 밝혀졌다. 예를 들면, 미토콘드리아를 담고 있는 층은 일부 산화반응을 수행할 수가 있다. 만일 리보솜을 함유한 층을 상징액에 첨가하면 단백질 합성이 일어날 수 있다는 발견이 여기서 전개 중인 주장에 커다란 관심을 끄는 것이었다.

아주 많은 수의 분자생물학자들에 의한 병행실험에서 복제기간 동안 DNA는 더 많은 DNA를 만드는 주형으로 작용할 뿐만 아니라 3가지 종류의 RNA, 즉 전령 RNA(mRNA), 리보솜 RNA(rRNA), 전달 RNA(tRNA)의 주형으로도 작용한다는 것이 발견되었다. 전령 RNA는 "어떻게 단백질을 만드는지"에 대한 메시지를 DNA로부터 세포질에 전달한다. 여기서 mRNA는 rRNA를 함유한 리보솜과 접촉한다. 전달 RNA는 아미노산과 결합하여 리보솜과 결합한 mRNA로 가져다준다. 이곳에서 아미노산은 tRNA로부터 분리되고 서로 연결되어 커다란 단백질을 형성하게 된다. 이런 모든 단계에 특정 효소가 필요하다.

이상은 어떻게 DNA의 유전 정보가 세포에서 일어나는 사건을 지시하도록 번역되는지를 간략히 보여준다. 3가지 종류의 RNA와 효소의 도움으로 DNA는 효소와 세포에서의 반응을 조절하는 다른 단백질의 생산을 이끈다. DNA 메시지는 DNA가 자신의 복제본을 만드는 것과 유사한 과정으로 mRNA에 부호화된다. 그러나 우라실(U)이 티민(T)을 대신하고 리보오스가 디옥시리보오스를 대신한다는 중요한 차이가 있다. 따라서 DNA의 염기서열이 G-T-A-C-A-A이면 상응하는 부분의 mRNA 염기서열은 C-A-U-G-U-U가 될 것이다.

유전 부호

이제 가장 중요한 질문인 "무엇이 메시지인가?"에 대한 답을 찾기 위한 생화학적 무대가 마련되었다. 이것은 시험관 내에서 RNA의 합성이 일어나도록 한 효소의 발견으로 가능해졌다. 이는 4가지 RNA 뉴클레오티드 A, G, C, 그리고 U가 실제의 mRNA처럼 작용할 RNA 사슬로 서로 연결될 가능성을 제시하였다. 1961년에 니렌버그(W. M. Nirenberg)와 마타이(J. H. Matthaei)는 왓슨과 크릭이 가설을 세웠듯이 메시지가 독특한 뉴클레오티드의 서열로 구성되어 있으며 각각의 서열은 한 가지 아미노산과 연관되어 있을 거라고 추론했다. 메시지로 얼마나 많은 뉴클레오티드가 필요한지를 알 수 없었기에 길이에 상관없이 오직 U만으로 구성된, 따라서 폴리(poly) U라고 부른 기다란 사슬인 인공 mRNA를 만들었다. 원심분리하여 세포는 없지만 단백질을 합성할 수 있는 분획층에 폴리 U와 20가지 아미노산 각각을 충분히 넣어 어느 것이 단백질을 형성하는 데 사용되는지 보았다. 단백질은 형성되었지만 단지 페닐알라닌으로만 아미노산 사슬이 구성되어 있었다. 메시지가 UUU … 였을 때 다른 아미노산은 단백질에 들어 있지 않았다. 그 메시지는 세포기구가 오로지 페닐알라닌으로만 구성된 단백질을 만들도록 하는 데 필요한 모든 정보를 담고 있었다.
　이러한 실험들은 각각의 페닐알라닌에 얼마나 많은 우라실(uracil)이 필요한지 보여주지 않았다. 그러나 20개의 아미노산에 단지 4개의

RNA 뉴클레오티드만 존재하기 때문에 하나 이상은 되어야만 했다. 두 개의 뉴클레오티드로는 단지 16개(4^2) 조합(뉴클레오티드의 서열도 역시 중요한데 AU가 UA와 다를 수 있다)만 있기 때문에 두 개의 RNA 뉴클레오티드도 충분하지 않을 것이다. 뉴클레오티드의 최소수는 3인데 이것만이 모두 64개(4^3)의 조합을 제공하기 때문이다. 이것은 옳은 것으로 드러났는데, 3개의 뉴클레오티드, 즉 삼중부호(*triplet*)가 아미노산을 부호화한다. 페닐알라닌의 삼중부호인 코돈은 UUU이다.

〈표 3〉은 각각의 코돈이 어떤 아미노산을 단백질에 삽입하는지 나타내고 있다. 대부분의 경우 두 개, 심지어는 5개의 다른 코돈이 동일한 아미노산을 특정하게 지정할 수 있다. 오직 메티오닌과 트립토판만 단일 코돈으로 지정된다. 루신, 아르기닌 세린은 5개 코돈 중 어느 것으로도 부호화될 수 있다. 3가지 코돈인, UAA, UAG, UGA는 어느 아미노산도 부호화하지 않는다. 이들은 "종결" 코돈으로, 리보솜에서 단백질 사슬이 형성되는 동안 이들 중의 하나에 도달하면 합성은 중단된다.

일단 유전 부호가 밝혀지자 돌연변이에 대한 가설이 가능해졌는데, 이는 단지 DNA 뉴클레오티드 서열에서의 잘못이다. 그리고 이 잘못은 중대한 것이 될 수도 있다. 헤모글로빈의 생산을 조절하는 DNA의 뉴클레오티드 서열 수백 개 중에서 단일 코돈 GAG가 GTC로 돌연변이 되면 표현형으로 겸형적혈구 빈혈증이 나타난다. 1960년대 이르러서는 DNA가 유전자의 모든 기본적 성질, 복제되고 유전 정보를 전달하며 정보를 변역하고 돌연변이가 되는 능력을 가진 것으로 의심할 여지없이 증명되었다. 이후로 DNA의 성질에 대해 더 많은 정보를 얻었고 지금도 계속 얻고 있지만 앞서의 성취를 언급한 것으로 이야기를 멈추도록 하겠다.

<표 3> RNA의 64가지 코돈과 그들이 지정하는 아미노산

코돈	아미노산 부호	코돈	아마노산 부호
UUU	페닐알라닌	CUU	류신
UUC	페닐알라닌	CUC	류신
UUA	류신	CUA	류신
UUG	류신	CUG	류신
UCU	세린	CCU	프롤린
UCC	세린	CCC	프롤린
UCA	세린	CCA	프롤린
UCG	세린	CCG	프롤린
UAU	티로신	CAU	히스티딘
UAC	티로신	CAC	히스티딘
UAA	(종결)	CAA	글루타민
UAG	(종결)	CAG	글루타민
UGU	시스테인	CGU	아르기닌
UGC	시스테인	CGC	아르기닌
UGA	(종결)	CGA	아르기닌
UGG	트립토판	CGG	이르기닌
AUU	이소류신	GUU	발린
AUC	이소류신	GUC	발린
AUA	이소류신	GUA	발린
AUG	메티오닌	GUG	발린
ACU	트레오닌	GCU	알라닌
ACC	트레오닌	GCC	알라닌
ACA	트레오닌	GCA	알라닌
ACG	트레오닌	GCG	알라닌
AAU	아스파라긴	GAU	아스파르트산
AAC	아스파라긴	GAC	아스파르트산
AAA	리신	GAA	글루탐산
AAG	리신	GAG	글루탐산
AGU	세린	GGU	글리신
AGC	세린	GGC	글리신
AGA	아르기닌	GGA	글리신
AGG	아르기닌	GGG	글리신

그래서 유전에 관한 기본적인 질문에 대한 일반적인 답을 구한 것으로 보인다. 그러나 이렇게 광범위하고 외관상 최종적 진술을 하려면 더욱 주의해야 한다. 어떤 일이 일어나는지 모른 채로 유전자와 DNA가 단독으로 분자 비에 맞게 복제할 수 있다는 결론을 내릴 수 있다. 1950년대 후반 아서 콘버그(Arthor Kornberg)의 실험으로 드러났듯이 이런 반응들은 다른 수많은 복잡한 반응들의 결과로 만들어진 특정 효소들을 필요로 한다. 이러한 효소들의 형성에는 mRNA, rRNA, tRNA가 관여하며 이들도 DNA의 주형으로부터 찍혀져 나온다. DNA의 복제에는 반드시 일어나기 마련인 (거의 모든) 실수를 교정하는 효소를 포함하여 다른 효소들이 관여한다. 이런 수많은 반응에는 에너지가 필요하며 세포는 아주 복잡한 일련의 효소로 조절되는 반응과 단계적으로 에너지를 전달하는 중간산물을 갖고 있다.

사실상 살아 있는 세포에서 DNA가 복제되는 데 어떤 식으로든 필요하지 않은 것은 없는 것처럼 보인다. DNA의 특이한 점은 자신을 주형으로 복제된다는 것이다. 궁극적인 분석으로 볼 때 세포는 자기 복제를 할 수 있는 최소 단위이다. 심지어 바이러스도 자기복제를 할 수 없기 때문에, 복제에 필요한 세포를 얻어야만 한다.

지난 수년간 RNA가 중심 무대로 들어서고 있다. 세포에서 일어나는 합성에 필수적일 뿐만 아니라 이제는 우리가 일부 미생물은 DNA 대신 RNA를 유전 물질로 갖는 것을 알게 되었다. 일부 생물학자는 이것이 퇴화의 증거라고 추론하지만 훨씬 더 흥미로운 가능성도 있다. 현재로는 지구상에서 생명체가 생겨날 때 RNA가 조절분자였으며 일부 상황에서 자신의 복제를 조절할 능력을 가진 것처럼 보인다.

핵산은 앞으로도 계속 우리가 생명체를 더 자세히 이해하는 데 필요한 자료가 될 것이며 벌써 우리는 전혀 예기치 않았던 생명의 통일성을 인식하게 되었다. 유전의 일반적 원칙은 미생물에서 동물에 이르기까지 모든 생물체에 적용되는 것으로 밝혀졌다. 아마 가장 놀라운 발견은 유전 부호가 공통적이라는 것이다. 가장 간단한 박테리아부터 당신과 나 자신에 이르기까지 mRNA의 UUU는 단백질 사슬에 페닐알라닌을 넣는다. 그리고 이 사실은 놀라운 연역적 추론을 이끄는 데 오늘날 살아 있는 모든 생물체가 단일 기원을 가지며 서로 연관되어 있다는 사실이다.

제4부

발생의 수수께끼

제18장

첫 번째 원칙

발생생물학의 기본 문제는 수정란 또는 접합자인 하나의 세포가 어떻게 성체의 많은 다른 유형의 세포를 성장, 전달하여 기능적인 개체로 형성되는지를 설명하는 것이다. 전형적으로 수정란은 각각의 부모로부터 반수체(한 세트)의 염색체를 받은, 아주 일반화된 구형의 세포이다. 이와 비교하면 성체의 세포는 무리를 지어 존재하여 서로 현저하게 다른 조직의 형태로 존재한다. 철학자와 과학자는 어떻게 이런 분화가 일어나는지 설명하기 위해 오랫동안 노력했다. 그러나 실험에 필요한 정보 및 테크닉과 도구를 이용할 수 없었기에 이들은 수천 년이 지나도록 단지 추측만할 뿐이었다.

발생생물학도 이런 면에서 별다르지 않았다. 수천 년간 본질에 대한 중요한 많은 질문의 답을 구할 수 없었다. 또한 탐구를 시작할 방법이 없었기 때문에 지금도 많은 문제가 여전히 해결되지 않고 있다. 예를 들면, 질병에 대한 이전의 의문들은 현미경이 발명되어 전에는 보이지 않았던 병원균을 관찰할 수 있게 되어서야 비로소 답을 구할 수 있었다. 사실상 많은 기본적인 생물학적 문제들에 대한 만족스런 답은 현미경과 생화학적 테크닉으로 인해 보이지 않는 생명체의 세계로 들어오기 전까지는 얻을 수가 없었다.

소요학파 스타기라 사람 아리스토텔레스

박학다식한 그리스인 아리스토텔레스는 발생학이라는 학문 분야를 확립했을 뿐만 아니라 오늘날까지 해결되지 않은 주요 질문을 던졌다. 그의 성공은 자신의 천재성에서뿐만 아니라 이오니아인들이 선호했던 자연주의적 접근법을 채택한 사실에서도 기인하였다.

　동물에 관한 일반생물학 저서인 아리스토텔레스의 《동물의 역사》에서는 구조, 번식습관, 생식, 행동, 생태학, 분포, 상호관계 등을 다루고 있다. 이 책은 발생생물학에 관한 그의 저서 《동물의 발생》에서 좀더 이론적인 고찰을 위해 사용되었던 많은 사실적인 자료를 담고 있다.

　아리스토텔레스는 많은 동물이 육안으로 보이는 알을 생산하고 이 알로부터 어린 새끼가 천천히 발생하는 것을 알고 있었다. 그러나 다른 종은 알을 낳지 않기에 더 기본적인 "무엇"(something)이 존재해야만 했다. 아리스토텔레스는 많은 동물의 초기 배(embryo)에 대해 잘 알고 있었는데, 그가 남긴 가장 완벽한 기술은 발생 중인 병아리에 관한 것이었다. 이것은 오늘날의 생물학자에게 매우 친숙한 내용이라서 아리스토텔레스가 "알에서부터의 발생은 모든 새에서 동일하게 진행된다"고 기술한 사실이 엄청난 지적 도약인 것을 간과하게 된다. 이 사실은 아리스토텔레스가 적어도 몇몇 다른 종의 발생에 친숙하고 자연현상의 기본적인 통일성을 가정하곤 몇몇 종에 관한 결론을 모든 종의 새에 확장하는 데 확신을 느꼈다는 것을 암시하고 있다.

자연이 변덕스럽지 않다는 이러한 믿음은 모든 과학자에게 필요전 제조건이 된다. 다시 말하자면 유사한 현상은 유사한 원인에 의해 일어난다. 오늘날 우리는 어느 면으로 보더라도 유전 부호가 보편적인 것이라는 사실을 확신한다. 그러나 이러한 확신은 모든 종의 1%에도 훨씬 못 미치는 적은 수의 종에서 얻은 수긍할 만한 데이터에 바탕을 둔 것이다. 그리고 현재까지 연구된 많은 종의 새에서 발생이 근본적으로 다 동일하다는 것을 우리는 알고 있다.

아리스토텔레스가 가능한 한 많은 다른 종으로부터 얻은 데이터를 사용했다는 점은 대단히 중요하다. 이것은 오늘날 생물학에서 매우 근본적인 일이라서 우리는 이것을 당연히 해야 할 일로 여기고 있다. 비교연구법이 사용되었을 때, 연구하는 현상에서 ─ 어떤 종들은 과정의 한쪽 면을, 다른 종들은 그 과정의 또 다른 면을 엿볼 수 있는 ─ 변이를 관찰할 수가 있다. 각각의 종은 생명활동의 한 가지 실험이기에 모든 관찰이 이뤄지면 현상의 근본을 이해할 가능성이 높아진다. 세포학과 유전학의 초기 시절에는 이러한 과정이 이 분야의 개념을 확립하는 데 기본이 되었다. 아귀(*goosefish*)의 신장에 대한 관찰이 포유류의 신장이 어떻게 기능하는지를 알아내는 데 기초가 되었다. 매번 되풀이하여 드러났듯이 한 종에서 답을 얻을 수 없을 때 다른 종을 시도하면 성공하기도 하였다.

아리스토텔레스는 배양 중인 계란에서 최초로 육안으로 보이는 배아가 3일 후에 나타나는 것을 보고했는데, 작은 종의 새는 더 일찍, 큰 종의 새는 더 늦게 생겨난다. 이 시기에 심장은 아주 작은 붉은 반점으로 나타나고 박동하는데, 현재 우리가 난황막 정맥이라고 부르는 곳에 피가 운반되는 것이 보인다. 조금 더 후에 몸체가 분화되며 아주 커다란 눈을 가진 머리가 보인다.

　이런 모든 관찰은 현미경 없이 이뤄졌기에 그는 육안의 한계로 가능한 것만 연구하였다. 발생 10일째인 훨씬 더 큰 배아에 대한 그의 기술은 더 완벽하였다. 그는 머리와 눈이 비교적 크며 주요 내장기관이 눈에 보인다고 기술하였다. 그는 배아막에 대해서도 상당히 정확한 기술을 남겼으며 심지어는 열흘이 지난 병아리 태아의 눈도 해부하였다. 《동물의 역사》 7장에서 그는 40일이 지나 커다란 개미만큼 커진 인간의 배아에 대해서도 기술했다. 그의 관찰은 유산된 배아를 바탕으로 이뤄진 것으로 보인다.

　분석적인 마음을 지닌 아리스토텔레스는 배가 어떤 무엇에 의해, 무엇으로부터, 무엇으로 형성됨이 틀림없다고 추론하였다. "어떤 무엇으로부터"(out of something)는 남자의 정액에 있는 생명을 제공하는 물질에다 여자에 의해 제공되는 재료물질을 더한 것이다. "어떤 무엇에 의해"(by something)는 양쪽 부모의 정액에 의해 전달된다고 가정하였다. 이것이 "무엇으로"(into something) 바뀌면, 즉 발생하게 될 때면 두 가지 가능성이 있다고 아리스토텔레스는 생각했다. 일부 철학자는 배아의 모든 신체 부위가 동시에 형성된다고 주장했다. 아리스토텔레스는 병아리 태아의 심장이 허파보다 먼저 생긴다는 관찰을 근거로 이 가설을 반박하였다. 아리스토텔레스는 크기로 미루어볼 때 사실상 허파가 심장보다 먼저 보여야 하기 때문에 허파가 너무 작아서 보이지 않는다는 이유로 이 관찰의 유효성을 부인할 수 없을 거라고 제안하였다. 발생 과정 동안에 새로운 것들이 나타나는 것이다.

　따라서 발생학 분야에서 가장 오래 지속되었던 전성설(preformation) 대 후성설(epigenesis)의 논쟁에서 아리스토텔레스는 후자의 편에 서게 되었다. 전성설은 성체의 신체부위가 이미 난자에 존재한다고 가정하는 반면에 후성설은 다른 부위가 차례로 나타난다고 가정한다. 그는 정액이 배아의 실제적인 구조가 아니라 잠재력만 전달한다는 자신의 믿음을 분명히 드러냈다. 여성이 기여하는 잠재력에다 남성은 그 잠재력이 실현되도록 하는 메커니즘을 제공한다.

그러나 명백히 아리스토텔레스의 생물학적 지식이 항상 옳았던 것은 아니었다. 예를 들면, 그는 일부 생물체에서는 자연발생이 일어난다고 확신하여 배 발생이 모든 종에 적용되는 법칙이 아니라고 암시하였다. 이 믿음은 부패하는 물질로부터 일부 곤충이 외견상으로 발생하는 것과 바다 속에 항아리나 다른 물체를 두었을 때 해양 무척추류가 나타나는 것을 자주 관찰한 결과 탓이다.

아마도 다른 이들로부터 얻었을 아리스토텔레스의 이런 관찰을 만일 우리가 수용한다면 유전과 발생은 극도로 불안정하며 외부 환경에 의해 쉽게 영향을 받는다는 결론을 내릴 수밖에 없다. 유사한 것이 언제나 유사한 것을 낳을 필요가 없어지기에 모든 종에서의 유전적 연속성은 사실이 될 수가 없다. 자연발생설이 폐기되기까지는 레디(Redi, 1626~1698?)에서 파스퇴르(Pasteur, 1822~1895)에 이르는 많은 자연과학자의 주의 깊은 다량의 관찰과 실험이 필요했다(레디는 파리의 구더기 번식을, 파스퇴르는 미생물의 번식을 차단한 실험을 했다—역자).

아리스토텔레스는 어류, 조류, 포유류 등에서 발생의 유사성을 인지하고 유전의 물리적 기본을 주장하면서 후성설을 지원할 논리적 근거와 관찰을 제공하였고 발생과 재생의 문제가 유사하다는 점을 감지했다. 그리고 일반화된 개념은 다양한 종에서 동일한 현상을 연구한 결과에서 나온다는 사실을 깨달았기에 가능한 한 폭넓게 관찰하여 이해하고자 했다. 그러자 커다란 관심을 끄는 사소한 관찰들이 많이 나타났다. 예를 들면, 믿기 어렵지만 손톱, 머리카락, 뿔이 모두 피부로부터 형성된다는 것을 그가 깨닫고 있었다는 기록을 볼 수 있다. 그러나 단테가 자신의 《신곡》(〈지옥〉 4편)에서 아리스토텔레스를 일컬었던 표현처럼 그는 "지식인의 대표자"(*Master of them that know*)였다.

저명한 발생학자이자 중국 과학과 기술에 관한 역사가로서 더욱 유명한 조셉 니담(Joseph Needham)은 아리스토텔레스가 비범한 업적을 남겼다고 다음 글에서 그 공로를 인정했다.

> 아리스토텔레스는 완전히 전인미답인 지적 분야의 바로 그 입구에 서 있었다. 말하자면 아무도 이전에 그 일을 한 적이 없기에 그는 찾을 수 있는 모든 동물을 검사하여 자신의 연구 결과를 내놓기만 하면 되었다. 놀라운 일은 이오니아 철학자들이 이리저리 긁어모은 추측을 제외하곤 전혀 아무것도 없는 무의 상태에다 히포크라테스 학파의 빈약한 데이터에 기초하여 아리스토텔레스는 별로 노력을 기울이지 않고도 그래함 커〔Graham Kerr, 스코틀랜드의 발생학자로 여기서는 그가 1919년에 저술한 발생학의 고전인 《포유류를 제외한 발생학 교과서》(*A textbook of embryology with the exception of Mammalia*)를 일컬음 — 역자〕나 발포아〔Balfour, 영국의 발생학자로 1880년에 2권으로 된 《비교발생학》(*Comparative embryology*)을 저술했다 — 역자〕의 저서와 본질적으로 같은 유형의 발생학 교과서를 만들었다는 것이다. 동물의 발생에 대한 아리스토텔레스의 깊은 통찰력은 그 후의 어떤 발생학자도 초월할 수 없었고 다른 문제에 대한 그의 폭넓은 관심을 고려한다면 누구도 상응할 수 없는 수준이었다(《발생학의 역사》, 1959: 42).

"올바른 사고의" 이오니아인과 왕성한 자연에 대한 관찰자 겸 추론자라고 할 수 있는 아리스토텔레스가 다른 생물학적 문제뿐만 아니라 배 발생에 대해서도 활발한 연구를 촉진했을 거라고 예상하겠지만 전혀 그러지 못했다. 이 분야는 아리스토텔레스와 더불어 정점에 달했고 그 후 대략 2천 년간은 관심과 성취 면에서 모두 쇠퇴하였다.

발생학적 문제에 대해 저술을 남겼던 그 다음 주요 인물은 아리스토텔레스 사후 5세기가 지나서 등장한 그리스의 의사 갈레노스(Galen)였다. 그는 주로 인간의 해부학과 생리학에 관심을 가졌지만 발생에 대해서도 몇 가지 기록을 남겼다. 비록 그가 아리스토텔레스의 연구 결과에 더 추가한 것은 별로 없지만 갈레노스는 아리스토텔레스의 생물학이 알려져 있지 않던 초기 중세 서구 유럽에서 가장 권위자였기에 그의 견해는 중요했다. 다음의 인용문을 보면 그 일면을 엿볼 수 있을 것이다.

> 그러나 생성(genesis, = 발생 ; development)은 자연계의 단순한 활동이 아니라 변경(= 조직형성)과 모양형성(= 기관형성)으로 구성되어 있다. 다시 말하면 뼈, 신경, 정맥을 비롯한 모든 다른 조직이 존재하려면 동물의 기원이 되는 근원물질(underlying substance)이 변경되어야만 한다. 그런 식으로 변경된 물질이 적절한 모양과 위치, 내부의 공간과 외부로의 성장, 접합 등을 이루기 위해서는 모양을 형성하는 과정을 거쳐야만 한다. 나무가 배의 재료이며 왁스가 조각상의 재료이듯이 변경을 거치는 이 물질을 동물의 재료라고 불러도 무방할 것이다(《갈레노스의 자연 기능론》, 1916: 19).

차후에 밝혀질 지식을 갖고 되돌아보면 갈레노스가 발생의 근본적인 문제인 분화를 정의하고 있다고 말할 수 있다. 성체가 될 초기 배아에는 그 성체의 특징이 되는 조직과 기관이 결여되어 있기 때문에 모양을 형성하는 물질이 "변경되어"(altered)야만 한다. 전환 그 자체에는 다양한 형태형성 운동이 포함된다. 따라서 발생의 단계에서 새로운 것이 나타난다. 그러므로 갈레노스는 후성설을 지지한 사람이다.

과학적 사고의 소멸과 재탄생

서기 200년 갈레노스의 사망은 13세기 이상의 기간 동안 발생학의 종말을 나타낸다. 우리들 대부분에게 미국 혁명은 아주 예전의 일처럼 보이지만 그 13세기는 미국의 건국부터 현재까지의 기간보다 6배 이상 긴 시간이다.

로마제국에 의해 유지된 정치적, 사회적 안정은 내부로부터의 쇠퇴와 외부의 침략에 의해 급락했다. 기독교의 부상과 서구에서 유일한 실효적 기관으로서 기독교 교회의 확립은 진지한 사고 대상의 주제를 바꾸었다. 자연세계의 문제들이 초자연적 세계의 문제들로 교체되었다. 읽고 쓰는 능력은 드문 기술이 되었으며 신학을 제외하곤 거의 읽을 만한 것이 없었다. 교육이라곤 주로 교회의 본산에서 자신의 경력을 펼치려는 자들(신학자가 되려는 사람들)을 위한 강습이 주가 되었다. 늘 그랬듯 과학에 흥미를 가진 이는 드물었고 과학적 진보를 유지하는 데 필수적인 크기의 집단을 형성하기에는 충분치 않았다. 과학을 가르치는 대학은 없었고 과학교육 기관도, 도서관도 거의 없었다. 갈레노스를 제외한 그리스의 과학은 서구에서 이용될 수가 없었다.

그러나 만일 이러한 제약이 존재하지 않았다 하더라도 발생에 대한 아리스토텔레스나 갈레노스의 분석을 확장하기에 무엇을 충분히 할 수 있었겠는가? 명백한 답을 얻기는 아주 요원했다. 이들이 제기한 주요 문제들은 세포 수준에서 연구하는 것이 처음으로 가능해진 19세기까지 접근조차 할 수 없었다.

그러나 발생, 특히 인간 발생의 신비에 대한 매료는 전혀 사라질 리가 없었다. 예를 들면, 클레오파트라(기원전 69~30)는 휘하의 임신한 노예를 대상으로 소름끼치는 발생생물학적 연구를 후원했다. "알

렉산드리아의 여왕인 클레오파트라는 사형선고를 받은 자신의 하녀를 의사가 해부하도록 하였다. 그 결과 남성의 배아는 41일 후에 완성되었고 여성의 배아는 81일 후에 완성된다고 밝혔다"〔Kottek, 《코텍의 탈무드와 미드라쉬》(1981, 성경의 주석 — 역자)의 '발생학'에서 인용〕. 해부는 히포크라테스가 계란으로 실험한 지침서에 따라 수태 시기로부터 일정 시간 간격으로 행해졌다(니담, 《발생학의 역사》, 1959: 65). 다른 판의 설명에서는 남성과 여성의 배아 완성에 차이가 없다고 언급되어 있다.

중세와 초기 르네상스 시대 동안 생성 중인 계란을 연구대상으로 한 배에 대한 관찰이 간간히 있었다. 알베르투스 마그누스(Albertus Magnus, 1193?~1280)의 시대에 이르러서는 아랍 세계로부터 아리스토텔레스의 연구 결과가 알려지게 되었고 알베르투스는 아리스토텔레스의 충실한 학생이 되었다. 스콜라학파 본래의 방식에 따라 그는 병아리의 생성을 기술하였는데, 외견상 그의 정보는 해부된 계란에서가 아니라 단지 아리스토텔레스를 인용한 것으로 보인다. 이것이 중세시대에는 표준적 절차였다.

레오나르도 다빈치(1452~1519)는 인간의 배아를 관찰하여 멋진 도해를 남겼는데 많은 단편적인 발생학적 관찰과 추측도 남아 있다. 그러나 생애의 대부분을 파두아 의과대학의 무뚝뚝한 교수로 보냈으며 윌리엄 하비도 자신의 학생으로 데리고 있었던 이탈리아 아쿠아펜덴테(Aquapendente) 지방 사람인 파브리키우스(Hieronymous Fabricius, 1533?~1619)에 의해 발생학의 발전이 다시 시작되었다고 하는 것이 더 현실적이다.

답을 얻을 수 있는 질문을 만들어 내려고 시도하는 기본 문제가 막연하였기에 발생에 대한 연구는 가능한 것, 즉 정상적인 발생의 기술에 집중되었지만, 이것이 전혀 가치 없는 목표는 아니었다. 과학은 자연현상을 연관시키고 개념화하려고 한다. 아주 명백히, 활동은 현상이 무엇인지를 아는 것에 달려 있다.

파브리키우스의 《주로 병아리에 대한 난자의 형성》(De Formatiione Ovi et Pulli) 과 《주로 포유류의 발생에 관한 태아의 형성》(De Formato Foetu) 은 1600년경에 저술된 것이다. 그는 부화가 시작된 후 매일 계란을 깨서 배를 관찰하고 그렸다. 확대해서 보지는 못했기에 (복합현미경이 막 발명되려던 상황이었다) 그가 4일째 병아리의 몸이 아주 작은 벼룩처럼 보인다고 말한 것이 당연하다. 그러나 5일째에 이르러 파브리키우스는 머리, 눈, 심장, 동맥, 정맥, 간, 허파를 구분할 수가 있었다(아델만, 《파브리키우스의 발생학 논문집》, 1942).

이 생성 중인 병아리의 기술에서 파브리키우스는 아리스토텔레스와 갈레노스의 연구 결과를 자신의 결과와 조합하였다. 이 세 사람이 거의 2천 년에 걸쳐 떨어져 살았다는 것을 기억하면 발생학에서의 진보는 아주 느린 것으로 보인다. 스콜라학파의 경향이 강하게 남아 있었기에 파브리키우스는 자신의 결과를 저명한 선구자, 특히 아리스토텔레스의 연구 결과와 부합시킬 수밖에 없었을 것이다. 그렇다고 하더라도 그는 이 주제에 대한 관심이 살아남도록 도왔고 아리스토텔레스와 갈레노스의 일부 오류를 교정했으며 일부나마 자신의 결과를 첨가시켰다.

하비와 말피기

윌리엄 하비(William Harvey, 1578~1657)의 등장은 "발생학을 정적인 개념에서 동적인 개념, 즉 일련의 모양 변화로서의 배에 관한 연구에서 초기의 물리적 복잡성이 인과적으로 통제되어 조직화하는 과정에 대한 연구로의 전환"이 시작되도록 하였다(니담, 《발생학의 역사》, 1959: 116~117). 하비는 1598년에서 1602년까지 파두아대학 파브리키우스의 제자였는데 그는 여기서 처음 발생학을 공부했다. 그의 저서 《동물의 발생》(*Exercitationes de Generatione Animalium*)은 1651년에 출간되었는데, 그의 스승의 동일한 주제에 관한 저서보다 반세기 후의 일이었다. 이 책에서 그는 병아리의 발생에 대해 상세한 설명을 제공하는데, 이전 시대의 연구자, 주로 아리스토텔레스와 파브리키우스의 관찰과 의견이 확인되고 확장되었으며 수정되기도 했다. 그 이후에 좀 더 일반적인 문제를 논하는데, 주장의 타당성이 직접적인 관찰을 대신하고 있다. 예를 들면, 그는 여성은 단지 물질(월경 시의 피)만, 남성은 실질적인 발생물체(정액)를 부여한다는 과거의 아리스토텔레스적인 견해를 거부하였다. "왜냐하면 난자는 남성과 여성 양쪽의 효력을 똑같이 부여받아 진행되면서 단일동물이 생겨나는 단위를 구성하는 수태로 보아야 하기 때문이다"(pp. 270~271). 발생 중인 병아리에서의 변화를 매일 관찰한 후 하비는 후성설이 옳다고 받아들인다.

> 이런 동물의 구조는 어떤 한 부분을 핵과 기원으로 삼아 시작되고, 이것을 수단으로 나머지 사지가 연결된다. 그리고 이것은 후성설의 방법, 즉 점차 부분과 부분이 생기는 식으로 일어난다. 이것이 다른 양식보다 바람직하며 적절하게 명명된 이른바 발생(후성설)이라는 것이다(p. 334).

그 다른 양식은 "처음 태어난 이후에 더 이상 크게 성장하지 않고 이미 적절한 크기인 유충이 나방으로 전환되는 곤충에만 한정되어 있는 것처럼 보이며 이것을 변태라고 부른다. 그러나 붉은 피를 가진 더 완벽한 동물들은 후성설 또는 부분의 부가적인 첨가에 의해 만들어진다"(pp. 334~335). 이 후성설이라는 가설은 신체의 모든 부위가 동일한 근본물질로부터 유래된다는 확신이 더해져 강화되었다.

병아리의 첫 부분 또는 그것의 최소 입자가 발생하는 동일한 물질로부터 전체 병아리가 태어나기 때문이다. 거기서 최초의 작은 핏방울이 나오고 알 속의 생성에 의해 전체 몸체로 진행된다. 또한 사지나 신체의 기관을 구성하고 형성하는 요소 간에는 어떤 차이도 없다. 그리고 모든 유사한 부분, 즉 피부, 살, 혈관, 막, 신경, 연골, 뼈가 이들로부터 기원한다. 처음에는 부드럽고 육질인 부분이 영양과 관련해선 아무런 변화도 없다가, 성장 과정에서 나중에는 신경, 인대, 힘줄이 되며 단순한 막이었던 것이 관절을 둘러싼 막이 되고 연골이었던 부분이 나중에 가시 모양의 돌기처럼 생긴 뼈가 된다(하비가 관찰할 수 있었던 것을 바탕으로 한 놀라운 추측). 이 모두는 동일한 유사물질에서 아주 다양하게 분산된 것이다(p. 339).

하비의 마지막 중요한 가설은 모든 생명체가 알로부터 나온다는 것이다. 1651년 발행본 《동물의 발생》(*De Generatione Animalium*)의 권두 그림은 새, 사람, 여치, 돌고래(?), 사슴, 뱀, 거미, 도마뱀 등 여러 가지 식물이 제우스가 깬 알로부터 나오는 것을 보여준다. 알의 껍질에는 '모든 것이 알로부터'(*ex ovo omnia*)라는 글이 새겨져 있다. 이 표현은 보통 '모든 생물체는 알로부터'(*omne vivum ex ovo*)라는 표현으로 확장되지만 이 표현 그대로 나타나지는 않았다. 하비의 책에서 "60초의 과제"(Exercise the Sixty-Second)라는 단원에는 "알이 모든 동물의 공통된 기원이다"라는 부제가 붙어 있다. 하비는 "알"(egg)을 관습적으로 한정된 의미로 사용하지 않았다. 왜냐하면 아리스토텔레스를 인용하면서 그는 일부 생물체의 기원 방식으로 자연발생설을 받아들였기 때문이다.

클레오파트라의 연구를 제외하곤 하비 이전의 발생학적 연구는 남성에 의해 이뤄진 것이다. 그러기에 이들은 수태에서 남성의 기여를 잘 알고 있었지만 여성의 기여는 확실히 알지 못했다. 아리스토텔레스는 여러 가지 유형의 발생을 인지하고 있었다. 암탉처럼 난생인 암컷은 어린 새끼가 부화되는 알을 낳았다. 상어나 일부 뱀처럼 난생인 암컷은 알을 낳았지만 부화가 될 때까지 몸속에 지니고 있었다. 그러나 사람이나 다른 포유류처럼 태생인 암컷이 아리스토텔레스와 그의 뒤를 이은 학자들을 혼란스럽게 만들었다. 이 부류의 암컷들은 살아 있는 어린 새끼들을 배고 있었고 외견상으로 난생인 종들의 알에 상응하는 것을 전혀 갖고 있지 않았다. 월경 시 출혈이나 어떤 다른 분비액이 수태에서 여성의 기여분이라고 가정했다. 하비는 교배한 직후의 사슴 자궁에서 새로운 개체의 시초라고 할 만한 그 무엇도 찾지 못했기에 이러한 개념을 거부하였다. 대부분 포유류의 난자는 이 문장의 끝에 있는 마침표의 크기 정도에 해당하기 때문에 이것은 전혀 놀랄 만한 일이 아니다. 그렇다고 하더라도 여성이 무언가를 기여해야만 한다고 가정하였다.

이에 대한 답은 당시에 여자 정소(testis muliebris)라고 불렸던 포유류의 난소에 대한 드 그라프(de Graff, 1672)의 관찰에서 나온 것 같다. 이것의 기능은 전혀 알려져 있지 않았다. 하비는 이것이 교미나 발생에 아무런 역할도 하지 않는다고 생각했다. 드 그라프는 일부 난소가 지금은 그라프 난포로 알려져 있는 구형의 구조를 가진 것을 발견하였고 이것이 오랫동안 찾으려고 했던 포유류의 알이거나 "알집"(egg nests)이라고 추정했다. 이것은 적어도 하비의 공식 견해인 '모든 것이 알로부터'(ex ovo omnia)가 옳다고 여긴 많은 이에게는 더 합리적으로 보였다. 그 후에 폰 바에르에 의해 그라프 난포가 알이 아니라 알을 형성하는 구조라는 것이 확립되었다.

이탈리아의 생물학자로 볼로냐 대학의 교수였던 마르첼로 말피기 (Marcello Malpighi, 1628~1694)가 하비의 다음 세대를 이었다. 그러나 그의 과학적 교류는 자신의 최신 발견을 아주 상세히 기술하고 간사로부터 격려 편지를 받으면서 활발히 교신을 주고받았던 런던의 왕립학회를 통해 주로 이뤄졌다. 왕립학회는 병아리의 발생에 관한 그의 두 가지 주요 연구 결과(1672, 1675)를 출간하였다. 이 논문들은 그가 육안으로 볼 수 있는 것뿐만 아니라 확대하여 볼 수 있는 것들도 상세히 기술된 내용으로 구성되어 있다 — 그는 당시에 급속히 발전하는 현미경을 사용한 최초의 생물학자 중 한 명으로, 143배나 되는 높은 확대를 얻을 수가 있었다. 말피기는 원인이 되는 요인에는 깊은 관심을 갖지 않았기에 큰 기여도 하지 않았다. 그러나 기술적인 발생학에는 뛰어난 솜씨를 보였다. 말피기는 계란에서 초기배아를 제거하여 유리 슬라이드 위에 두고 연구할 수 있다는 사실을 발견했다. 오늘날에도 사용되는 이 간단한 기술은 관찰 시 현미경을 훨씬 쉽게 사용할 수 있도록 했다.

2천 년간 연구의 요약

발생에 대한 연구는 기술적인 것과 분석적인 것, 두 가지 주요 범주로 나눌 수 있다. 최근까지 전자는 주로 형태학적인 학문 분야였다. 수태부터 성숙까지 배가 어떻게 변화하며 생장하는지 발생의 진행과정이 상세히 기술되었다. 또한 수태 시에 부모가 자식에게 기여하는 것이 무엇인지에 대한 추측도 포함되어 있다. 분석 또는 실험발생학은 발생학적 변화의 메커니즘, 즉 부모가 자식에게 기여하는 것이 무엇이든 그것이 어떻게 새로운 개체로 전환되는지와 관련된 학문이다. 따라서 기술발생학은 "어떤 일이 일어나는가?"라는 질문을, 분석발생학은 "그 일이 어떻게 일어나는가?"라는 질문을 한다.

아리스토텔레스, 갈레노스, 파브리키우스, 하비, 말피기가 분석이나 실험발생학에서 무엇을 성취했는가? 별로 없다. 좋은 현미경과 해부학적 기술 없이는 그럴 수도 없었다. 아리스토텔레스가 개념과 원인(실험발생학)에 가장 많은 관심을 가졌고 말피기는 관심이 없었다. 개념적 수준으로 보면 아리스토텔레스에서 18세기로 바로 넘어가더라도 거의 잃은 게 없다. 그러나 발생학자들만이 특이하게 성공적이지 못했던 것은 아니다. 생물학의 모든 분야에서 진보가 느렸고 그 점에서는 다른 모든 과학 분야도 마찬가지였다. 단지 물리학과 천문학의 일부분에서만 괄목할 만한 진보가 이뤄졌다.

이러한 개념적인 정체에는 그럴 만한 이유가 있었다. 개념은 데이터에 바탕을 두어야만 하는데 이 기나긴 수천 년간 필요한 데이터를 이용할 수 없었다. 생물학의 데이터는 당시에는 보이지 않았던 수준, 즉 세포와 세포 일부분 단계의 분석에서 나와야 했다. 먼저 현미경이 있고난 후에야 세포에 대한 지식이 나오게 되었다. 수준 미달이던 최초의 현미경도 17세기 후반에야 이용 가능했다. 1663년 4월 15일 로버트 훅은 코르크 세포에 대한 자신의 관찰을 영국 왕립학회에 보고하였다. 그런데도 발생학적 설명에서 세포가 중요해진 것은 거의 2세기가 더 지나서였다.

발생의 몇 가지 일반적 원칙은 의심의 여지없이 사실로 보였다. 이 모든 것들은 아리스토텔레스에게도 알려져 있었고 이것이 중대한 개념적 진보의 결여를 측정하는 척도라고 할 수 있다. 다음에 대차대조표가 나타나 있다.

(1) 많은 종에서 새로운 개체의 생산에는 암컷과 수컷의 상호작용인 유성생식이 필요하다. 물질적 기여가 있어야만 한다고 가정하였지만 그것이 무엇인지는 알려져 있지 않았다.

(2) 양성이 모두 자손의 특성에 영향을 미치지만 이러한 영향의 메커니즘은 이해되지 않았다. 이것은 유전적 연속성의 바탕이 완전한 미스터리일 뿐만 아니라 이것을 바탕으로 부모와 같은 유형의 새로운 개체를 변환시키는 메커니즘도 미스터리라는 의미이다. 물질의 전달과 그 물질을 새로운 개체로 전환하는 것 사이에 분명한 구분이 없었다.

(3) 동일한 주요 그룹의 다른 종, 예를 들면 조류의 배아들이 서로 밀접하게 닮았다. 심지어는 포유류, 조류, 어류 등 척추동물의 다양한 종들 간에도 닮은 점이 있다.

(4) 육안으로나 나중에 이용 가능했던 현미경으로도 미세한 초기 구조를 관찰할 수가 없었기 때문에 비록 아리스토텔레스와 그 후의 학자들은 확신할 수는 없었지만 발생을 후성적인 것으로 보았다.

명백히 과학혁명은 발생 과정의 이해에 엄청난 진보를 가져오지 못했다. 사실상 과학혁명이 전체로서 생물학에 미친 영향은 미미하였다. 베살리우스가 갈레노스보다 사람의 해부학에서 진보를 이룩하기는 했지만 개념적 약진은 없었다. 생리학은 혈액순환에 대한 하비의 관찰과 실험으로 당당하게 시작되었지만 그 후로 진보는 지극히 느렸다.

발생학적 지식이 학자들 사이에서 우선적인 항목이 아니었기에 진보가 느리고 간헐적이었다고 주장할 수도 있다. 사실이긴 하지만 수많은 개업의가 활동했던 의학 분야에서도 동일한 주장을 할 수 없기에 전적으로 맞는 설명이 될 수는 없다. 어느 시대나 인간의 질병과 이를 고치는 방법에 대해 깊은 관심을 가진 사람들은 많았지만 진보는 느렸고 17세기 말에는 의사도 발생학자만큼이나 무지한 상태였다.

영국의 내과의사인 제임스 쿡(1762)이 언급한 다음의 인용문은 생물학에서 현대적 이해가 가능하기 전까지 얼마나 많은 아이디어가 바뀌어야 했는지 보여주고 있다. 쿡은 전성설 추종자이자 미리 형성된 신체가 정자 속에 형성되어 있다고 하는 애니말큘라(*animalcula*)의 존재를 믿는 사람이었다. 그는 정액 속에 존재하지만 수태에 참여하지 않는 모든 정자의 운명에 관심을 가졌다.

수태된 것을 제외한 다른 모든 애니말큘라는 증발하여 다시 대기로 돌아간다. 그곳에서 즉시 열린 대기(*air*), 즉 이런 모든 이탈된 미세 지상입자의 공통된 저장소로 넘겨진다. 그곳에서 다른 정자(*semina*)와 순환하다가 아마도 겨울철의 제비처럼 완전히 죽지는 않고 어떤 다른 적절한 종류의 남성 몸체로 새로 충전될 때까지 고장 난 시계처럼 조용히 정지한 채로, 무감각하거나 동면인 상태로 잠재적인 삶을 산다. 그러다 새로 동작을 하게 되어 전처럼 성교 시 다시 방출되어 운 좋게 수태될 수 있는 새로운 기회를 잡는다. 왜냐하면 자연계는 넘칠 정도로 너무나 씨앗이 많아서 수태되기는 아주 힘듦으로 하나를 제외하곤 무수한 것들이 파괴되거나 보조적일 수밖에 없다(푸넷, 《난자론자 또는 정자론자》, 1928: 506).

누구나 다 쿡의 분석을 받아들이지는 않았겠지만 이 인용으로 미루어볼 때 18세기 후반에 이르러서도 그의 사고방식은 중세시대와 마찬가지인 것을 짐작할 수 있다. 진보하려면 지난 시대의 많은 것을 잊어버려야만 한다. 아리스토텔레스부터 말피기까지 2천 년간의 과학이 비교적 생산적이지 않을 수도 있다는 사실을 주목해 보면 흥미롭다. 과학의 진보는 보통 일련의 연속적 발견으로 나타나기에 만일 시간단위를 생략한다면 급속하면서도 필연적인 것으로 나타난다. 물론 항상 그런 것은 아니다. 과학혁명의 가장 멋진 성과인 뉴턴의 만유인력설을 고려해 보자. 이것이 일단 공식화되어 여러 가지 현상에 적용되자 진보는 멈춘 것처럼 보였다. 오늘날의 물리학자도 여전히 중력에 관해 더 깊이 알아내려고 노력하고 있다 ─ 중력은 외견상으로는 질량과 떨어진 거리에 비례하여 몸체를 서로 끌어당기는 힘이며 엄밀히 말하자면 우리는 그것의 본질이 아니라 그것의 역할을 알고 있다.

외견상 확고한 과학의 진보는 문제를 해결하는 데 계속적인 전진을 반영하는 것이 아니라 지금의 한 차례 전진에 이은 차후의 또 따른 전진이다. 진보를 나란히 배열된 많은 화살표처럼 보아서는 안 되고 아주 불규칙한 돌출 면을 가진 그물망처럼 보아야 한다. 우세가 드러난 하나의 작은 분야가 앞으로 나서게 되면 주변의 연관 분야가 점차 따라오게끔 되어 있다. 한쪽의 데이터가 다른 분야의 이해를 돕는다고 알려지기까지, 세포학과 멘델 유전학의 진보는 천천히 일어났다. 방사성 연구에서의 진보가 새로운 테크닉과 통찰력을 제공하기 전까지, 지질층의 연대를 측정하려는 시도는 정체에 빠져 있었다. 유전자의

본성을 알아내려는 직접적인 시도는 생화학에서의 추가적인 진보가
생기기 전까지는 막다른 골목에 있었다. 마찬가지로 발생학은 세포를
연구할 장비와 테크닉을 이용할 수 있을 때까지는 제자리 소용돌이
속에 머물러 있었다.

전성설 대 후성설

전성설과 후성설이라는 상반된 가설의 해결은 17세기 후반부터 18세
기 말에 이르기까지 발생학자의 가장 지대한 이론 과제였다. 이때가
또한 어떤 일을 하기에 꼭 필요한 수 이상의 학자가 동시대에 함께 살
아 대화할 수 있었던 첫 시기였다. 이제야말로 죽은 자 대신에 산 자
와 논쟁할 수가 있었는데, 이것은 문제를 해결하고 오류를 찾아내며
실험테크닉을 비교하는 데 매우 중요한 과정이며 학식의 가치를 돋보
이게 한다. 과학은 사회적 과업이기 때문이다.

   가장 엄격한 의미에서 전성설은 발생의 시초 단계에 비록 아주 작
더라도 성체의 부분이 그대로 존재하는 것을 의미한다. "진화론자"로
도 알려져 있는 일부 전성설론자는 난자나 정자에서 작은 개체를 볼
수 있다고 보고했다. 반면에 후성설에서 성체의 부위는 발생의 시초
단계에는 존재하지 않으며 발생이 진행되면서 순차적으로 나타난다.
아리스토텔레스에서 하비에 이르기까지 일부 발생학자들은 후성설이
더 그럴싸한 가설이라고 믿었다. 둘 중 어느 가설도 의심의 여지없이
확실히 증명되지 않았으므로 설득력 있는 주장이 각자의 입장을 방어
하는 주요 방법이 되었다. 전성설과 후성설에 관해 논쟁한 이들은 분
화의 근본적인 문제에 관심을 가졌다. 구조가 없는 물질로부터 발생

과정에서 어떻게 구조가 나타날 수 있는가? 무엇이 구조가 없는 정자를 심장, 뇌, 다리, 눈, 다른 모든 복잡한 신체의 부위로 전환하도록 자극하는가? 기원전 5세기 그리스 이오니아 지방 클라조메나이의 철학자이자 과학자인 아낙사고라스(Anaxagoras of Clazomenae)와 일부 다른 철학자는 진정으로 새로운 것이 생겨날 수 없다고 주장했다. 콘포드(《아낙사고라스의 물질론》, 1930: 30)가 표현했듯이 "무존재에서 실체로의 등장"은 있을 수가 없다.

전성설은 분화의 문제를 피해갈 수 있었다. 구조는 시초부터 존재했기에 무형태의 발단에서 형태를 유도하는 문제가 없었다. 어떻게 무존재로부터 실체의 등장이 일어날 수 있는지를 설명해야 하는 심오한 철학적 어려움 탓에 17세기 후반과 18세기 전 기간 동안 대부분의 발생학자들이 후성설을 거부하고 전성설을 옹호하게끔 하였다. 그러나 전성설의 일부 연역적 추론은 설명하기가 지극히 어려웠다. 만일 말의 알이 미리 형성된 말을 함유한다면 노새는 어떻게 설명할 수가 있는가? 서로 다른 품종의 식물을 교배했을 때 어떻게 그 후손이 중간적인 형질을 가질까? 만일 엄밀하게 전성설이 맞는다면 어떻게 동일한 조건에서 길렀는데도 자손 간에 변이가 있을 수 있는가? 만일 난자와 정자(혼란을 피하기 위해 이제부터는 이 용어를 사용할 것이다) 모두를 미리 형성된 몸체라고 가정한다면 왜 매 수태마다 쌍둥이가 생기지 않는 걸까? 각각의 자손은 작은 두 개의 머리, 심장, 근육, 다른 모든 복잡한 신체 부위가 융합된 결과인가? 일종의 융합을 가정하지 않을 수밖에 없는데, 만일 그렇지 않다면 사람이 태어날 때 일반적으로 쌍둥이가 나타나야만 한다.

이러한 난제는 정자 또는 난자가 작은 몸체 — 인간의 경우에는 "호문쿨루스"(homunculus) 또는 "소인간"(little man)을 함유한다고 가정하여 피해갈 수가 있었다. 이 결과로 당연히 전성설론자 간에 호문쿨루스가 난자에 있다고 믿는 난자론자(*ovist*)와 정자에 있다고 믿는 정자론자(*spermist, animalculist*)의 두 학파가 생겨났다. 이것은 인간 사고의 유치한 탈선이 아니라 가설로부터 나온 불가피한 연역이었다.

이러한 연역추론을 어떻게 시험할 수 있을까? 관찰로 가능하지만 1827년 폰 바에르가 난자를 발견하기 전까지는 진정한 포유류의 난자가 발견되지 않았기 때문에 난자론자에게 이것은 힘든 문제였다. 정자론자는 이러한 제약을 받지 않았다. 정액에는 나중에 "스퍼마토조아"(*spermatozoa*; 정자동물)라는 이름이 붙게 된 극히 작은 아니말큘(*aniamlcule*)이 함유되어 있다고 레벤후크(Leeuwenhoek)가 보고한 탓이다. 이것은 당시의 조잡한 현미경으로 조사한 결과인데, 예측한 대로 작은 몸체가 들어 있는 것이 보였다. 하트소커(Hartsoeker, 1694)는 거대한 머리와 정수리가 뚜렷이 그려진 아주 꽉 끼어 갇혀 있는 호문쿨루스의 그림을 발표했다. 하트소커는 호문쿨루스를 관찰했다고 주장하지는 않았고 단지 만일 그것이 보였더라면 이렇게 보였을 거라고만 했다. 다른 이들은 정자가 두 가지 종류로, 어떤 것은 남성 호문쿨루스를 갖고 있으며 다른 것은 여성 호문쿨루스를 가진다고 묘사했다. 물론 정자 속의 작은 몸체가 종의 특성을 갖는 것은 필요한 연역추론이었다. 실제로도 그렇긴 하다. 그 예로 고티에르 다고티(Gautier d'Agoty)는 미세한 닭, 말, 당나귀를 그 종의 (정자가 아니라) 정액에서 보았다고 주장했다.

17세기와 18세기 동안 재생에 관한 정보가 알려지게 되었다. 일부 동물은 잃어버린 부위를 대체할 수 있는 놀라운 능력을 가진 게 알려졌다. 그러나 엄밀한 전성설론자는 재생의 가능성을 인정하지 않았다.

전성설의 또 다른 연역추론은 많은 이들에게 너무나 필요한 것이면서도 너무나 그럴싸하지 않아 이 가설이 거부되는 데에도 기여하였다. 난자론자의 입장을 취하여 인간 난자가 완전히 형성된 여성의 호문쿨루스를 가진다고 가정하자. 그 호문쿨루스는 난소를 가져야만 하고 난소는 호문쿨루스가 들어 있는 난자를 갖고 있어야만 한다. 그 호문쿨루스도 다시 다음 세대의 호문쿨루스를 가져야 하는 식으로 계속되어 마치 러시아 인형세트('마트로시카'라고 부르는 인형세트로 마치 계란을 세운 듯한 나무로 된 인형을 열면, 또 다른 작은 인형이 계속 나오는 인형세트 — 역자)와 같다. 이 연역추론은 전성설의 가정에서 보면 논리적으로 필요한 것이다. 왜냐하면 새로운 것이 나타날 가능성, 즉 후성설이 배제되어 있기 때문이다.

점점 작아지는 케이스에 담긴 일련의 호문쿨루스가 무한대로 계속되는 것을 상상할 수는 없다. 결국에는 공급이 다 소진되어 멸종될 것이기 때문이다. 인류 전체의 미래가 이브의 난소 내에서 계속 이어져 담겨 있는 호문쿨루스에 함유되어 있다고 제안되기도 했다. 수사학적 의미 이상으로 난자론자는 이브를 인류의 어머니로 생각하였다.

전성설은 애당초 후성설이 어떻게 작용하는지를 이해할 수가 없다는데 근거를 둔 것이다. 반면에 후성설론자는 조잡하기는 했지만 발생 과정 동안 새로운 것들이 나타난다는 관찰을 가설의 근거로 두었다. 더욱이 이들은 잡종의 경우처럼 전성설에 대해 반박을 제시할 수가 있었다. 그러나 순수한 후성설도 역시 심각한 문제를 야기하였다. "정보"의 전달이 있어야 한다는 점에서 전성설의 바탕인 일종의 사전 생성이 있어야 한다고 주장할 수도 있다. 자손은 부모를 닮기 마련이기에 계란이 부화되어 토끼가 나올 수는 없다. 이러한 정보의 전달이 태생인 종의 경우에는 수태 시 혹은 나중에 일어난다고 상상할 수 있다. 그러나 난생종, 특히 바다에 정액을 방출하는 종의 경우 부모로부터 자손으로 나중에 전달되는 정보가 있을 수 없다. 따라서 만일 모든 종에게 적용되는 어떤 일반적 법칙이 있다면 정보의 전달은 수태 시에 일어나야만 한다. 따라서 미리 형성된 구조가 있건 없건 미리 형성된 정보는 있어야만 한다.

전성설로 아주 많은 것을 설명할 수 있었지만 전부를 설명할 수는 없었다. 서서히 이것을 반박하려는 노력이 힘을 얻게 되었다. 1759년에 카스파 프리드리히 볼프(Caspar Friedrich Wolff)는 주로 병아리 연구에 바탕을 둔 자신의 저서 《발생의 이론》을 출간하였다. 볼프는 자신의 관찰이 진정한 후성적 발생을 암시하는 것이라고 해석했다. 그는 말피기보다 훨씬 이른 시기의 단계에서 배아를 관찰하였는데 인지할 수 있는 기관을 보지 못했다. 전성설론자들은 구조가 보이지 않는다고 해서 거기 있지 않다는 결론을 내릴 수 없다고 다시 한 번 반박하였다.

그러나 볼프는 강력하면서도 궁극적으로 수긍이 가는 한 가지를 지적하였다. 그는 처음으로 기관을 뚜렷이 관찰할 수 있을 때, 그것은 최종적인 형태가 아니라는 것을 강조하였다. 예를 들면 병아리 태아의 내장은 편평한 종이 모양에서 시작되는 것으로 보이지만 차후에는 관 모양이 된다. 그러므로 개개의 구조에 대한 후성설은 증명된 셈이다. 따라서 이 가설을 발생 과정 전체에 확장하는 것이 비논리적인 것은 아니다. 그리고는 외견상으로 잘 확립된 자연발생의 사실이 있다. 그리스인 이후로 일부 생물체는 썩어가는 고기나 배설물 또는 부패 중인 음식에서 자연발생적으로 생긴다고 일반적으로 믿어 왔다. 만일 곤충처럼 복잡한 생물체가 자연발생적으로 생긴다면 전성설 이론은 유지하기 힘들다. 모든 썩은 고기가 미리 형성된 곤충의 원기를 갖고 있어 고기가 분해됨에 따라 발생하기 시작한다고 상상할 수는 없다.

따라서 만일 우리가 전성설을 받아들인다고 해도 분화의 경외적인 문제는 여전히 남아 있다. 그러기에 18세기 말의 발생학적 이론은 대략적으로 아리스토텔레스에 의해 공식화된 구조 그대로 남아 있었다.

발견의 세기

이제 우리는 과학의 발달에서 가장 중요한 한 시점을 건너 19세기로 넘어간다. 이 시기는 인류가 처음 자연현상을 진정으로 이해하고 예측하기 시작했던 세기이다. 대략 전반부의 반세기 동안 화학에서 존 돌턴(John Dalton, 1766~1844), 지질학에서 찰스 라일(Charles Lyell, 1797~1875), 생물학에서 찰스 다윈(Charles Darwin, 1809~1882)이 등장하는데 모두 영국인이다. 이 3가지 과학 분야에서는 급격한 변화가 일어났던 반면에 이미 놀랄 만한 성취가 이뤄진 천문학과 물리학에서는 실험과 이론 개념 모두에서 급속한 발전이 계속되었다.

19세기 초반 공학기술과 수송기관이 등장하면서 사람들의 생활방식도 되돌릴 수 없는 급진적인 변화를 겪게 되었다. 제임스 와트(James Watt, 1736~1819)는 18세기 후반의 증기기관을 개량하여 산업혁명을 촉진하였고 조지 스티븐슨(George Stephenson, 1781~1848)의 기관차 제작에도 밑거름이 되었다. 와트와 스티븐슨도 역시 영국인이다. 19세기 초기 이후 서구 문명하의 생활은 결코 예전과 같을 수가 없었다. 모든 분야에서 불가능하던 것이 가능하게 되었고, 우리 시대에는 여전히 미제인 궁극적인 불가능만 남겼다.

그리고 발생생물학에서도 같은 상황이 벌어졌다. 비록 19세기 후반에서야 발생이 "어떻게"(how's) 이뤄지는지에 대한 급속하고 지속적인 진보가 가능해졌다. 19세기 초반부에는 여전히 병아리 배가 선호하는 재료였지만 몇몇 뛰어난 발생학자가 이전의 발견에 바탕을 두고 서서히 개선된 기술을 이용하여 기술발생학에서 주목할 만한 발전을 이룩해내었다. 그러나 깜짝 놀랄 만한 약진이나 새로운 방향으로 연구 프로그램을 이끌고 갈 급진적인 새로운 이론이 나타나지는 않았다.

폰 바에르의 포유류 난세포 발견

이러한 발생학자 중의 한 명이 바로 에스토니아의 생물학자인 칼 에른스트 폰 바에르(Karl Ernst von Baer, 1792~1876)이다. 그와 동료였던 라트비아의 하인리히 크리스천 판더(Heinrich Christian Pander, 1794~1865)를 위시한 동시대의 다른 학자들은 병아리의 배를 더 나은 방법으로 연구하기 시작했다. 초기 배를 계란에서 제거하여 유리 슬라이드 위에 두고 관찰한 말피기의 방법이 로버트 보일이 제안한 알코올이나 다른 물질로 배를 보존하는 방법과 더불어 계속 사용되었다. 또한 식물학자가 완성시킨 아주 날카로운 면도칼로 얇은 조각의 조직을 만드는 방법도 채택되었다. 이러한 얇은 조각을 슬라이드 위에 올려놓고 현미경으로 보면 전체 배에서는 관찰할 수 없었던 구조가 드러난다.

폰 바에르는 자신의 논문집 《포유류와 사람의 난자 발생》(De Ovi Mammalium et Hominis Genesi)에서 조류, 어류, 파충류, 양서류 등 다른 많은 무척추동물의 친숙한 알에 상응하는 무엇을 포유류에서 찾으려 했던 이전의 시도에 대한 논의로 그 서두를 시작한다. 알들은 크고 쉽게 볼 수 있지만, 이런 무척추동물의 알들은 커다랗고 쉽게 볼 수가 있다. 포유류의 알은 어디에 있는 것이며 정말 존재하기는 하는 것일까? 이전에 드 그라프(de Graaf)에 의해 기술된 구조에 관심이 집중됐다.

내가 절개 전의 난소를 검사하였을 때 거의 모든 그라프 여포에서 결코 여포의 껍질에 붙어 있다고 할 수 없는 희끄무레한 노란 점을 확연히 구분할 수 있었다. 탐침봉으로 여포에 압력을 가하자 이들이 내부 액체 내에서 자유로이 유영하는 것이 뚜렷이 보였다. 육안으로 그라프 여포의 모든 덮개를 통과해 난소 안에 있는 난자를 보려는 희망 때문이라기보다는 호기심에 더 이끌려 메스의 끝으로 여포의 윗부분을 들어 올려 절개하였더니 너무나 뚜렷이 주변의 점액질과 구분되는 것이 보여 그것을 현미경에 두었다. 나는 이미 나팔관에서 식별하였던 난자를 맹인도 부인할 수 없을 정도로 똑똑히 보게 되자 깜짝 놀랐다. 그렇게 집요하게 계속 찾았던, 모든 생리학 개론서에서 미해결 상태로 남겨졌던 것이 이렇게 쉽게 눈앞에 펼쳐지다니 정말로 놀랍고 뜻밖이었다〔오말리(O'Malley), 《칼 에른스트 폰 바에르에 의한 포유류와 사람의 난자 생성에 관하여》, 1956: 132〕.

폰 바에르가 포유류의 난자를 처음 관찰한 사람은 아니었다. 1797년에 윌리엄 크루익상크(Cruikshank)는 교배 후 3일이 지난 토끼의 나팔관에서 난자를 보았다. 게다가 1824년에 프레보스트(Prevost)와 듀마(Dumas)도 수란관에서 난자와 유사해 보이는 관찰을 했다고 보고하였다. 폰 바에르도 이러한 선행 결과를 알고 있긴 했지만 그라프

y

제 19 장 발견의 세기 255

여포와 난자 간의 관계에 대해 세부적인 사실의 일부를 밝혀낸 것은 폰 바에르 자신이었다.

1827년의 논문은 4가지 주요한 결론으로 맺어진다. 이로 미루어 당시의 주도적인 지성인이 중요하게 여긴 것이 무엇인지를 볼 수 있기에 이들을 나열해보면 흥미로울 것이다.

- 수컷과 암컷의 성교에 의해 생기는 모든 동물은 난자에서 발생하며 단순한 형성적인 액체에서는 아무것도 나오지 않는다.
- 남성의 정액은 소공에 의해 투과되지 않는 난자의 막을 통해 작용하며 난자에서는 난자 고유의 특정 부위에서 처음 작용하게 된다.
- 모든 발생은 중심에서부터 주변으로 진행된다. 따라서 중심 부위가 주변 부위보다 먼저 형성된다.
- 동일한 발생방법이 모든 척추동물에서 일어나는데 척추에서부터 시작된다.

첫 번째 결론에서 "모든 동물"(every animal)이라는 진술에 주목하라. 폰 바에르뿐만 아니라 그 이후의 모든 생물학자들이 모든 동물의 종을 연구하지는 않았다. 여기서 중요한 방법적 원리로 과학자는 모든 것이 다 무질서한 상태가 아닌 자연현상에 적용되는 일반적 규칙이 있다고 가정하며 폭넓게 적용할 수 있는 규칙을 찾을 소량의 샘플만 필요로 한다는 점이다. 첫 번째 원칙은 폰 바에르 고유의 것은 아니다. 하비는 이미 2세기 전에 그러한 진술을 하였다. 두 번째 결론은 거의 무의미하다고 할 만큼 막연하다. 그런데도 그 후 수십 년간 세포학, 유전학 및 발생학에서의 근본적인 진보는 정자와 난자의 상호작용에 관한 연구로부터 나왔다. 세 번째 결론은 본질적으로 옳은 것이며 20세기 슈페만(Spemann) 학파의 실험에 의해 만족스럽게 설명되었다. 마지막 결론에서 폰 바에르는 아리스토텔레스로부터 시작된 발생 분야의 많은 학자의 의견에 동의하고 있다. 몇 십 년 후 이런 종류의 관찰은 진화의 이론과 연관되어 유사성의 이유를 이해하게끔 하였다.

흔히 폰 바에르의 공으로 돌리는 두 번째 주요한 발견은 배엽층 (*embryonic layer*)을 인지하게 된 것이다. 이러한 개념적 발전은 1817년 그의 동료였던 판더(Pander)에 의해 처음 이뤄졌지만 폰 바에르에 의해 크게 다듬어져 모든 주요한 척추동물의 배에도 적용되게끔 확장되었다. 이 개념은 점차 고전적 형태를 갖추게 되었는데 배는 이제 외배엽, 중배엽, 내배엽이라고 알려진 3층으로 구성된 것처럼 보이는 단계를 거치게 된다는 것이다. 후기 배와 성체의 전체 구조는 이 3층으로부터 유도된다. 물론 이것은 후기의 구조가 초기의 구조로부터 유도된다는 다음의 후성설에 해당된다. "발생에서 앞으로 일어날 각 단계는 오로지 배의 이전 단계에 의해서만 가능하다. 그렇다고 하더라도 전체 발생은 장차 생겨날 동물의 전체적인 본질에 의해 지배와 조정을 받게 된다. 따라서 어느 순간의 조건 자체가 단독으로 절대적인 미래를 결정하지는 않는다"(p. 18). 폰 바에르는 또한 초기 배아는 일반화되어 있으며 나중에야 특화된다고 믿었다.

보다 일반화된 유형에서 더 특화된 것이 발생한다. 병아리의 발생은 매 순간마다 이러한 사실을 보여주는 증거이다. 시초에 등 부위가 닫히면 (즉, 신경릉이 닫히면) 이것은 단지 일종의 척추동물에 지나지 않는다. 난황으로부터 수축되어 아가미의 틈이 닫히고 요막이 형성되면 물속에서는 살 수 없는 척추동물인 것이 드러난다. 그런 후 나중에 소장 말단에 두 개의 맹장(조류는 포유류와 달리 두 개의 맹장을 가진다 — 역자)이 형성되며 사지에서도 차이가 나타난다. 그리고 부리가 나타나기 시작하며 허파가 위로 솟아 올라온다. 기낭의 흔적이 뚜렷해져 더 이상 의심의 여지가 없을 만큼 확실히 보인다. 추후에 날개와 기낭의 발달, 완골의 융합 등으로 새의 특성이 더욱 명백해지는 동안 발가락 사이의 갈퀴가 없어져 육상 조류임을 알 수 있다. 부리와 발은 일반적 형태에서 특별한 형태로 진행되며 소낭이 발달하고 위는 이미 두 개의 방으로 나뉘어져 있으며 코막이가 나타난다. 새는 가금류의 특징을 갖게 되며 마침내 집에서 기르는 닭의 모양이 된다(오펜하이머의 1963년 논문, 〈발생생물학지〉7: 11~21).

그 진술은 현존 종의 배 발생은 과거 더 먼 조상들의 형태를 거치는 발생단계를 반복한다는 발생반복설처럼 보인다. 폰 바에르는 당시 과장된 개념이었던 발생반복설의 강력한 반대자였다. 배에 관한 그의 폭넓은 지식은 다음의 논점들을 강조하였는데 오랜 시기에 걸쳐 만족스러운 것으로 드러났다.

(1) 주요 분류 그룹에 속하는 다른 종의 배는 발생이 많이 진행된 배에서보다 발생의 초기에 서로 더 많이 닮아 보인다.
(2) 더 진화된 종의 배는 덜 진화된 종의 배처럼 보이지만 덜 진화된 종의 성체에서는 그렇게 보이지 않는다.
(3) 따라서 만일 다른 분류 그룹의 배 발생 과정을 비교한다면 점차 발산되지만 성체 구조의 다른 단계를 발생반복하는 것이 아니다.

따라서 예를 들면 현존하는 척추동물 종은 조상의 성체 구조가 아니라 배 단계의 구조를 발생반복하게 된다.

발생학에 대한 다윈의 공헌

19세기 초 생물학의 좀더 특출한 한 측면은 문제에 대한 통합적인 접근이다. 우리는 하비, 말피기, 폰 바에르 등 많은 다른 이들을 "발생학자"라고 부르지만 사실 그들은 훨씬 더 그 이상의 역할을 한 이들이었다. 이들은 생명 현상을 유전학자, 진화생물학자, 세포생물학자 또는 발생생물학자로서 접근하지 않았던 그 당시에 "자연박물학자"(naturalist)라고 불리던 일반 생물학자였다. 오늘날에는 확연히 구분된 이러한 학문 분야가 당시에는 개념적인 생물학 전체의 한 부분에 해당되었다. 이러한 통합적인 면은 근본적인 원리를 인지해서라기보다는 그러한 원리가 총괄적으로 결여된 탓으로 나타났다. 배를 연구한 사람은 발생 자체의 세부적인 사항(발생생물학) 뿐만 아니라 부모로부터 자식으로의 물질 기여(세포학), 전달되는 "정보"가 무엇인지(유전학), 발생 과정이 어떻게 자연의 단계(scala naturae)와 관련되어 있는지(진화생물학)에 관심을 가졌다.

1859년 다윈의 진화론적 패러다임으로의 전환은 생물학자가 한 일을 변화시켰을 뿐만 아니라 관찰된 결과에 대한 설명도 제공할 수 있었다. 새로운 패러다임은 이미 배웠던 많은 것에 대해서 만족스런 설명을 제공할 수가 있었다. 사실상 데이터 자체는 이미 해석상 어떤 통합된 이론이 새로 나와야 할 것처럼 보였는데, 다윈의 근본적인 아이디어가 그것을 제공한 격이었다. 그렇지만 새로 출현하기 전까지는 아이디어가 단순하게 보이는 경우는 드물다. 다윈주의는 발생학과 관련된 일단의 주요 생물학적 현상에 대해 새로운 사고방식을 제공하였다.

(1) 생물체는 가장 단순한 것으로부터 인간에 이르기까지 연속성, 즉 "생명체의 커다란 단계"(*great scale of being*) 또는 자연의 단계(*scala naturae*)를 형성하는 것처럼 보였다.

(2) 동일한 분류그룹에 있는 종의 배는 서로 닮았다.

(3) 더 진화된 형태(예를 들면, 포유류)의 배는 (어류, 양서류, 파충류의 순서대로) 더 하등한 형태를 닮은 단계를 겪는다. 이 이론의 발전된 형식인 발생반복설이 알려지게 된다.

(4) 주요 분류그룹의 동물은 동일한 체제에 바탕을 두고 만들어진 것처럼 보인다. 예를 들면, 네발짐승, 양서류, 파충류, 조류, 포유류의 수족은 다음의 기본 체제를 가진 것처럼 보인다. 앞발은 한 개의 기부 뼈인 상완골과 두 개의 말단부위 뼈를 갖고 있다. 손은 손목을 형성하는 여러 개의 뼈를 가지며 손바닥에 대략 5개, 최종적으로 손가락에 몇 개가 있다. 심지어 새와 박쥐의 날개도 이 기본 체제의 변이로 볼 수가 있다. 서로 상응하게 부합되는 뼈를 상동적이라고 한다. 즉, 상완골은 다른 종에서도 정말로 동일한 것이다. 상동성이 피상적인 유사성 이상의 것에 바탕을 둔 사실도 알게 되었다. 예를 들면, 곤충의 날개는 뼈와 근육을 갖고 있지 않기 때문에 새나 박쥐의 날개와 상동적이지 않다. 새나 박쥐의 날개는 곤충의 날개와 유사하다고 한다. 그러므로 유사성(*analogy*)은 기능적으로 유사하지만 형태적으로는 다른 구조에 한정된 의미이다. 상동성(*homology*)은 기능적으로 유사하든(말과 개구리의 부속지) 아니든(돌고래나 박쥐 또는 원숭이의 부속지) 간에 형태적으로 유사한 구조에 한정되어 있다.

이러한 각각의 현상은 너무나 뚜렷하고 널리 퍼져 있어 그 바탕에 어떤 이유가 있다고 생각할 수밖에 없다. 다윈은 《종의 기원》 13장에서 다음처럼 집약하여 발생학에서의 여러 사실을 설명하려고 했다.

① 배와 성체 간의 아주 보편적이지만 공통적이지는 않은 구조의 차이, ② 궁극적으로 아주 다르게 되어 다양한 기능을 하는 동일한 개체의 배 부위들이 생장의 아주 초기에 유사한 점, ③ 공통적으로는 아니지만 일반적으로는 서로 닮은 같은 강(class) 내의 다른 종의 배, ④ 생의 어떤 시기에서든 활성화되어 자활해야 할 때를 제외하곤 생존 조건과 밀접하게 관련이 없는 배의 구조, ⑤ 나중에 발달되는 성체동물보다 외견상 가끔 더 높은 단계의 조직화를 보이는 배(pp. 442~443, 괄호와 번호는 첨가된 것임).

오늘날에는 전혀 문제로 취급되지도 않는 이러한 5가지 현상에 대한 설명이 다윈의 시대에는 명백하지 않았다. 논의는 다음과 같이 시작된다. "예를 들면, 왜 배에서 어떤 구조가 보이자마자 박쥐의 날개 또는 돌고래의 지느러미에서 모든 부분이 적합한 비율로 만들어져 있지 않는지에 대해 명백한 이유를 알 수가 없다"(p. 442). 말하자면 지느러미와 수족이 미리 형성되었을 수도 있다. 그런데도 이들이 배에서 처음 발생하기 시작할 때는 날개와 지느러미는 거의 동일하다. 나중에 발산되어 달라진다.

다윈은 이러한 지느러미와 날개의 유사성과 그가 나열한 다른 문제들을 다음의 3가지 가정에 바탕을 두고 설명할 수 있다고 생각했다. 첫째, 종은 진화하고, 둘째, 진화 과정에서 일어나는 변화는 "생의 아주 초기가 아닌 시점"(즉, 후기의 배)에서 잇따라 일어나며, 셋째, "생의 어느 시기에서든 간에 어떤 변이가 부모에게 처음 나타나면 후손에서도 상응하는 시기에 다시 나타난다"(p. 444).

다윈의 변형을 가진 유전가설 — 즉, 한 종의 여러 개체 간의 유전적 차이에 작용하는 자연선택은 이렇게 설명하지 않았다면 혼란스러웠을 발생학적 현상을 훨씬 더 잘 이해할 수 있도록 했다. 이 가설은 동일한 세트나 분류 그룹에 속하는 생물체의 총괄적인 현상을 설명할 수 있었다.

멸종했거나 현존하는, 이 지구상에 한때나마 살았던 모든 생물체가 함께 분류되어야만 하고 또한 모두가 가장 미세한 단계적인 차이로 연결되어 있기 때문에 만일 우리의 수집품이 거의 완벽하다면 정말로 최상이자 유일하게 가능한 배열은 계통적인 것이다. 내 견해로는 자연 체계라는 이름으로 박물학자가 찾으려던 숨겨진 연결고리는 유전이다. 이 견해로 보면 대부분 박물학자의 시각에서는 어떻게 배의 구조가 성체의 구조보다 분류에서 훨씬 더 중요한지를 이해할 수 있게 된다. 왜냐하면 배는 덜 변형된 상태의 동물이기에 그만큼 더 조상의 구조를 드러내게 된다. 그러나 현 상태에서 구조와 습관이 아무리 많이 다르더라도 두 가지 그룹의 동물이 같거나 유사한 배 단계를 거친다면 이들은 동일하거나 거의 유사한 부모에서 유래되어 있기에 그 정도만큼 밀접하게 연관되어 있다고 확신할 수 있을 것이다. 따라서 배 구조의 군집은 유전적 군집을 드러내게 된다. 이것으로 성체의 구조가 아무리 많이 변형되고 모호해지더라도 유전적 군집이 밝혀질 것이다. 예를 들면, 유충으로 보면 삿갓조개가 갑각류에 속하는 것을 쉽게 알 수 있던 것을 이미 본 바가 있다. 각각의 종과 그 종이 속한 그룹의 배 상태에서 부분적으로 이들의 덜 변형된 고대의 조상을 볼 수 있기 때문에 왜 과거나 멸종된 형태의 생명체가 현존하는 그들 후손의 배와 닮아야 하는지를 분명히 볼 수가 있다(pp. 448 ~449).

여기서 다윈은 자신의 진화 개념을 널리 받아들여지고는 있었지만 제대로 이해되지 않았던 발생반복설에 적용하고 있다. 그는 극단적으로 형식화된 발생반복설을 수용하는 데 아주 조심스러웠다. 그런데도 그는 배 발생에서 과거의 먼 조상에 대한 자취를 보았다. 따라서 다윈은 발생학자에게 최고의 이론적 중요성을 가진 임무— 발생의 미세한 사건에서 계보를 찾는 임무를 제공했다. 확실히 배는 이러한 계보를 반영하는 정도에 지나지 않지만 화석 증거가 아주 부실한 상황에서 다른 대안은 없었다.

이러한 접근법으로 많은 성과를 올린 것을 다윈은 이미 알고 있었다. 삿갓조개에 대한 완결 논문집을 내놓았기 때문에 이 생물체는 특히 그에게 관심을 끌었다. 삿갓조개는 껍질에 둘러싸인 고착성 동물이다. 이들은 다른 어떤 그룹의 무척추동물보다 연체동물과 더 많이 닮았기에 19세기 초 가장 권위 있는 박물학자였던 퀴비에조차 삿갓조개를 연체동물문으로 분류하였다. 다윈은 "심지어는 저명한 퀴비에도 삿갓조개가 확실히 갑각류인데도 그 사실을 감지하지 못했다. 만일 그가 유충을 한번 흘낏 보았다면 전혀 실수의 여지없이 그렇게 알았을 것이다. 덧붙여서 외부 형태로는 아주 다른 삿갓조개의 두 가지 주요 그룹인 줄기에 달린 종류와 고착성 종류는 이들이 유충일 때는 모든 단계에서 구분하기가 어렵다"(p. 440). 추정상의 조상에서 나타나는 형태가 외견상으로 발생반복되는 배가 척추동물 중에 많이 있는 것을 다윈은 알고 있었다. 성체에서는 한 개의 대동맥만을 갖는 조류와 포유류가 배에서는 어류의 특징인 6쌍의 대동맥을 갖고 있다(〈그림 27〉). 조류와 포유류의 배는 하등척추동물의 신장인 전신관과 중신관의 순서로 발생하여 마침내 성체의 후신관이 된다(〈그림 28〉). 아마도 가장 극적인 예는 하등척추동물의 턱뼈로부터 포유류 귀의 추골과 침골, 그리고 등골이 발생하는 경우일 것이다(〈그림 26〉). 귀 뼈가 턱뼈로부터 진화된 완벽한 증거를 제공한 포유류처럼 보이는 파충류를 고생물학자가 발굴하기 오래전에도 주의 깊은 발생학적 연구를 바탕으로 이것이 아주 가능성이 높은 것으로 예측했었다.

따라서 다윈의 시대에 이르러서 발생학은 생물체의 발생에서 잇달아 일어나는 단계에 대한 상세한 연구 그 이상이 되어야만 했다. 기술적인 발생학의 데이터로 진화 과정을 제시하는 데 사용할 수 있었는데, 이것은 헤켈의 손에 의해 "개체발생이 계통학을 발생반복한다"(ontogeny recaptulates phylogen)는 개념으로 변하게 되었다.

상동성도 역시 발생학에 의해 분명해졌다. "동일한 것"(same thing)의 의미가 이제는 이해될 수 있었다. 조상에서의 공통구조가 다른 딸종의 진화 과정에서 변하게 되었던 것이다. 비록 다양하게 변형되었더라도 아주 일반적인 방식에서 구조는 여전히 동일하였다. 뼈와 같은 단단한 구조의 경우 다른 지질 시대의 화석(예를 들면, 턱뼈나 이소골)의 변화를 추적할 수도 있었다. 이러한 일이 부드러운 부위(척추류의 신장이나 대동맥활)에서는 가능하지 않겠지만 종종 배아가 단서를 제공했다. 그러기에 상동성은 배 기원의 본체로 정의되었다.

헤켈과 발생반복설

다윈 이후 수십 년간 진화적 발생학의 기본적 이론은 발생반복설이었다. 이 개념은 다윈 훨씬 이전에 형성되었는데, 배 발생을 분류와 자연의 단계(scala naturae) 간의 관계로 표현했다. 다윈의 패러다임에 의해 자연의 단계가 변형을 가진 유전의 결과로 재해석되자 발생학의 데이터도 재해석되었다. 다윈이 제안하였듯이 발생에 관한 많은 사실은 발생반복설의 개념 없이는 납득될 수 없었다.

그 자체로 진화를 제시하는 발생반복설의 개념이 어떻게 《종의 기원》이 출간되기 바로 직전의 시기에 통용되었는지를 주목해 보면 흥미롭다. 루이 아가시(Louis Agassiz, 1807~1873)의 경우가 특히 관심을 끈다. 그는 대단한 능력을 지녔던 스위스의 박물학자였지만 대부분의 생애를 미국에서 보냈다. 그의 유명한 논문집 《분류에 관한 에세이》(Essay on Classification)는 자신의 장대한 저서인 《미국 자연사에 대한 기고문》(Contributions to the Natural History of the United States)의 일부로서 1857년에 처음 출판되었다. 이 에세이는 《종의 기원》이 출간된 해인 1859년에 재출간되었다. 여기서 그는 다음과 같이 썼다.

> 그러므로 모든 현존 동물의 발생단계가 과거 지질학적 시대에 멸종된 그들 조상의 대표를 연대순으로 배열한 것과 일치한다는 것이 조사범위가 확대될수록 더 확연히 나타날 가능성이 아주 높은 일반적 사실로 여겨질 수 있다. 이런 면에서 보면 각 강(class, 분류의 등급으로 문 아래의 분류등급 — 역자)의 가장 오래된 대표군이 해당 목(order, 강 아래의 분류등급 — 역자)이나 과(family)에 속하는 현존 생물체의 배아 형태로 여겨질 수가 있다.

그렇다면 그 원인은?

모든 시대에 걸쳐 동일한 창조주의 작품이 지구 표면 전체의 구석구석
모든 곳에 드러나 있다.

따라서 다윈의 진화론이 수용되기 전에도 자연의 단계에서 어느 생
물체의 위치는 화석 기록에서 처음 등장하는 시대나 발생 패턴과 비
례한다고 인식되고 있었다. 발생반복설은 19세기 후반 반세기 동안
독일 과학의 지배적 인물이었던 헤켈의 손에 의해 화려하게 꽃피웠
다. 헤켈의 이론은 나중에 《자연창세기》(*Natürliche Schöpfungeschlichte*,
1868)와 《인류의 발생》(*Anthropogenie*, 1874)으로 다시 개정했던 자신
의 저서 《일반 형태학》(*Generelle Morphologie*, 1866)에서 제안되었다.
그가 발전시킨 발생반복설의 개념은 결국 틀렸거나 쓸모없는 것으로
판명되었지만 그 개념의 좀더 한정적인 재진술에 바탕을 두면 일부
특이한 현상은 이치에 맞는다는 것이 오늘날까지도 정설이다. 19세기
후반과 20세기 초반 발생반복설 개념을 거부한 것은 굴드(Gould, 미
국의 고생물학자 겸 진화학자로서 그의 1977년 저서 《다윈 이후》에서 인용
—역자)의 표현처럼 아마도 목욕물과 함께 아기를 버리는 경우와 마
찬가지일 것이다.

1860년대 헤켈이 인간 종으로 이어지는 계통학을 숙고하기 시작했
을 때 화석 기록에는 (지금도 여전히 그렇지만) 비어 있는 간격이 아주
많았다. 염색체의 구조, 유전학, 생화학에 관한 정확한 지식은 본질
적으로 전무했다. 현미경학자는 지금 우리가 원생동물이라고 부르는
생물체의 생물학을 거의 몰랐으며 심지어 진화적 변화의 메커니즘도
제대로 이해되지 않고 있었다. 당시 이용 가능한 정보 중 가장 값진

것들은 비교형태학과 발생학 분야에서 나오곤 했다. 그러므로 이 두 분야가 헤켈의 발생반복설에 대한 증거의 바탕이 되었다.

발생반복설은 계통학을 반영한다고 생각되었으며 척삭동물에서 포유류로 진화의 경우에는 전척삭류-어류-양서류-파충류-포유류의 순서로 일어난다고 가정하였다. 조류는 파충류에서 독립적으로 파생된 것으로 여겨졌다. 척삭동물로 분류되는 모든 종은 3가지 분류 특징을 갖고 있는데, 척삭, 인두에서 나온 새열, 등 쪽의 신경관을 소유하고 있어야 한다. 사람의 성체는 오직 하나만 갖고 있는데, 나중에 뇌와 척추가 되는 등 쪽의 신경관이다. 그러나 배에서는 3가지 모두를 갖고 있다. 우리의 척삭은 아주 초기의 배 단계까지만 유지된다. 새열도 역시 발생 과정에서 사라지지만 첫 번째의 것이 귀의 유스타키오관이 된다.

이제 우리는 모든 척삭동물의 배에서 발생초기에 이와 같은 동일한 기본유형이 보이는 것을 알고 있다. 이 발견은 만일 모든 척삭동물이 하나의 공통 조상을 가진다면 쉽게 설명될 수 있다. 아주 초기의 척삭동물은 이러한 3가지 특징을 갖고 있으며 진화가 진행되면서도 고등 형태의 배가 계속 조상의 조건을 반영하는 것으로 추론되었다. 현존 전척삭류(*prechodrdate*, 피낭류인 미삭동물과 창고기가 속한 두삭동물을 지칭 — 역자)인 창고기(*Amphioxus*, 활유어라고도 하는 물고기 모양의 두삭동물 또는 원색동물류 — 역자)에 관한 지대한 관심은 이것이 많은 형태학적 측면에서 볼 때 가장 초기의 척삭동물에서 예상되는 특징을 갖고 있다는 사실 탓이다. 칠성장어의 암모쾨테스(*ammocoete*) 유충의 경우에도 동일한 이유로 관심을 끌고 있다.

턱의 접합부와 귀 뼈는 발생반복설로 해석될 수 있는 고전적인 한 가지 예이다(〈그림 26〉). 척추동물에서 귀는 두 가지 주요한 기능을 갖고 있다. 어류에서는 단지 평형기관에 지나지 않는다. 사지동물에서도 귀는 평형기관으로서의 기능을 갖고 있지만 공기의 진동, 즉 소리의 감지가 기능에 첨가된다. 어류에는 고막과 이소골이 모두 결여되어 있다. 현존 양서류는 유미목(Urodeles, 도롱뇽류 — 역자)을 제외하곤 하나의 이소골로 등골과 고막을 갖고 있다. 현존 파충류와 조류는 양서류와 기본적으로 동일한 구조를 갖고 있다. 그러나 포유류에서는 두 개의 추가적 이소골인 추골과 침골이 존재한다. 이러한 귀 뼈의 기원은 무엇일까?

거의 전적으로 현존하는 척추동물의 배에만 의존해도 추정적인 답을 구할 수가 있다. 새로운 뼈, 즉 양서류에서의 등골과 포유류에서의 추가적인 두 가지 뼈의 형성과 관련하여 턱의 유절 발음화에 중요한 변화가 있다. 어류에서는 하악설골(hyomandibular bone)이 턱을 지지한다. 양서류의 배는 하악설골을 갖고 있지만 성체에서는 등골로 바뀌게 된다. 이것이 포유류를 제외한 모든 사지동물의 성체에서 일어나는 조건이다. 포유류의 배도 유사하지만 발생 도중 아래턱의 관절과 위턱 방형골의 크기가 줄어들면서 귀로 이동하여 성체에서의 추골과 침골을 형성한다.

이 가설이 발전하여 발생 과정의 이런 현상이 진화 과정에서 일어났던 일을 반영하는 거라고 생각되었다. 그렇다면 과거의 어느 단계에서 아마도 파충류가 포유류로 진화했을 때 턱의 관절로서 위턱의 방형골과 아래턱의 관절이 상실되면서 이러한 뼈들이 추골과 침골로 변형되는 것에 대한 증거가 있을 거라고 추정할 수 있을 것이다. 동시에 턱의 관절이 포유류 패턴으로 — 아래턱 하악골이 위턱의 접형골의 반대쪽으로 움직이는 식으로 — 전환되었음에 틀림없다. 이제 이로 인해 고생물학자가 아주 흥미롭지만 외견상 위험한 추론을 제안할 수 있다. 동물이 먹으려고 할 때는 항상 턱의 관절이 있어야만 하는데, 어떻게 파충류의 유형에서 포유류의 유형으로 전환되었는가? 관절-방형골 접합을 가진 부모가 하악골-접형골 유형을 가진 자손을 낳을 수는 없을 것 같았다. 그러나 그렇지 않았다면 어떻게 일어났을까?

답은 포유류 같은 파충류인 수궁류의 화석에 의해 제공되었다. 이들의 이름이 암시하듯 이들은 구조상으로 파충류와 포유류의 중간 형태이다. 최근에 주로 남아프리카에서 이들의 화석이 아주 많이 발견되었다. 여러 다른 종류들은 파충류 특유의 턱 관절에서 포유류의 턱 관절에 이르는 모든 중간 단계의 모습을 나타냈는데, 트리아스기에 존재한 한 속이 특히 주목할 만하다. 이 속은 두 개의 기능적인 턱 관절 — 파충류와 포유류의 관절을 가졌다는 사실이 인정되어 "두 개의 조인트로 된 턱"이라는 뜻을 지닌 발음하기 아주 힘든 디아르트로그나투스(Diarthrognathus)라는 이름을 갖게 되었다. 이보다 더 나은 파충류와 포유류의 중간체를 얻을 수는 없었을 것이다.

전에도 역시 언급했지만 대동맥활의 변환도 또 다른 예를 제공한다. 모든 척추동물의 태아는 성체에서의 혼란스런 패턴과는 대조적으로 거의 도표적으로 단순한 순환계를 갖고 있다. 몸의 전반부에 혈액을 앞쪽 새열의 방향으로 운반하는 복부 혈관이 있다. 6쌍의 대동맥활은 가지를 쳐서 등 쪽으로 아가미판을 거쳐 측면의 등 쪽 대동맥까지 확장된다. 측면의 등 대동맥은 뒤쪽에서 합쳐져 등 대동맥을 형성하여 아가미 뒤편 지역의 모든 부위에 혈액을 운반한다. 이런 태아의 단순한 패턴이 다른 척추동물마다 아주 다른 방식의 성체 순환계가 되도록 변환되었다. 개구리의 태아는 6개의 대동맥활을 가진 단계를 거친다. 추가적인 발생이 진행되면서 일부는 없어지고 일부는 변형되어 성체의 패턴이 형성된다. 사람의 태아도 역시 6쌍의 대동맥활을 갖지만 (동시에 모두 나타나지는 않지만) 개구리와는 아주 다른 방식으로 변환된다.

척추동물의 신장은 앞에서 언급한 개체발생이 계통학을 발생반복하는 더 잘 알려진 경우이다. 파충류, 조류, 포유류의 초기 배는 체강의 앞쪽 부위 양편에 전신관이라는 신장을 갖고 있다. 발생의 후기에 전신관은 퇴화되고 두 번째 신장인 중신관이 대신하게 된다. 이것도 역시 사라지며 세 번째 신장인 후신관으로 대체되어 성체의 신장으로 남게 된다. 어류와 턱이 없는 어류인 칠성장어의 배는 전신관으로 시작하여 중신관으로 대체되는데 이것이 성체의 신장이다. 후신관은 전혀 발생되지 않는다.

지금 기술한 것과 같은 종류의 예를 많이 알고 있었던 헤켈로 다시 돌아오자. 만일 발생반복설의 개념을 근본적이며 가차 없는 자연의 법칙이라기보다는 이런 식으로 보지 않으면 이해하기 어려운 발생학적 현상을 설명하는 유용한 방법으로 받아들인다면 이 개념은 발전적으로 이해를 돕는 강력한 장치가 될 것이다. 그러나 이러한 견해는 우리가 "개체발생이 계통학을 발생반복한다"는 헤켈의 공식화된 표현에 "아주 그렇지는 않지만"(not quite)이나 "때때로"(sometimes)라는 수식어를 첨가하여 변형하도록 요구한다.

헤켈은 그의 단언을 공식화하는 것 이상으로 훨씬 더 많은 일을 했다. 그는 종의 발달사를 기술한 다윈의 이론에 필적하는 기술발생학과 형태학의 모든 분야에 개념적 틀―개체의 발생사를 기재하는 통합이론을 제공하고자 시도했다. 게다가 그는 두 이론 간의 밀접한 연관성도 제시하였다.

이러한 우리 과학의 두 분야 — 한 분야는 개체발생학 또는 발생학이고 다른 부분은 계통학 또는 종족 진화의 과학이 서로 필수불가결하게 연결되어 있다. 다른 편 없이 한 쪽 분야를 이해할 수 없다. 이 두 분야가 완전히 서로 협동하고 보완할 때만 비로소 "생체발생"(Biogeny, 또는 가장 넓은 의미에서 생물체의 발생에 대한 과학)이 철학의 경지에 도달하게 된다. 이들 사이의 연결고리는 외형적이거나 피상적인 것이 아니라 뿌리 깊고 본질적인 인과관계의 것이다. 이것은 최근의 연구에 의해 밝혀진 사실이며 내가 "유기체 진화의 근본적인 법칙" 또는 "생체 발생의 근본적인 법칙"이라고 불렀던 포괄적인 법칙에서 아주 분명하게 표현되어 있다. 우리가 끊임없이 되새기면서도 진화 이야기에 대한 전체적 통찰력조차 이것의 인식에 의존하게 만드는 바로 그 일반적 법칙은 다음의 문장으로 간략하게 표현될 수 있다. "태아의 발생사는 종족 역사의 반복 재연이다." 또는 다른 말로 "개체발생이 계통학을 발생반복한다." 이것은 다음과 같이 좀더 자세하게 표현될 수 있다. 개개의 생물체가 난자로부터 완전한 성체 구조로 발생하는 동안 거치는 일련의 형태는 언급된 그 생물체의 동물 조상이나 그 종의 조상 형태가 유기체의 가장 초기 시대로부터 현재까지 전해 내려오는 기나긴 시리즈로 이어진 형태의 간결하고도 농축되어 나타난 반복이다(《인간의 진화》, 1905: 2~3).

점점 더 많은 데이터가 초기 배는 자신이 속한 그룹의 기본 구조의 일부 잔재를 보유하고 있다는 것을 제시하고 있다. 그렇다면 그들의 연관관계에 관해 "문제"가 되는 종의 배에 대한 연구는 생산적일 거라고 예측할 수가 있다. 여기서 3가지의 성과를 언급하겠다.

주머니벌레(Sacculina)는 여러 가지 종의 게에 붙어서 발견되는 주머니 모양의 구조를 가진 기생생물이다. 이것은 특히 가지를 친 주머니의 뿌리가 실제로 숙주의 복부를 관통하여 마치 게 종류가 걸리는 암(Cancer)으로 종양과 닮았다. 더 세밀한 연구는 주머니가 생식기관과 일부 근육 및 신경조직을 함유하는 것을 보여준다. 따라서 주머니벌레는 기생충으로 여겨질 수 있으며 숙주로 침입하여 가지를 치는 뿌리는 먹이를 얻기 위한 메커니즘일 수 있다.

주머니벌레의 구조로부터 이것의 유연관계를 추정할 수는 없다. 그러나 초기 배에 대한 연구가 그 답을 제공했다. 알은 잘 알려진 유형의 유충으로 많은 갑각류의 특징인 세 쌍의 부속지를 가진 노플리우스(*nauplius*, 갑각류의 알에서 나온 직후의 유생 — 역자)로 발생하는 게 밝혀졌다. 나중에 노플리우스 유생은 역시 친숙한 갑각류의 유충 유형인 시프리스(*cypris*) 유생으로 변환된다. 일정 기간의 독립적인 생활 후에 시프리스 유생은 게에 부착되어 부속지를 잃어버리면서 대부분의 해부적인 특징도 사라져 성체인 주머니벌레가 된다. 앞에서 언급한 삿갓조개에서도 유사한 이야기를 할 수 있다. 이들은 껍질로 덮여 있기에 많은 초기의 박물학자들은 이들을 연체동물로 분류하였다. 그러나 배에 대한 연구로 삿갓조개는 전형적인 갑각류의 유생 형태를 가진 갑각류인 것이 드러났다.

해초류 또는 피낭류에서도 유사한 수수께끼가 존재했었다. 이들은 해양생물체로서 가장 흔한 종류는 부두의 말뚝이나 바위 등에 부착된 무정형의 덩어리인 "정체불명의 존재"(*something*)처럼 보인다. 성체는 대부분 구멍 뚫린 벽을 가진 바구니로 구성되어 있다. 물은 입구로 유입되어 바구니의 벽을 통해 빠져나가며 먹이 부스러기가 걸러진다. 마찬가지로 성체의 구조에 바탕을 두고 이러한 생물체의 유연관계를 확립하는 것은 어렵다. 유생이 답을 제공하여 이들은 신경관, 새열, 척삭을 가진 척삭동물로 드러났다. 명백히 개체발생은 생물체 간의 상관관계를 알아내는 데 강력한 도구이다.

헤켈은 아주 엄청난 양의 데이터를 하나의 개념으로 집약하려는 대

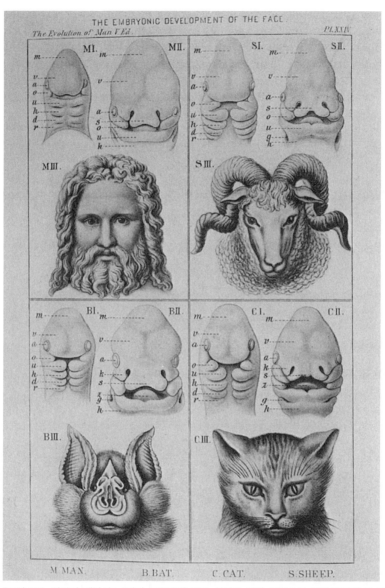

〈그림 71〉 얼굴의 배발성: 4가지 포유류의 배와 성체에 대한 에른스트 헤켈(1905)의 도해도. 헤켈보다 훨씬 이전의 폰 바에르는 성체가 아주 다르더라도 초기 배가 아주 유사할 수 있다는 사실에 충격을 받았다.

담한 시도를 하였다. 그는 자신이 이용할 수 있는 범위의 정보를 훨씬 뛰어넘어 추론하였고 그렇게 함으로써 다른 사람들이 검증할 수 있는 가설을 제공하였으며 탐구할 가치가 있는 연구분야를 제시하였다(〈그림 71〉).

다윈과 헤켈은 주요 테마에 대해서는 대체적으로 수용했지만 많은 세부사항을 거부한다는 공통점이 있었다. 대부분의 생물학자는 다윈이 의심의 여지없이 확실하게 진화가 일어났다는 것을 보여주었다고 동의하지만 20세기에 들어서기 한참 전까지는 그가 제안한 메커니즘인 자연선택의 작용을 받는 자연적 변이를 불가능한 것으로 생각했다. 기술발생학, 진화, 비교해부학의 데이터를 통합하여 헤켈이 만든 이론은 비록 세부사항에 대한 강한 반발은 있었지만 일반적으로 옳은 진술로 받아들여지고 있다.

많은 이들은 헤켈이 배아는 조상의 성체 단계를 재연한다는 것을 믿었다고 주장해왔다. 편견일 수도 있겠지만 나는 헤켈이 통합이론을 시도한 데 대해 감탄하여 그에 대해 다르게 해석한다. 그는 결코 우리가 양막 내에서 가슴과 배지느러미를 사용하여 유영하며 꼬리지느러미와 비늘로 덮인 물고기의 단계를 재연한다고 제시한 적이 없다. 그러나 폰 바에르는 수긍할 만한 개념을 만드는 데 헤켈보다 한 발 더 다가섰다. 가장 잘 알려진 예인 척삭동물의 경우를 들면, 배아가 대체적으로 그들 조상의 성체 단계를 발생반복하지 않는다는 것을 우리는 인정할 수밖에 없다. 척삭동물의 배는 척삭, 등 쪽 신경관, 새궁에 의해 분리된 인두새열이 존재하는 초기의 단계를 갖는 공통적인 발생 안을 공유한다. 하등척삭동물의 성체는 이 기본 안에서 고등척삭동물의 성체보다 덜 변한다. 고등척삭동물은 이러한 기본특징을 초기 발생에서 보유하다가 자신만의 특별한 방법으로 분화한다. 따라서 양서류, 파충류, 조류 및 포유류의 기관계는 무악어 어류와 원시어류의 형태학에 바탕을 둔 패턴의 변이라고 이해할 수 있다.

기술발생학

19세기 후반의 50년간 기술발생학에서는 엄청난 진보가 일어났다. 발생학을 공부하는 학생이 늘어났고 더 좋은 현미경, 더 나은 해부학적 기술, 배를 취득하고 다루는 방법의 개선 등 더 나은 도구와 방법이 생겨났다. 그 결과 모든 주요 동물 그룹에 속하는 종들의 발생 패턴에 관한 데이터의 이용이 가능해졌다. 통일성, 즉 많은 다른 종류의 발생에 유효한 규칙이 발견될 수 있을 거라는 희망이 있었다. 개체발생의 다양성에 대해 아무것도 몰랐다면 발생의 패턴이 성체형태학의 패턴처럼 변이가 심했을 거라고 예측했을 것이다. 실제로는 그렇지 않은 걸로 드러났다. 아리스토텔레스로부터 헤켈에 이르기까지 관찰자들에게 알려진 척추동물 발생의 놀랄 만한 유사성이 무척추동물에서도 적용되는 것으로 드러났다. 실제로 규칙이 있었으며 가장 다양한 말단 파생 부위도 근본적인 패턴의 변이에 의해 형성된 것이다. 보통 발생의 이러한 주요 단계를 다음처럼 파악할 수 있었다.

(1) 발생은 정자에 의한 난자의 활성화(유성생식)나 무성생식적 수단(처녀생식)에 의해서 시작된다.

(2) 활성화된 난자는 비교적 빠르게 약 8회에서 12회 반복적으로 체세포분열에 의해 나뉜다. 그 결과 내부에 포배강(*blastocoel*)이라는 빈 공간을 가진 구형의 세포덩어리인 포배(*blastula*)가 생긴다.

(3) 그 후 세포의 재배치가 일어나 일부는 내부로 이동하여 내강을 형성하는데, 이것이 원시적인 내장, 즉 원장(*archenteron*)이다. 원장은 외부와 통하는 원구(*blastopore*)라는 입구를 가진다. 외부와 내부의 층을 가진 이런 컵 모양의 구조가 낭배(*gastrula*)인데, 헤켈은 이것이 모든 다세포 동물이 진화되어 나온 기본 체제라고 여겼다. 세포분열의 속도는 낭배단계에 이르러 늦어지면서 발생의 나머지 단계 동안 천천히 일어난다.

(4) 세포의 재배치로 배층이 형성된다. 강장동물에는 두 개의 배층이 있으며 바깥쪽은 외배엽이고 안쪽은 내배엽이다. 다른 후생동물은 외배엽과 내배엽 사이에 추가적인 배층을 갖는데 중배엽이다. 이러한 층들의 영역이 처음 결정되면 그 세포들은 본질적으로 동일하다.

(5) 발생이 계속되고 세포 수가 증가하면 세포는 눈에 띄게 분화되고 재배열되어 기관과 조직을 형성한다.

(6) 후생동물 전반에 걸쳐 각각의 생식층에서 발생하는 구조에 상당한 통일성이 존재한다. 전형적으로 피부, 신경계, 일부 유형의 배설기관은 외배엽으로부터 유도된다. 소화관의 내벽과 연관된 기관들은 내배엽으로부터 유도된다. 순환기, 근육, 연결조직, 일부 유형의 배설기관은 중배엽으로부터 유도된다.

이러한 발생 패턴의 공통점은 진화설과 그 파생이론인 발생반복설에서 공식적으로 설명되었다. 그렇다고 하더라도 직접적이거나 간접적으로, 두 가지 현저하게 다른 발생의 패턴이 유사한 최종 산물로 귀결된다는 사실이 밝혀졌다. 주요 원인 중의 하나는 난자에서 난황의 양이거나 어미로부터 직접 먹이를 이용할 수 있는지 여부로 보였다. 일부 종의 난자—예를 들면, 성게나 사람의 난자는 아주 적은 양의 난황을 갖고 있다. 이런 배는 스스로 포획하든 아니면 어미로부터 얻든 간에 외부 식량원에 의존해야만 한다.

무척추동물 내에서 흔히 나타나는 성게 유형의 발생에서는 배가 빠르게 독립생활을 하는 유생, 이 경우에는 플루테우스(pluteus, 성게나 불가사리류의 유생—역자)의 단계에 도달하는 것이다. 플루테우스는 바다에서 먹이를 얻는 미세한 유생이다. 성체와 닮은 점은 전혀 없다. 유영하면서 먹이를 잡아먹으며 성장한다. 궁극적으로는 해부학적, 생리적, 생활양식적으로 완전한 재구조가 일어나 성체 성게로 변환된다. 배가 직접 성체로 발생하지 않고 구조와 생리학, 행동에서 성체와 아주 다른 유생 단계를 거치기 때문에 이것을 간접적인 발생 (indirect development)이라고 한다.

사람과 다른 포유류는 어미로부터의 영양에 의존해야만 한다. 이들은 독립생활로 먹이를 포획하는 유생 단계를 거치지 않고 어린 개체 형태로 분화된다. 이러한 배들은 직접적인 발생(direct development)을 한다. 직접적인 발생은 조류에서도 일어나지만 식량 공급원이 달라 난자는 배가 어린 개체단계로 진행될 때까지 충분한 식량을 지닌다.

생식세포층(*Germ Layers*)

생식세포층 이론은 기술발생학자의 주요한 대들보 중의 하나이다. 이 개념은 볼프(Wolff), 판더(Pander), 폰 바에르(von Baer) 등의 연구로부터 서서히 발전하여 헤켈과 란케스터(Lankester)에 의해 폭넓게 발전했다. 이 개념도 거의 발생반복설만큼이나 논란이 되었다. 논란은 주로 이 개념을 다른 문(*phylum*)의 배에 적용할 수 있는지 여부와 생식층 자체의 발생 잠재력에 대해 암시하는 바였다.

그 두 가지 면을 따로 고려해보자. 만일 초기 배 단계 동안 후생동물의 배가 두 개(강장동물) 또는 3개(다른 모든 주요 문의 동물들)의 층으로 구성되었다고만 한다면 이 개념은 체험적 가치가 아주 크다. 서로 아주 다른 동물에서 피부, 소화관의 시작부와 말단부 및 신경계는 외배엽에서 발생하며 근육, 연결조직, 골격근계와 (만일 존재한다면) 순환기는 중배엽으로부터, 양 말단을 제외한 소화계의 내벽과 연관된 분비샘은 내배엽으로부터 발생하는 것을 알게 된다면 개념적으로는 만족스럽다.

생식세포층들의 역할은 광범위하게 일치하지만 이들이 서로 상동적이라는 의미는 아니다. 그렇다고 하더라도 3가지 층의 기원이 척추동물 전반에 걸쳐 너무나 유사하기에 이 문의 생물에서는 배 기원의 동질성으로 보면 이들이 서로 상동적이라고 말할 수 있다. 조상종의 동일한 부위로부터 기원되었다는 이론에 대한 결정적인 데이터는 거의 확실히 얻을 수 없을 것이다.

한 단계 더 나아가 모든 다세포동물에서 기본적인 생식세포층의 상동성이 존재한다는 가설을 생각해볼 수도 있다. 더 많은 정보를 이용할 수 있게 되자 생식세포층이 많은 다른 방법으로 발생하는 것이 분명해졌다. 따라서 기원이 동일하지 않기 때문에 배 기원의 동질성을 상동성의 증거로 사용할 수가 없다. 예를 들면, 모든 종에서 중배엽이 동일하다고 주장할 수 없다. 지렁이 외부에 있는 세포가 불가사리의 외부에 있는 세포와 얼마만큼 상동성이 있다고 여겨지겠는가? 어떻게 답을 찾을지 분명한 해결책이 없는 것만큼이나 그 답이 의심스럽다. 그러나 일단 생식세포층이 형성되자 그들이 하는 역할에서는 커다란 통일성이 생겼다. 그런 점에서 개념적인 중요성이 놓이게 된다.

두 번째 흥미로운 문제는 발생 과정에서 생식세포층이 형성하는 것과 그들의 내재적인 능력 간의 관계와 관련되어 있다. 중배엽 세포는 단지 중배엽 기관만을 생산하며 중배엽 기관은 중배엽층에 의해서만 생산된다는 의미로서 중배엽 세포에는 "중배엽적인" 무엇이 있는가? 이러한 유형의 질문은 검증될 수 있는 가설로 공식화할 수 있다. 나중에 알게 되겠지만 슈페만 학파는 중배엽 세포가 형성할 수 있는 것이 한정되어 있지 않으며 중배엽 구조물이 중배엽 세포가 아닌 다른 것으로부터 형성될 수 있다는 것을 밝혀냈다.

생식세포층의 비특이성에 대한 다른 증거는 재생의 연구에서 나왔는데, 일부 경우에서 재생된 개체의 구조는 배 발생에서 처음 형성된 생식세포층과 다른 생식세포층에서 유도된다.

양서류 배의 외형적 발생

배를 연구하는 주 이유가 진화를 알고자 하는 데서 발생의 인과적 요인에 대한 분석으로 전환되기 시작하면서 양서류는 훌륭한 실험재료로 알려지게 되었다. 이런 전환이 일어나기 전에는 다양한 부류의 생물체 시료에서 발생학적 데이터를 얻는 게 중요했다. 반면에 분석발생학에서는 실험상의 조작을 해도 생존이 가능한 배를 갖는 종을 사용해야 했다. 유럽과 북미에 흔한 개구리와 도롱뇽 종의 성숙한 난자는 직경이 보통 2~3㎜ 정도로 커서 작업이 용이하다. 이들의 배는 단단하고 잘 아물어 일반적으로 조작이나 다른 실험적 조처 후에도 회복을 기대할 수 있다. 각각의 수정란은 배를 독립생활 단계로 진전시키기에 충분한 양의 난황 과립을 갖고 있다. 외부에서 식량원을 공급해야 하는 어려운 문제를 피할 수 있기에 이것은 커다란 이점이다.

　문제뿐만 아니라 그 문제를 해결하기 위해 수행된 실험을 이해하려면 먼저 정상적인 발생에 대한 간략한 기술은 필수이다. 다음의 간략한 기술은 베르몽트(Vermont)에 의한 표범개구리(*Rana pipiens*)의 배 발생에 대한 것으로 발생의 인과적 요인을 밝히려고 고안된 실험에서 널리 사용되었다. 이 종과 더불어 이와 아주 유사한 다른 초원에 서식하는 개구리는 북미와 중미에 널리 분포되어 있다. 발생의 외형적인 면부터 먼저 기술하겠다(〈그림 72〉~〈그림 77〉).

　발생의 속도는 온도에 의존하는데 예시도에 나타나 있는 배들은 20℃의 상온에서 유지되었다. 각각의 사진에 있는 번호는 수정 후의 시간을 나타낸다. 만일 배가 25℃에 유지되었다면 상온과 비교하여 발생에 약 반 정도의 시간만 소요되었을 것이고 15℃에 유지되었다면 발생에 거의 두 배나 긴 시간이 소요되었을 것이다. 정상적인 발생이 일어나는 가장 높고 낮은 온도는 각각 약 28℃와 5℃이다. 예시도의 배는 약 25배 정도 확대된 것이다.

교배

봄에 따뜻한 낮과 습기 찬 밤, 호르몬의 변화에 자극을 받아 수컷과 암컷은 연못과 늪지에 모여 짧은 교배기를 가진다. 성숙한 난자는 난소를 빠져나와 체강을 거치면서 수란관의 앞쪽 입구로 들어간다. 이들은 얇은 점액층으로 덮인 수란관을 천천히 지나간다. 난자는 각 수란관의 뒷부분인 자궁에 축적된다. 교배가 시작되면 수개구리는 자신의 총설강이 암컷의 총설강 입구 바로 위에 위치하도록 암컷에 달라붙는다. 난자는 암컷의 몸에서 주변의 물로 방출되며 동시에 수컷은 그 위에 정자를 뿌린다. 수정란을 둘러싸고 거의 눈에 보이지 않는 얇은 점액층은 이제 물을 흡수하여 팽창하기 시작하며 궁극에는 원래 직경의 3배에 이른다. 이 점액층은 처음에 끈적끈적하여 주변의 난자가 서로 달라붙는다. 결과적으로 천 개 이상에 이르는 모든 난자가 함께 달라붙어 하나의 커다란 구형덩어리를 형성하는데, 그 속에 있는 각각의 점액층 내에서 배가 발생한다.

감수분열과 수정

이 전체 기간 동안 복잡하고 중요한 내부 사건이 일어난다. 난자는 아주 커다란 핵인 배종소포(*germinal vesicle*)를 갖고 있다(발생을 기술하는 데 사용된 일부 용어가 아주 오래전부터 사용된 것을 보면 흥미롭다. 핵이란 것을 깨닫기도 전에 난자에서 커다란 구형의 물체가 발견된 것이다.

이것은 배종에서 나타났기에 배종소포라고 명명되었다). 난자가 난소에서 여포를 깨고 나오기 시작하면 핵막은 사라지고 감수분열이 시작된다. 난자가 수란관의 윗부분에 도달할 즈음에 첫 번째 감수분열이 일어나며 그 시기에 첫 번째 극체는 버려진다. 난자가 자궁에 있을 때 두 번째 감수분열의 중기가 나타난다. 이 단계에서 더 이상 핵 내의 변화는 일어나지 않는다.

한 개의 정자만 난자로 들어가는데 정자의 머리는 단상의 13개 염색체를 가진 부계의 핵을 갖고 있다. 중심립은 정자 머리의 바로 뒤에 위치한다. 이것은 첫 번째 체세포분열 시 방추사의 일부가 된다. 정자의 유입은 난자에서 중단된 감수분열이 다시 일어나도록 하고, 계속 감수분열이 진행되면 수정 후 약 반시간 후 두 번째 극체가 방출된다. 모계의 전핵도 이제는 단상의 염색체를 갖고 있다. 두 개의 전핵은 난자의 중심 윗부분으로 이동해서 합쳐져 2배체인 26개의 염색체를 회복하게 된다.

난할이 일어나지 않은 접합체

방금 수정이 일어난 난자는 직경이 대략 1.7㎜인 구이다. 배의 반이 조금 넘는 동물반구는 짙은 초콜릿색이며 나머지 부위인 식물반구는 거의 흰색이다(〈그림 72〉). 동물극은 동물반구의 중심 표면에 위치하는데 여기가 극체가 형성되는 부위이다. 식물극은 동물극으로부터 180 떨어진 위치에 있으며 식물반구의 중심에 있다.

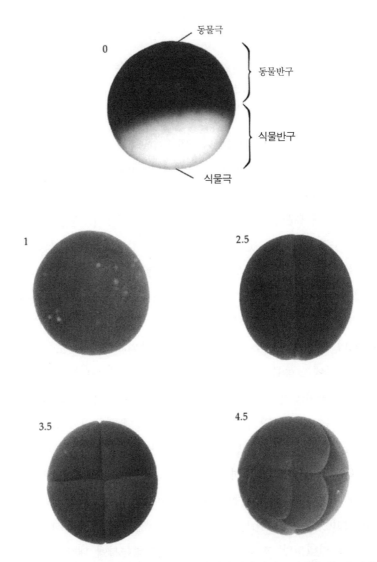

동물극

동물반구

식물반구

식물극

0

1

2.5

3.5

4.5

〈그림 72〉 수정에서부터 8세포 단계까지 개구리 알의 발생 과정. 0시간째 배는 측면에서, 나머지 배는 동물반구에서 아래로 내려다본 방향으로 나타나 있다. 이 그림과 〈그림 73〉에서 〈그림 77〉까지 각 배의 상단 좌측에 있는 숫자는 20 C에서 수정한 후의 시간이다.

난할(*cleavage*)

수정 후 두 시간 반이 지나면 외부에서도 볼 수 있는 첫 번째 극적인 사건이 일어난다. 동물반구에 작은 홈이 나타나며 종국에는 점차 길어져 첫 번째 난할주름을 형성한다. 주름은 두 개의 세포가 형성될 때까지 서서히 배 전체로 확장된다. 내부적으로는 난할주름이 나타나기 전에 체세포분열이 시작된다. 염색체가 말기에 있을 때 주름이 형성되기 시작한다.

두 번째 세포분열은 약 세 시간 반 후에 시작된다. 분열 축은 마찬가지로 수직 방향이며 첫 번째 분열과 직각 방향이다. 두 난할은 모두 동물극과 식물극 또는 아주 근처를 지나간다. 세 번째 세포분열은 약 4시간 반 후에 일어나는데 분열 축은 수평 방향이다. 이 분열은 배를 동일하게 나누지 않고 난할 축은 적도보다 위에 있다. 따라서 사진에서 4개의 작은 동물반구 세포와 그 아래 4개의 커다란 세포를 볼 수가 있다. 각각에는 동물반구의 아래 부분과 식물반구의 1/4이 들어 있다.

수정이 동시에 일어나서 나란히 남겨둔 일단의 배에서 발생이 동시에 일어나는 것을 보면 정말 놀랍다. 각각의 난할이 거의 정확히 동시에 시작된다. 모든 초기 발생에서 이러한 동시성이 사실로 나타나는데 모든 배에서 거의 정확히 동시에 각 단계에 도달한다. 마치 각각의 세포가 다른 시계와 함께 동시에 시작되어 나란히 똑딱거리는 내부시계를 갖고 있는 것 같다. 각각의 세포가 어떤 종류의 생체시계를 갖고 있음이 틀림없지만 그 정체와 어떻게 작동하는지에 대해서는 현재까지 거의 알지 못한다.

체세포분열은 계속되지만 곧 세포분열 사이의 시간 간격이 증가된다. 배는 점점 작은 세포로 나뉘지만 전체 크기에서는 명백하게 증가하지 않는다. 어떤 양분도 배로 유입되지 않으며 각각의 세포 내에 있는 난황 과립이 에너지원이다. 이것이 대사과정에서 사용되기에 배의 건량은 감소한다. 산소는 점액층을 통해 확산되어 배로 들어오고 이산화탄소와 일부 노폐물은 반대 경로로 나간다.

9시간 이후부터 22시간까지의 배가 포배이다. 포배단계의 배는 포배강이라는 내강을 갖는 것이 특징이다. 이것이 완전히 형성되면 동물반구의 내부 대부분을 차지한다. 나중에 초기 발생의 내부 사건을 다룰 때 이것에 대해 더 많이 언급할 것이다. 후기 포배의 모든 세포는 색소와 크기의 차이를 제외하고는 본질적으로 동일하다. 동물극의 가장 작은 세포로부터 식물극의 가장 큰 세포에 이르기까지 크기의 차이가 존재한다.

따라서 포배는 동물극에서 식물극으로 이르는 하나의 축만 갖고 있다. 실험자가 배 표면에서 정확한 위치를 확인할 수 있도록 가시적인 좌우가 존재하지 않는다. 만일 우리가 포배를 지구와 비교한다면 우리는 북극(동물극)과 남극(식물극)을 인지할 수 있을 것이다. 그렇게 하면 포배상 어떤 위치의 위도를 정할 수 있겠지만 측면상으로는 차이가 없기 때문에 경도의 결정은 불가능할 것이다.

낭배 형성

22시간째의 포배는 적도 바로 밑에 식물반구에서 색소를 가진 세포의 옅은 홈을 갖고 있다. 25시간째에 이르면 이 홈은 깊어지면서 측면으로 확장된다. 이 홈 자체가 원구(blastopore)인데 이것의 형성으로 낭배 형성이 시작된다. 원구 바로 위의 세포들을 원구의 배순(dorsal lip)이라고 부르는데 이들은 발생 과정에서 아주 특별한 역할을 하게 된다(〈그림 73〉).

낭배 형성(*gastrulation*)은 배아세포를 완전히 재배열하는 과정이다. 낭배의 바깥에 있는 많은 세포가 내부로 이동한다. 원구의 배순에서 일어나는 이러한 이동과정이 함입이다. 25시간째 배의 원구는 아주 작은 내강인 원장(*archenteron*)이 된다. 색소를 띤 표면 지역은 동물반구의 짙은 색깔을 띤 세포가 아래로 이동하고 식물반구의 밝은 색깔을 띤 세포가 안쪽으로 이동하게 되어 점차 커지는 것이 보인다. 27

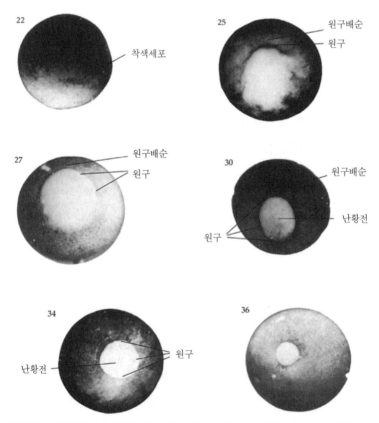

〈그림 73〉 낭배형성. 22시간째 배는 측면에서 나머지 배는 복부 쪽에서 본 방향이다.

시간째에 이르러서는 원구의 배순이 측면으로 확장되고 30시간째에는 배순이 서로 만나 360 의 원구를 형성한다. 밝은 색깔을 띤 세포 지역은 훨씬 더 작아져 난황전(*yolk plug*)을 형성한다. 낭배 형성은 36시간째에 이르러 동물반구의 세포가 거의 배를 뒤덮고 바깥에서 원래의 식물극 세포 중 더 작아진 난황전의 세포만 보일 때까지 계속된다. 마침내 난황전도 뒤덮여 작은 틈만큼 작아진다. 이것은 낭배 형성의 종결을 나타낸다. 이제 짙은 색의 동물반구 세포가 전체 표면을 덮고 있다. 세포는 너무나 작아져 웬만큼 확대해서도 보이지 않는다.

25시간째에 원구의 원구배순이 형성되면 마침내 경도를 결정할 수 있다. 따라서 일단 낭배 형성이 시작되면 배의 표면상에 있는 어떤 지점도 동물이나 식물극으로부터의 위도상 거리와 원구배순으로부터의 경도상 거리로 묘사할 수 있다. 원구배순의 중심은 배의 그리니치 자오선으로 볼 때 경도가 0이다.

낭배 형성이 종결되었을 때도 여전히 본질적으로는 명백한 세포분화가 나타나지 않는다. 후기 낭배의 직경은 난할이 일어나지 않은 난자의 직경과 거의 같다. 대사의 속도는 증가했지만 외부의 영양원이 없기 때문에 건량은 전보다 줄어든다. 배에는 줄고 있는 포배강과 확대되는 원장인 두 개의 내강이 존재하는데, 이곳들에는 액체가 차 있다.

신경배 형성

그 다음의 뚜렷한 외형적 변화는 뇌와 척수가 몸의 바깥 부위에 발생하기 시작하는 신경계 형성이 시작되는 것이다. 42시간째의 배에서 신경주름(*neural fold*)은 등 쪽에 작은 융기로 나타난다(〈그림 74〉). 이것은 쌍으로 된 구조물로서 원구지역의 양 옆에서부터 앞쪽으로 확장되어 머리가 되는 지역에서 연결된다. 47시간째에 이르러서는 신경주름이 융기하여 닫히기 시작하며 50시간째에 이르러서는 신경주름 전체가 서로 닿는다. 이들은 신경관이 될 내부의 관이 형성되는 방식으로 닫힌다. 신경주름의 넓은 앞쪽 부분의 벽이 뇌가 되고 더 뒤쪽의 벽이 척수가 된다. 신경관의 구멍은 성체에서도 신경강(*neurocoel*) 으로 계속 남아 있다.

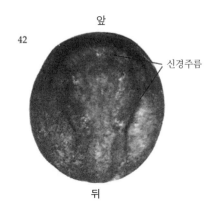

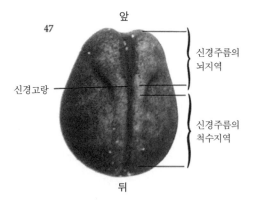

〈그림 74〉 신경배 형성의 초기와 중기.

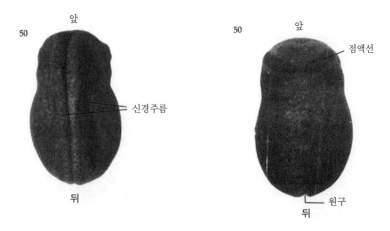

〈그림 75〉 신경릉이 닫힌 말기 신경배의 등 쪽과 복부 쪽 모습.

42시간째의 배는 여전히 거의 구형이지만 신경배 형성(neurulation)이 진행됨에 따라 길어지기 시작한다. 이러한 길이 생장은 중추신경계에서 일어나는 일로 볼 수 있듯이 모든 지역에서 동일하지는 않다. 47시간째에 신경주름의 뇌와 척수지역의 길이는 대략 같다. 발생의 나중 단계에서 척수지역은 뇌보다 훨씬 더 길이가 증가된다.

50시간째 배를 뒤집어보면 또 다른 구조, 즉 점액선(mucus gland)이 만들어지는 것을 볼 수 있다. 이들은 유생이 여러 가지 물체에 달라붙도록 끈적끈적한 점액을 분비한다(〈그림 75〉).

꼬리 눈 단계(tailbud stage)

발생 후 하루가 더 지나면 더 많은 외형적 변화가 생긴다(〈그림 76〉). 등을 따라 융기된 마루는 뇌와 척수를 함유하며 뇌에 위치한 한 쌍의 부푼 지역은 눈이 형성되는 장소를 표시한다. 눈 지역 뒤에 커다랗게 부푼 곳이 아가미가 시작되는 지점이다. 더 뒤쪽으로 작게 부푼 지역은 배의 첫 번째 신장인 전신관(pronephros)이 형성되기 시작하는 부위를 표시한다. 배 쪽에서 점액선은 더 잘 발달한다.

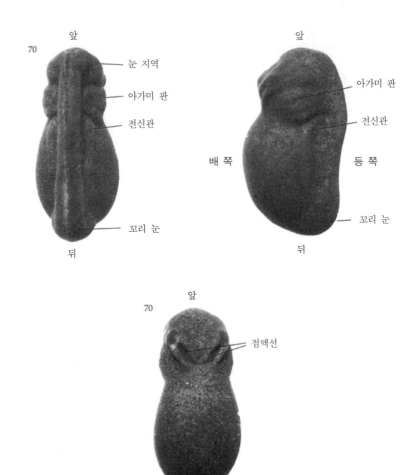

〈그림 76〉 꼬리 눈 배의 등 쪽과 측면 및 복부 쪽 모습.

100시간째 태아

70시간째 꼬리 눈 단계를 바탕으로 추정하여 100시간째의 태아를 그려내는 것은 그리 어렵지 않다(〈그림 77〉). 100시간째에 이르러서는 모든 기관계가 형성되며 일부는 기능하기 시작한다. 예를 들면, 순환계가 작동하기 시작하여 자세히 살펴보면 혈액이 아가미를 지나가는 것을 볼 수 있다. 태아는 올챙이를 닮기 시작한다. 눈은 머리의 측면에 돌출 부위로 존재하지만 아직 기능하지 못하고 그 위에 덮여 있는 피부는 여전히 짙은 색소를 갖고 있다. 후각기관은 앞쪽 끝에 있는 한 쌍의 구멍인데 그 사이에 또 다른 구멍인 전장(*stomodaeum*)이 있다. 전장은 원시적인 소화관 쪽으로 뚫고 들어가 입을 형성한다. 총설강 입구 뒤 몸의 일부분에 해당하는 잘 발달된 꼬리가 존재한다.

대략 이때쯤 배아는 점액층의 막을 깨고 나온다. 대부분의 난황은 소모되었지만 모든 난황이 사라지기 전에 어린 생명체는 자신이 사는

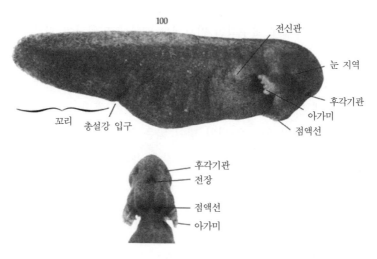

〈그림 77〉 방금 부화된 유생의 측면 모습. 머리의 복부 쪽 모습도 나타나 있다.

연못에서 먹이를 찾아 먹기 시작한다.

따라서 28℃에서 약 4일 동안 장차 개구리가 될 존재는 단일 세포로 시작하여 세포분열, 분화, 생장을 거쳐 모든 기관계가 형성된다. 그 중 일부는 이미 기능을 하는 유생이 된다. 후성적인 변화는 양서류의 배를 처음 연구하였을 때 관찰자를 경외에 빠지게 하였듯이 오늘날에도 시계같이 정확히 일어나 관찰자를 경외에 빠뜨린다. 이것은 진정 놀라운 현상으로 이에 대한 관찰은 더욱 흥미롭다. 우리 자신의 발생이 거의 접근 불가능한 신체의 내부에서 일어나 쉽게 연구에 이용될 수 없기 때문이다.

비록 발생 중인 배에서 놀라운 외형적 변화가 일어나지만 우리의 다음 토픽인 내부에서 일어나는 변화만큼 많거나 크지 않다.

양서류 배아의 내부적 발생

모든 복잡한 동물에게 필수적인 기관계는 내부에 위치하여 피부와 종종 비늘, 뼈, 키틴으로 된 외골격, 깃털, 껍질 또는 유사한 구에 의해 보호받는다. 이러한 기관계는 배 내부에서 발생하므로 이에 대한 연구는 처음에 어려운 문제를 야기하였다. 19세기 후반에 이르러서는 보존된 배를 파라핀 왁스에 끼워 넣어 얇은 조각을 만드는 테크닉이 개발되었다. 이러한 박편이나 절제 조각을 유리 슬라이드 위에 두고 염색하여 현미경으로 연구할 수 있었다. 심지어 한쪽 끝에서 시작하여 다른 쪽 끝까지 전체 배아의 절제 조각을 만들어 일련의 박편을 만드는 것도 가능해졌다. 절편을 다시 슬라이드 위에 순서대로 놓는다면 최종 결과는 전체 배에 대한 수백 개의 절편이 나온다. 그런 후 이러한 얇은 절제 조각으로부터 전체의 내부 구조를 유추하여 인식하는 작업만 하면 된다.

일련의 절편으로 된 배는 정적인 상태로 여러 가지 구조를 형성하는 최종 부위이다. 때문에 세포가 어떻게 이동하는지에 대한 완전한 설명을 제공할 수 없다. 예를 들면, 슬라이드 관찰만으로는 원장이 어떻게 발생하는지 결정할 수 없다. 바깥으로부터 세포의 함입이 관여하는지 아니면 원장의 진행면 쪽에 새로운 세포를 형성하는지 여부를 알 수 없다.

개구리의 초기 발생 사건들을 고려해보자. 22시간에서 36시간 동안의 변화는 짙은 색을 띤 동물반구 세포가 밝은 색을 띤 식물반구 세포 아래로 자란 것으로 설명할 수 있다. 아니면 밝은 색을 띤 세포가 서서히 착색된다고 가정하면 이해가 쉽다.

어떻게 이 두 가지 가설 중 한 가지로 결정할 수 있겠는가? 일부 초기의 실험발생학자들은 점액층 막 안으로 바늘을 밀어 넣어 배 표면의 일부 세포를 죽여 답을 찾고자 했다. 그렇게 하면 보통 상처가 아주 빨리 아물기 때문에 아주 길게는 아니지만 상처 자국이 존재하는 동안만큼 그것의 움직임을 추적할 수 있었다. 이러한 종류의 실험으로 바깥쪽의 세포가 동물반구로부터 아래로 이동하는 것이 의심의 여지가 없는 사실처럼 보였다.

1920년대까지 양서류 배의 발생에 대한 실험적 분석으로 낭배 형성 동안 배의 여러 부분의 이동방향을 아주 정확하게 규명하는 것이 필요한 단계에 도달했다. 문제는 배 위의 모든 위치를 기술하고 초기 발생 과정에 걸쳐 이들의 위치를 추적할 수 있어야 한다는 점이다. 동물극으로부터 위도상의 거리와 원구배순으로부터 경도상의 거리를 결정하는 능력은 초기 낭배 표면의 어떤 위치도 정확하게 기술될 수 있다는 의미이다. 그러나 실험학자는 주어진 세포의 그룹이 낭배 형성이 시작할 때 어디에 있느냐 뿐만 아니라 이 동일한 세포가 그 후의 여러 시기에 어디에 있었는가도 알 필요가 있었다. 이들은 같은 위치에 있을까 아니면 이동하였을까?

수긍할 만한 답을 얻기 위해선 독일 발생학자 발터 포그트(Walther Vogt)의 수년에 걸친 노고 어린 관찰과 실험이 필요했다. 그는 초기 낭배의 표면에 있는 세포가 후기의 배 어디에 있는지를 보여주는 예정배역도(fate map)를 준비하였다. 즉, 낭배세포의 운명을 결정하였다.

예정배역도를 작성하는 테크닉은 다음과 같다(〈그림 78〉).

작은 접시에 왁스층을 깔고 대략 초기 낭배 크기만 한 구멍을 표면에 만든다. 아주 작은 아가(agar, 한천) 조각을 여러 가지의 무독성 생체염료로 염색한 후 구멍의 표면에 둔다. 초기 낭배로부터 바깥의 점액성 막을 제거하여 오직 난황막만 남긴다. 배를 구멍 속으로 밀어 넣고, 작고 구부러진 커버유리로 그 자리에 고정시킨다.

일부 염료가 아가로부터 확산되어 나와 배 바깥의 세포를 염색하도록 만든다. 다른 색깔의 생체염료를 사용하면 배의 개개 표지지점을 인식할 수 있어 추적이 가능하다. 염료에 노출시킨 후 배를 구멍에서 꺼내어 동물극과 원구배순을 기준으로 색깔을 가진 지점의 정확한 위치를 즉시 그린다. 그 후 동일한 배를 빈번한 간격으로 관찰하고 스케치한다.

포그트는 동물극과 원구배순을 지나는 자오선을 따라 배 위에 1에서 8까지 8개의 색깔을 띤 지점을 배치하였다. 잠시 후에 그는 일곱 번째 지점이 내부로 이동하고 여섯 번째 지점이 원구배순에 있는 것을 발견하였다(도표 A). 지점이 내부의 어느 곳으로 이동했는지 보기 위해서 배를 절개해야 한다. B의 중간에 있는 낭배에서는 1부터 4지점까지만 여전히 외부에 있다. 그러나 제 위치에 남아 있지는 않았고 C에 나타난 것처럼 후기 낭배표면의 훨씬 더 많은 부위를 포함하게끔 뻗어 있다. 포그트가 유럽산 두꺼비 봄비나토르(*Bombinator*) 초기 낭배의 예정배역도를 작성하기 위해 이러한 실험을 수백 번 해야만 했다.

발생 후반부에 외배엽을 형성할 세포인 잠정적 외배엽은 동물반구의 거의 전체를 차지한다. 두 가지 주요 구획인 잠정적 신경관과 잠정

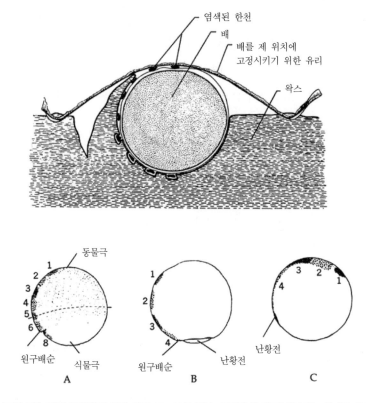

〈그림 78〉배를 염색하기 위한 발터 포그트(1925, 1929)의 테크닉(상단). 하단의 세 그림은 실험 중의 하나를 보여주고 있다. A는 지점 6 아래에 원구배순이 있는 초기 낭배이며 지점 7은 이미 함입되었다. B는 중기 낭배이며 지점 5, 6, 7, 8이 함입되었다. C는 말기 낭배이며 오직 지점 1, 2, 3, 4만 바깥에 남아 있다. A에 있던 위치와 비교하면 지점들이 상당히 퍼져 있다. 이 모든 지점들의 위치를 〈그림 79〉의 예정배역도와 비교해보시오.

적 표피의 경계면이 〈그림 79〉에 나와 있다. 전자는 궁극적으로 주로 뇌, 척수, 안구를 형성할 세포로 구성된 지역이고 후자는 초기 낭배 표면의 약 1/4을 차지하며 궁극적으로는 퍼져나가 배와 나중엔 성체를 덮을 전체 표피를 형성한다.

잠정적 중배엽은 적도지역에서 배를 둘러싸는 한 띠의 세포를 형성한다. 이것도 역시 두 개의 주요 지역으로 구성되어 있다. 원구배순 바로 위의 세포는 척삭을 형성한다. 나머지 잠정적 중배엽 세포는 연결조직과 체강의 상피세포뿐만 아니라 근육, 골격, 순환기, 생식기, 배설계를 형성한다. 잠정적 내배엽은 대부분의 식물반구를 차지한다. 이들의 세포는 소화관의 내벽과 이들로부터 유도된 구조인 간, 췌장, 방광을 형성한다.

초기 낭배의 표면에 있던 잠정적 중배엽과 내배엽의 세포는 낭배 형성 동안 모두 내부로 함입된다. 안으로 들어가는 것과 바깥에 남아 있는 것과의 구분은 〈그림 79〉에 잠정적 중배엽으로부터 잠정적 외배엽 지역을 분리하는 선으로 드러난다. 원구배순에서 시작되어 배 전체로 확장되는 점선도 주목하라. 이것이 함입지역을 표시하는 선이다.

〈그림 80〉은 동물과 식물극 및 원구배순을 포함하는 자오선으로 절단된 30시간째의 낭배절편이다. 대부분의 척삭세포는 원구배순 주위를 감싸 안아 작은 원장의 지붕을 형성한다. 47시간째 배에서 낭배 형성이 끝나고 신경주름이 형성되기 시작했을 때, 배 세포층은 자신들의 최종적인 위치를 갖는다(〈그림 81〉). 외배엽은 전체 외부표면을 덮는다. 중추신경계를 형성하는 위치는 등 부분이고 나머지는 표피가 된다. 중배엽은 원장의 지붕에 있는 척삭을 형성하며 몸 전체 주위로 퍼져 있다. 이 시기의 배 절단면이 〈그림 82〉에 나타나 있다. 〈그림 74〉의 전체 배에서처럼 등 쪽에서 신경주름을 볼 수 있다.

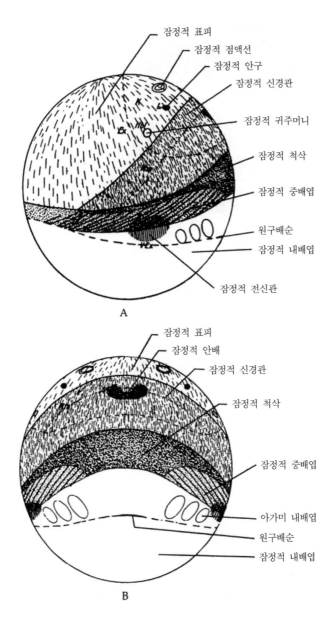

잠정적 표피

잠정적 점액선

잠정적 안구

잠정적 신경관

잠정적 귀주머니

잠정적 척삭

잠정적 중배엽

원구배순

잠정적 내배엽

잠정적 전신관

A

잠정적 표피

잠정적 안배

잠정적 신경관

잠정적 척삭

잠정적 중배엽

아가미 내배엽

원구배순

잠정적 내배엽

B

〈그림 79〉 포그트가 작성한 봄비나토르에 대한 예정 배역도(1929).

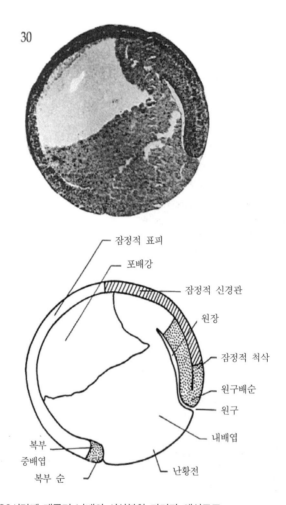

30

잠정적 표피

포배강

잠정적 신경관

원장

잠정적 척삭

원구배순

원구

내배엽

복부
중배엽

복부 순

난황전

〈그림 80〉 30시간째 개구리 낭배의 시상봉합 단면과 해석도표.

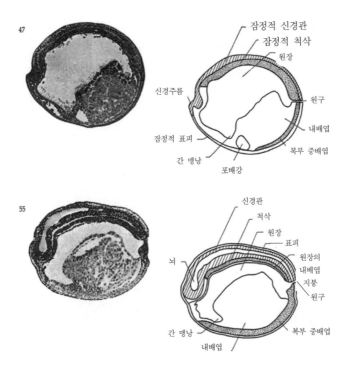

〈그림 81〉 47시간째와 55시간째 신경배의 시상봉합 단면(왼편)과 해석도표(오른편).

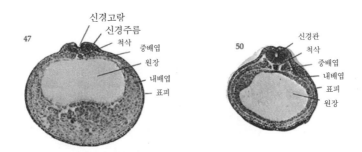

〈그림 82〉 중기와 말기 신경배의 단면. 50시간째 배아에서는 아주 큰 원장이 보이는데 이것은 소화관과 간, 췌장, 배신경관, 척삭 등 관련된 기관이 된다. 3개의 배아층이 명확하게 나타나 있다. 신경관과 표피가 외배엽을 대표하며 척삭과 표피 바로 밑의 배아를 둘러싸는 한 띠의 세포가 중배엽을 대표한다. 이 층이 근육, 배설계와 순환계, 골격을 형성한다. 원장의 두꺼운 벽이 내배엽이다.

〈그림 74〉와 〈그림 75〉의 전체 배와 〈그림 81〉과 〈그림 82〉의 절단된 배에서 나타나 있듯이 몇 시간 후 신경주름은 닫힌다.

　〈그림 83〉에 80시간째 배에서 내부 구조의 분포가 나타나 있다. 머리의 절단면은 신경관이 확장되어 뇌를 형성하였으며 측면 복부로부터 안구가 자라 나온 곳을 보여준다. 안배는 눈에서 빛을 감지하는 부위인 망막을 형성한다. 안배와 인접한 표피는 수정체와 각막을 형성한다. 아주 앞쪽의 절편에 척삭은 나타나 있지 않는데 〈그림 81〉을 보면 이유가 드러난다.

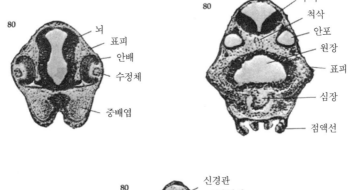

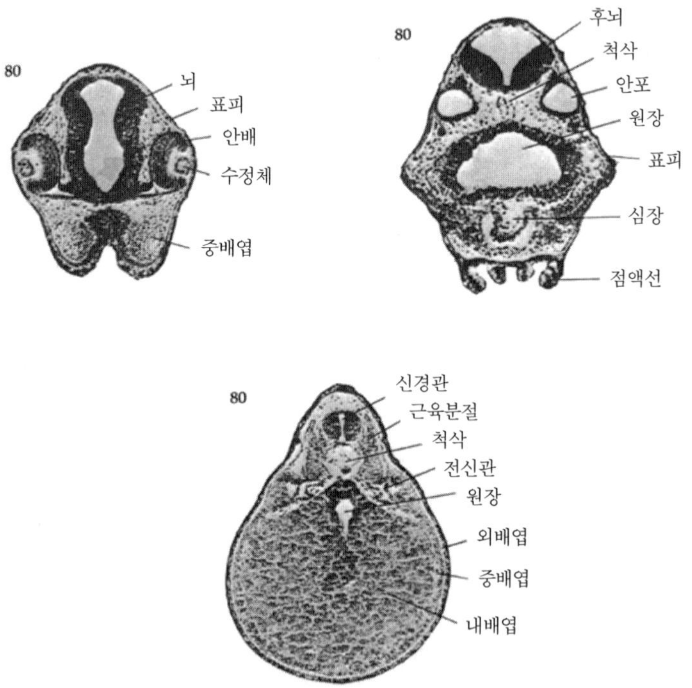

〈그림 83〉 안배, 귀주머니, 몸통지역이 담긴 꼬리 눈 배의 단면. 안배와 수정체는 눈을 형성하며 귀주머니는 귀의 일부가 된다. 배아의 첫 번째 신장인 전신관이 몸통의 종단면에 나타나 있다.

동일한 배를 심장 지역에서 절단한 절편은 추가적인 구조를 보여준다. 이 수준에서 신경관은 능뇌로서 연수를 형성한다. 바깥의 외배엽으로부터 귀주머니가 발달하여 내이로 분화된다. 심장은 원장 아래에서 가냘픈 관으로 형성된다. 그 주변을 둘러싸는 빈 공간이 심낭으로 체강의 일부가 된다. 몸 중간 부위의 단면은 배설기 발생 과정에서 첫 번째 단계인 전신관을 보여준다. 신경관과 척삭 양쪽 편의 중배엽은 근절 또는 체절로 분화되고 이것이 수의근과 골격의 일부를 형성한다. 더 복부 쪽의 중배엽은 궁극적으로 길이를 따라 갈라지며 이렇게 형성된 빈 공간은 체강이 된다.

　　양서류 배의 초기 발생에 대한 이 간략한 개관은 1850년대를 시작점으로 분화를 설명하기 위해 시도되었던 실험을 이해하는 근간이 된다. 어떤 일이 벌어지는지를 훑어보았기에 이제 어떻게 일어나는지를 이해하려고 노력할 수 있다.

제21장

분석발생학의 여명기

조지 뉴포트(George Newport, 1802~1854)는 배에 관한 최초의 실험을 수행한 것으로 인정받는다. 그는 정자의 유입 지점이 발생 중인 배의 축을 결정한다는 것을 밝혔다. 뉴포트는 주로 수정과 수정에 영향을 미치는 요인들에 관심을 가졌다. 처음에 그는 개구리의 난자를 연구했는데, 배종소체(*germinal vesicle*)의 분해에 주목했으며 난자가 체강을 거쳐 수란관으로 이동되는 경로와 자궁에 보관되는 것을 기술하였다. 그는 난자가 수란관을 지날 때 퇴적하는 점액층이 수정에 필요하다는 것을 발견했다. 그는 수컷으로부터 정자를 빼내어 수정에 대한 정자의 농도와 운동성의 관계에 대해 많은 실험을 하였다. 그는 여러 가지 온도와 화학용액이 수정에 미치는 영향을 알아내려고도 노력하였다.

처음 그는 정자가 실제로 난자 안으로 들어가는 것을 제시하는 다른 보고뿐만 아니라 자기 자신의 관찰도 받아들이지 않았다. 그러나 결국 이를 받아들였고 이제는 일반적으로 이 근본적인 현상에 대해 결정적인 증거를 제공한 최초의 사람으로 여겨진다.

개구리의 수정란은 정자 한 개와 비교하면 엄청난 크기의 구형이다. 따라서 (현미경에서 보면) 아주 작은 접합점을 찾기 위해 엄청난 표면을 뒤지는 것이기에 정자의 침투를 관찰할 가능성은 낮았다. 뉴포트는 난자의 유입점을 조절함으로써 이 문제를 성공적으로 해결했다. 그는 정자의 현탁액을 준비하여 핀 끝을 그 현탁액 속에 담갔다. 그런 후 현미경을 통해 보면서 핀을 부드럽게 점액의 막에 접촉시켰는데 정자가 난자를 관통하여 안으로 들어갔다고 확신했다.

뉴포트는 또한 발생 중인 배아를 한 장소에 고정할 작은 유리 용기 (cell) 를 만들었다. 배아를 고정시키는 기술로 말미암아 뉴포트는 후기 배에서 발생하는 극성에 대해 아주 중요한 관찰을 할 수 있었다.

> 관찰 1 — 나는 지금 막 첫 번째로 분열한 난자를 집어 점액층이 완전히 확장되었을 때 이것을 겨우 담을 수 있는 크기의 유리용기에 넣고 물로 채웠다. 등 부분이 보통처럼 가장 위로 나오게 했는데 그 결과 전체 표면이 내 눈 아래에 놓여 현미경으로 변화를 관찰할 수 있었다. 나는 난황의 첫 번째 난할 홈에 평행하게 용기를 지탱하는 유리판을 선으로 표시했다. 그리고 세로 홈(난할 홈)의 끝 위치를 다르게 표시했다. 전체를 화씨 60 (섭씨 15 정도)에서 배양하였다. 등판(신경릉)이 닫힐 시기에 배의 축과 첫 번째 홈의 선이 정확히 일치하는 것을 발견하였다.

> 반복하여 관찰하였다.

> 3월 14일. 여덟 번의 경우에서 모두 몸의 축은 대략적으로 세로 홈과 정확하게 같은 선상에 놓여 있었다. 다섯 번의 경우에는 정확하게 같은 선상에 있었고 한 경우에는 왼편으로 약 5도, 다른 경우에는 왼편으로 약 3도, 그리고 나머지 한 경우에서는 주어진 선에서 더 왼편에 있었다(뉴포트, 〈영국왕립학회지〉, 1854, 144: 241~242).

이제 배의 축이 조절될 수 있다는 것을 보여주는 놀라운 실험이 등장한다.

인위적 수정에서 난황의 첫 번째 난할 홈의 방향에 영향을 미치는 정자의 힘에 관하여. 난자에 대한 정자의 영향과 관련하여 나는 정자를 난자 표면의 다른 부위에 인위적으로 주입하는 것이 난황의 첫 번째 난할 홈의 위치에 영향을 미치는지 여부를 알아보려고 결심했다. 유사한 실험을 각 다른 시기에 네 번 반복했는데 그 결과 난황의 첫 번째 난할 홈이 인위적으로 정자가 주입된 지점과 동일선상에 있으며 어린 개구리의 머리가 동일한 지점으로 방향을 잡는 것을 보여주었다(1854: 242~243).

1854년에 뉴포트는 런던 근처의 늪지대로 채집여행을 간 후 병으로 사망했다. 그는 정자의 유입 지점과 첫 번째 난할면, 그리고 배의 일차 축에 대한 인과관계를 확립했을 뿐만 아니라 그 상관관계도 조절할 수 있었다. 이렇게 아주 근본적인 방식으로 발생을 조절할 수 있게 한 기술로 말미암아 분화에 대한 실험적인 분석이 가능해졌다. 의미 있는 질문을 하기 시작하자 그에 대한 답을 얻을 수 있다는 희망이 생겼다.

실험과학에서 획기적인 돌파구는 종종 탐구하려는 문제와 별로 관련이 없는 관찰 결과로부터 나온다는 사실에 주목해야 한다. 뉴포트는 처음에 주로 수정에 관심을 가졌다. 정자의 유입 지점을 관찰하려고 그가 제작한 튜브 모양의 셀(tube-cell)은 배를 고정 위치에 붙잡아 둘 수 있었다. 그러나 이 동일한 실험장치가 다른 방식에도 이용가치가 있는 것으로 드러났다. 때문에 그는 정자의 유입 지점과 첫 번째 난할, 배의 축을 연관시킨 관찰을 할 수 있었다.

완전하진 않지만 이제 실험적인 분석발생학의 시대가 오게 되었다.

뉴포트의 주목할 만한 발견은 몇 십 년 동안 더 이상 진보하지 못했다. 얼마 후 다윈이 발생학자의 관심을 끌기는 했지만 그 후 10년간 실제 실험에 대한 관심은 별로 없었다. 1870년대에 들어서 발생에 대한 실험적 분석에 더 많은 연구자가 몰려들자 문제를 다시 정의할 필요가 생겼다. 이 문제는 윌슨이 잘 진술했다. 비록 다음의 인용문은 1900년에 쓰인 것이지만 불과 20년 전의 것과 거의 동일한 견해가 기술되어 있다.

> 유전과 발생에 대한 모든 논의는 생식세포가 모체를 구성하는 조직의 어느 세포와도 본질적으로 유사한 단일 세포라는 사실에 출발점을 두어야 한다. 세포는 그 종의 유전적 유산의 총합을 지니고 있으며 며칠 또는 몇 주 후에 연체동물이나 사람으로 발생되는 것이 생물학의 가장 큰 경이에 속한다. 여기에 관여하는 문제를 분석하려 시도할 때 헉슬리가 주장한 것처럼 우리는 시작부터 생식세포의 경이로운 생성 에너지는 원래부터 일부였던 부모의 생명에서 나온 유산으로서 난자에 선천적으로 존재한다는 사실에 확고한 바탕을 두어야 한다. 배 발생은 새로운 것이 아니다. 여기에는 연속성이 깨지는 단계가 포함되지 않으며 부모의 몸체에서 진행되는 생명에 필요한 과정이 지속된다. 발생의 경이로운 특성은 이것이 진행되는 신속성과 그렇게 짧은 기간 동안 달성되는 결과의 다양성으로 나타난다.
>
> 이렇게 근본적인 사실을 파악했을 때 우리가 가진 수단을 진짜 문제의 연구에 집중할 수 있다. 성체의 특성이 어떻게 생식세포에 잠재적으로 들어 있는가? 그리고 발생이 진행되면서 어떻게 이들이 겉으로 드러나는가? 이것이 세포의 모든 연구의 배경에 깔려 있는 최종 질문이다. 이 문제에 접근하는 데 솔직하게 우리의 무지를 고백하는 것이 나을지도 모른다. 왜냐하면 현미경이 밝혀낸 모든 사실에도 불구하고 우리는 수수께끼의 벽을 뚫지 못했고 유전과 발생은 그리스인들에게 커다란 수수께

끼였던 것처럼 근본적인 면에서 여전히 우리에게도 커다란 수수께끼로 남아 있다. 발생의 진정한 문제는 잘 정돈된 순서와 전형적인 결과에 대한 현상들의 상관관계이다. 우리는 이것이 생식세포의 조직화 때문이라는 결론에서 벗어날 수 없다. 그러나 더 나은 용어가 없는 탓에 우리가 "조직화"(*organization*)라고 부르는 것의 본성은 의심의 여지없이 오랫동안 거의 전체가 어둠 속에 남을 것이다(《유전과 발생에서의 세포》, 1900: 396~397).

그런데도 조직화에 대해 일부나마 이야기할 수 있다. 윌슨이 강조했듯이 난자는 부모의 일부이므로 난자의 조직화는 부모의 조직화 과정의 일부이다. 따라서 난자는 부모의 "무엇"(*something*)을 갖고 있다. 그 고유의 무엇이 단일 세포인 접합자 내에 담겨 있기에 문제는 접합자를 성체로 전환시키는 메커니즘을 발견하는 것이다.

히스(His)와 루(Roux)의 모자이크 발생

1874년에 윌리엄 히스(William His, 1831~1904)는 많은 흥미와 실험을 자극했던 생식세포의 구획화(*germinal localization*)라는 가설을 제안했다. 그는 주로 병아리의 배를 연구했는데, 그의 문제는 영원히 지속된 문제로 "만일 병아리의 몸체가 생식세포에 미리 형성되어 있지 않다면 무엇이 형성되어 있는가?"였다. 그는 만일 몸의 부위가 미리 형성되어 있지 않다면 그 부위를 만드는 어떤 것이 발생의 초기에 존재한다고 제안했다.

한편으로 배반엽(*blastoderm*)의 배아 지역에서 모든 지점이 차후의 기관이나 기관의 부위를 나타내야만 하며 다른 한편으로는 배반엽으로부터 발생한 모든 기관은 편평한 배반(*germ-disc*)의 명확히 지정된 지역에서 그곳에 해당되는 미리 형성된 원기를 갖는 것이 명백하다. 원기의 재료는 이미 편평한 배반에 존재하지만 아직 형태적으로 표시되어 있지 않아서 직접 인식할 수는 없다. 그러나 발생을 거꾸로 추적해감으로써 그런 모든 원기의 위치를 심지어 형태학적 분화가 완전하지 않거나 일어나기 전의 시기에도 결정할 수 있을 것이다. 논리적으로 이 과정을 수정란으로, 심지어 미수정란으로까지 확장할 수 있다. 이 원리에 따르면 배반은 편평한 면에 퍼져 있는 기관의 원기를 함유하며 역으로 배반의 모든 지점은 차후의 기관에서 다시 나타난다. 나는 이것을 기관 형성 원기지역의 원리라고 부르겠다(윌슨, 1900: 398).

윌슨이 히스의 논문을 번역한 이 글에서 "생식"(*germ*)이라는 용어는 두 가지 방식으로 사용되었는데 하나는 "배반"(*germ-disc*)처럼 난황의 표면에 있는 배아 지역을 의미하며 다른 하나는 기관의 형성에 필요한 물질을 말한다. 후자의 경우 나는 뜻을 분명히 할 목적으로 그 용어를 "원기"(*primordia*)로 교체했다.

히스의 가설이 왜 중요하다고 여겨졌는지 오늘날에는 이해하기 힘들 수도 있다. 더 성숙한 배와 성체의 부위가 접합자의 물질로부터 나온 것을 예상할 수 있지 않았을까? 다른 어떤 가능한 원천이 있을 수 있었는가? 그러나 히스는 어떤 다른 것을 말하고 있었는데, 즉 난자의 조직화가 배와 성체 부위의 발생을 담당하는 — 아마도 미지의 물질적인 — 인자들의 구획 지정으로 구성되어 있다는 것이다. 따라서 접합자는 완전히 조직화되지 않은 원형질 덩어리로 여겨져서는 안 되며 힘이나 비물질적인 조직화 인자가 아닌 분화에 꼭 필요한(*sine quo non*)

어떤 물질(*substance*)을 갖는 것으로 여겨져야 한다. 그는 주의 깊은 관찰로 반세기 후에 양서류의 배로 포그트가 이룩한 바와 거의 마찬가지로 병아리 배의 예정배역도를 만들 수 있다고 제시하였다.

히스는 기관 형성 원기지역의 "원리"(*principle*)라고 말했지만 "가설"이 더 나은 용어였을 것이다. 그는 제안을 했지 증명하지는 않았기 때문이다. 그렇다고 하더라도 그의 가설은 난자의 조직화를 생각해볼 유용한 방법이었으며 루와 다른 이들에게 실험적인 접근법을 제시해 주었다.

분석발생학(*Entwicklungmechanik*)은 빌헬름 루(Wilhelm Roux, 1850~1924)의 손에 의해 제대로 된 실험적 프로그램이 되었다. 그는 독일의 생물학자로 뛰어난 재능을 가진데다 활발하고 거리낌 없으며 헌신적인 과학자였는데, 그의 유명한 스승인 에른스트 헤켈이 있는 독일에서도 이름을 날렸다. 루의 주요 가설은 많이 변형되어야 하고 실험의 대다수에서 결점이 드러났지만 명석함과 인내심을 무기로 실험발생학이 제대로 발전하도록 만든 질문을 제기하였다. 그는 실험발생학에 주안점을 둔 최초의 중요한 저널로 1894~1895년에 시작하여 오늘날까지도 출간되는 〈빌헬름 루의 실험발생학을 위한 논문집〉(*Wilhelm Roux's Archiv für Entwicklungmechanik*)을 처음 만들었고 수년간 편집자로 일했다.

같은 독일인인 아우구스트 바이스만과 함께 루는 연역추론을 만들 수 있고 관찰과 실험에 의해 검증될 수 있는 최초의 분화에 대한 중요한 가설을 개발하였다. 이른바 '루-바이스만 가설'로 보통 "이론"(*theory*)이라고 불리는 이 가설은 주로 루 자신의 관찰과 실험에 대한 해석에다 바이스만의 이론적인 보완에 바탕을 둔 것이다. 다음에 논의될 루의 주요 논문은 1888년에 출간되었다. 루는 몇 가지 근본적인 질문을 제기하였다.

다음의 연구조사는 자가분화의 문제를 해결하려는 노력을 나타낸다. 수정란이 전체 또는 개별적인 부위에서 독립적으로 발생할 수 있는지의 여부와 있다면 어느 정도까지 발생하는지를 결정하려고 한다. 아니면 역으로 정상적인 발생이 수정란에 있는 환경의 직접적인 형성적 영향을 통해서인지, 난할에 의해 서로 분리된 난자 부위의 분화 시 상호작용을 통해서 발생하는지를 결정하려고 한다(윌리어와 오펜하이머, 《실험발생학의 기초》, 1964: 4).

그의 첫 번째 질문인 난자의 발생에 환경으로부터의 특정 자극이 필요한지 여부를 묻는 것은 오늘날 우리에게 이상하게 보인다. 1880년대에는 그렇지 않았다. 식물학자들은 식물의 생장과 분화에 미치는 환경의 많은 다양한 영향을 기술하고 있었다. 빛은 엽록소의 형성, 생장 속도와 패턴, 잎의 탈리 여부 등을 비롯하여 외견상 식물이 하는 모든 일에 뚜렷한 영향을 미쳤다. 중력, 온도, 바람, 습도, 토양의 화학성분도 모두 식물의 생장과 발달에 영향을 미쳤다. 루는 개구리 배를 끊임없이 회전시켜 중력, 빛, 열, 자기력 등이 일정한 방향에서 영향을 미치지 못하도록 하여 배가 이러한 환경요인들에 의해 유사하게 영향받는지를 결정하려고 시도했다. 배는 완벽하게 정상적으로 발생했다.

이로부터 우리는 발생 중인 난자와 배의 전형적인 구조 형성에 이러한 외부 매체의 형성적인 영향이 필요치 않으며 이런 의미에서 수정란의 형태적인 발생은 자가분화로 여길 수 있다는 결론을 내릴 수 있다(윌리어와 오펜하이머, 《실험발생학의 기초》, 1964: 4).

전체로서 배의 발생에 대한 자신의 질문에 대한 답을 얻고 난 후 루는 각 부위에 대해서도 동일한 질문을 묻고자 하였다. 그가 그런 질문을 할 수 있었다는 사실 자체는 자신의 연구뿐만 아니라 그보다 앞선 이들과 자신과 동시대인들의 다른 연구들 덕분이었다. 우리는 이런 과학 연구의 가장 중요한 면을 잊어서는 안 된다. 어느 시기라도 던질 수 있는 질문은 그 분야의 상황과 관련이 있는데 그것은 다른 이들이 어떤 과학자의 연구에 대한 토대를 마련해 놓았다는 뜻이다. 예를 들면, 1880년대에는 세포학 분야에서 특히 염색체에 대해 새로운 흥분할 만한 발견들이 나왔다. 게다가 발생에 대한, 특히 분화가 배의 구조에 대한 결정인자의 존재에 달려 있다는 히스의 가설과 같은 엄청난 양의 정보를 이용할 수가 있었다. 이 정보는 일반적인 것으로 다음 날 아침 루가 실험실에 갔을 때 무엇을 해야 할지를 제시하지는 못했다. 그러나 그가 알게 된 일부 아주 특정적인 사실로 말미암아 만일 성공한다면 오랜 숙제인 분화의 원인에 대한 커다란 실마리를 제공할 매우 인상적인 실험이 가능하게 되었다.

루는 개구리 배의 초기 발생과 관련된 어떤 매혹적인 규칙을 발견했다고 보고했다. 첫째는 첫 번째 난할면이 신경배와 후기 배의 중심면과 일치한다. 다른 이들이 경골어류나 멍게류(ascidian) 처럼 아주 다른 배에서도 이 사실이 맞는 것을 밝혔기 때문에 이 규칙이 널리 적용될 가능성도 있었다. 뉴포트는 루가 그랬듯이 오래전에 이 사실을 알아냈다. 그러나 1854년에는 이 사실이 어떻게 도움이 되는지 전혀 몰랐기 때문에 뉴포트의 발견에 대해 아무도 주목하지 않았다. 이 분야는 "준비된"(ready) 상태가 아니었다.

루는 대다수 부분에 대해 정자의 유입 지점과 첫 번째 난할면, 개구리 배의 미래 극성과의 관계에 대한 뉴포트의 발견을 확인했다. 그러나 루는 또 다른 관계를 발견했는데, 수정 후 얼마 지나지 않아 정자유 입지점의 반대편인 동물반극 하단 부위에 있는 넓은 초승달 모양의 지역이 일부 짙은 색소를 잃고 회색신월환이 된다는 사실이다. 회색신월환은 기껏해야 몇 번의 난할 동안에만 남아 있다. 배를 고정된 위치에 둠으로써 루는 회색신월환이 있던 곳에 원구의 배순이 나타나는 것을 알게 되었다.

따라서 다음과 같은 관계가 있는 것처럼 보였다. ① 정자는 난세포로 들어간다. ② 회색신월환이 정자의 유입 지점에서 180 방향에서 형성된다. ③ 첫 번째 난할면은 정자의 유입 지점과 동물극의 중선방향이다. ④ 첫 번째 난할면은 회색신월환을 반으로 나눈다. ⑤ 회색신월환이 있었던 곳에 배순이 형성된다. ⑥ 배의 전후 축은 배순과 관련하여 형성된다. 신경릉이 형성되면 원구는 뒤쪽 말단에 생긴다. 따라서 첫 번째 난할면은 배를 오른쪽 반과 왼쪽 반으로 나누게 된다.

루는 히스의 가설을 검증할 가능성을 찾았다. 왜냐하면 배의 각 부위 형성에 원기가 절대적으로 필요하다면 논리적으로 다음과 같은 추론이 나오기 때문이다.

만일 원기의 일부가 파괴된다면 배는 여전히 어느 정도까지 발생하지만 정상적으로는 파괴된 원기에 의해 결정되는 구조가 없어야만 한다.

원기는 가상의 구조였기 때문에 동정하여 조작하기가 불가능했다. 그러나 루는 간접적으로 그 목적을 달성하려고 했다. 여기에는 추가적인 가설과 다음의 추론이 관여된다.

만일 첫 번째 난할면이 배를 오른쪽 반과 왼쪽 반으로 나누면 각각의 반구는 자신의 특정 반구에 필요한 원기를 갖고 있어야만 한다. 따라서 2

세포 단계에서 한 세포를 파괴하면 몸체의 반에 대한 원기를 파괴해야만 한다.

여러 가지 방법을 시도한 결과 루는 뜨거운 바늘을 사용하여 2세포 단계의 한 세포를 파괴하였다.

나는 바늘을 가열된 놋쇠로 된 볼에 갖다 대어 가열했는데 가열이 필요하면 볼을 가열했다. 이 경우에 한 개의 구멍만 뚫었는데 바늘은 보통 맑은 갈색의 난자 물질이 뚜렷이 주변에 나타날 때까지 난자에 꽂아둔 상태로 남겨 두었다. 이제 더 나은 결과를 얻었는데 다음과 같다. 시술한 난자의 약 20%에서 파손되지 않은 세포만 살아남았다. 반면에 대다수는 완전히 파괴되었으며 아주 소수는 정상적으로 발생이 일어났는데 아마도 시술 전에 바늘이 이미 너무 식었기 때문인 것 같다. 따라서 100개가 넘는 반쪽이 파괴된 난자를 발생시켜 보존했는데 이 중 80개를 완전히 절단하였다(윌리어와 오펜하이머, 《실험발생학의 기초》, 1964: 9).

처리하지 않은 세포가 살아남은 20%의 난자에서 여러 가지 결과가 예상될 수 있다.

예를 들면, 비정상적인 과정이 끼어들어 이상한 구조가 생길 수 있다. 또는 많은 저자들에 따르면 난자의 반쪽은 결국에는 난할 전의 핵과 질적으로는 동등한 핵을 가진 완전한 세포이기에 그만큼 크기가 줄어든 정상적인 개체로 발생할 수 있다. 그런데 더 놀라운 사실이 벌어졌다. 한 개의 세포로 된 반쪽은 많은 경우에 처리한 난자의 반쪽과 바로 근접한 지역에서만 약간의 변이를 보이는, 일반적으로 정상적인 구조인 반쪽 배로 발생되었다(윌리어와 오펜하이머, 《실험발생학의 기초》, 1964: 12).

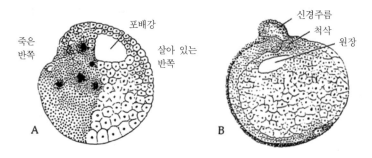

〈그림 84〉 개구리 배의 2세포 단계에서 한 세포를 죽인 후 얻은 반쪽 배아를 그린 빌헬름 루(1888)의 그림. A에는 죽은 반쪽이 남아 있다. B에서는 죽은 반쪽을 떼어냈다.

〈그림 84〉는 일부 결과를 보여준다. 배 A에서는 왼편 할구가 죽고 오른편 할구만 생존하여 반쪽 포배가 형성되었다. 배 B에서는 오른편 할구를 죽인 후 나중에 떼어냈다. 살아 있는 쪽은 단일 신경릉과 척삭에서 배의 왼쪽 편 주변으로만 확장된 중배엽층을 가진 배를 생산했다. 구멍이 반쪽인 것을 인식하기는 어렵지만 반쪽 원장이라고 볼 수 있는 것도 존재했다. 어떻게 결론을 내려야 할까?

일반적으로 이런 결과로 보아 첫 번째 두 개의 할구는 각각 다른 것과 독립적으로 발생할 수 있으며 따라서 정상적인 상황에서 독립적으로 발생한다고 추론할 수 있다. 이 모든 것은 이전에 이미 우리가 간파했던 사실인 발생 과정이 모든 부위나 아니면 난자 핵의 모든 부위의 상호작용의 결과가 아니라고 여길 수 있다는 것을 재확인시킨다. 우리는 여기서 그러한 분화과정상의 상호작용 대신 첫 번째 할구와 배의 지정된 부위로 변하는 할구에서 유도된 복합체의 자가분화를 보게 된다. 개구리 포배와 배의 발생은 처음부터 갖고 있던 것으로부터 일어나며 두 번째 난할부터는 독립적으로 발생하는, 적어도 수직으로 갈라진 4개의 조각으로 된 모자이크와 같다(월리어와 오펜하이머, 《실험발생학의 기초》,

1964: 25~28).

루는 나중에 모자이크 발생(mosaic development)이라는 가설을 세웠다. 〈그림 85〉는 루의 해석에 대한 그림이다. 이 그림은 "독립적으로 발생하는 적어도 수직으로 갈라진 네 조각으로 된 모자이크"를 만드는 결정인자가 분리되는 것을 보여주고 있다. 이러한 결과는 추론에 대한 극적인 검증으로 받아들여져 결정인자가 구획화되어 있다는 루의 가설은 물론 분화에 필요한 결정인자가 존재한다는 히스의 가설을 더욱 가능성이 높도록 만들었다.

급속히 발전하던 실험발생학 분야에서 루가 1888년에 제시한 가설의 중요성은 매우 중요하다. 그러나 과학계에서 중요한 아이디어는 받아들여지기 전에 다양한 방법으로 다른 과학자들에 의해 시험되어야만 한다. 그러한 요건으로 말미암아 잘못된 가설과 실험이 제거될 수있다. 적어도 10년 이상 무대의 중심에 섰던 루의 아이디어는 궁극적으로 변형되어야만 했다. 루 역시 문제를 알고 있었다. 반쪽 배가 신경배 단계까지 발생함으로써 가설이 옳다고 확인된 것처럼 보이지만 일부 반쪽 배는 점차 전체 배를 형성하였으며 이 현상은 당연히 아주 실망스러웠다. 루는 이것을 후발생(postgeneration)이라고 불렀다.

후발생에 대한 가장 단순한 해석은 한쪽 편의 결정인자가 파괴되지 않았다는 것이다. 2세포 단계에서 각각의 세포는 자신의 반쪽에 대한 결정인자만을 갖고 있다고 가정했다. 확실히 신경배 단계까지의 발생은 시술한 쪽의 결정인자가 파괴된 것을 암시하고 있다. 그렇다면 이들이 다시 "살아나서"(come to life) 전체 배를 생산할 수는 없을 것이다. 그런데도 이들이 없이는 후발생이 불가능하기 때문에 어떤 식으로든 보존되었음에 틀림없다.

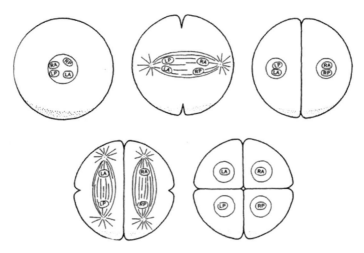

〈그림 85〉 난할과정 동안 결정인자의 분리를 설명하는 루의 개정된 가설에 대한 그림. LA = 전반부 좌측 결정인자; RA = 전반부 우측 결정인자; LP = 후반부 좌측 결정인자; RP = 후반부 우측 결정인자.

    루는 후발생을 설명할 수 있는 보조적인 가설을 세웠지만 그렇게 했다는 사실 자체가 그의 원래 가설을 크게 약화시켰다. 사실상 그는 두 가지 종류의 결정인자가 존재한다고 주장했다. 주 종류는 세포분열 시에 질적으로 나뉘는 결정인자로서 배의 기관과 부위를 규정하였다. 게다가 다른 종류의 결정인자가 예비용으로 남아 있다. 이것은 양적으로 나뉘어져 완전한 세트의 결정인자가 온전하게 유지되었다. 발생의 후기에서 만일 일부가 소실되면 이 예비용 세트는 그곳에서 완전히 재생시킨다. 이 기계장치의 신(*deus ex machina*, 고전극에서 다급할 때 등장해서 돕는 신으로 위급할 때 도와주는 해결책을 의미함 — 역자)에 의한 해결책이 가치 없는 것은 아니다. 이것은 원래의 가설을 살리기 위해 제안된 것이라서 이것을 검증하기 위한 실험을 고안하는 것이 불가능해 보인다. 루 자신도 후발생 없이 2세포 단계에 있는 하나의 세포로부터 전체 배가 발생하는 것을 알게 되었을 때 원래의 가설을 의문스럽게 만든 일부 실험 결과를 보고했다.

드리슈와 조절발생

루의 발생 논문이 나온 지 4년 후 한스 드리슈(Hans Driesh, 1892)는 성게 배를 사용하여 루의 모자이크 발생 가설의 진위를 확인하려 했다. 루가 그랬던 것처럼 그도 역시 히스의 기관 형성 원기지역이 존재한다는 가설로 시작하였기에 2세포 단계의 세포를 분리하려고 시도했다. 두 세포 중의 하나를 죽이는 대신에 드리슈는 소량의 해수가 담긴 작은 시험관에 100개의 배를 넣고 5분 남짓 동안 시험관을 격렬하게 흔들었다. 일부 2세포 단계의 배에서 막이 터져 깨진 세포를 분리하였다.

　이들이 어떻게 발생할까? 첫 번째 검사는 난할단계에서 이뤄질 수 있다. 정상적인 배에서 처음 두 번의 난할면은 수직 방향이고 세 번째는 수평 방향이다. 그러나 네 번째 난할은 아주 다르다. 4개의 동물반극 세포는 거의 균등하게 나뉘지만 4개의 식물반극 세포는 아주 불균등하게 나뉘어져 4개의 대할구(macromere)와 4개의 소할구(micromere)가 생긴다. 2세포 단계의 분리된 할구가 소할구를 만들 수 있을까? 그렇다면 어떤 분열에서 생길까? 만일 이들이 발생이 시작된 정상적인 전체 배로 행동한다면 소할구는 네 번째 분열에서 형성될 것이다. 만일 이들이 여전히 전체 배의 일부로 행동한다면 소할구는 세 번째 분열에서 형성될 것이다(분리된 세포는 물론 이미 첫 번째 분열을 거쳐 떨어져 나온 것이다). 드리슈는 처음 두 번의 난할이 동일하여 꼭 정상적인 배의 반으로 보이는 4개의 세포를 만든 것을 알게 되었다. 분리된 세포의 세 번째 난할은 소할구를 생산했는데 이 결과는 정상적인 16개 세포로 된 배의 반과 동일했다.

지금까지는 분리된 세포가 히스와 루가 예측한 그대로 행동했다. 사실상 이들은 모자이크 발생을 계속하여 반쪽 포배, 즉 한쪽 면이 열린 컵을 닮은 모양을 형성했다. 이 일이 첫날 저녁에 벌어졌고 실험용 배를 하루 종일 관찰한 까닭에 드리슈는 그만 잠자리에 들었다. 정상적인 배는 포배 형성을 거쳐 플루테우스 유충으로 발생하는 것을 알지만 내일 어떤 일이 벌어질까? 그가 검사해보니 크기가 작은 점을 제외한 일부 배가 정상적인 플루테우스 유충을 형성한 것을 알게 되었다. 표면적으로 드리슈는 이 발견에 기뻐하는 대신에 깜짝 놀랐다. 그에게는 이 발견이 "확고히 정립된 것으로 여겨진 경로에서 거의 뒤로 물러선 것"처럼 보였다.

이런 결과를 어떻게 설명할 수 있을까? 드리슈는 개구리가 결국 성게가 아니기 때문이라고 제안했다. 그 답이 적절하지 않게 보였기 때문에 아마도 이 차이는 루가 2세포 단계에서 정말로 할구를 "분리하지"(isolated) 못한 탓이라고 그는 생각했다. 루는 한 세포를 죽였지만 살아 있는 다른 세포와 접촉한 상태로 남겨두었다. 아마도 죽은 세포가 억제효과를 가질 수도 있다. 그의 추측은 옳았다. 왜냐하면 1910년에 맥클렌돈(McClendon)은 개구리 배의 2세포 단계에서 피펫으로 흡입하여 한쪽 세포를 제거하였는데도 작지만 정상적인 유충이 생기는 것을 발견했다.

드리슈의 결과를 어떻게 해석해야 할지 매우 어려웠다. 2세포 단계의 세포가 함께 남아 있을 때 각각은 더 나이 든 배의 반쪽을 만든다. 그런데도 세포가 서로 분리되었을 때는 각각이 정상적인 플루테우스 유충을 형성한다. 전체 배가 구성원 부분에 대해 어떤 포괄적인 조절을 미친다고 가정해야만 했다. 즉, 배는 독립적으로 자가분화를 하는 부위로 된 완전한 모자이크가 아닌 것이다. 따라서 드리슈는 동등한 힘을 가진 세포에 대한 전체 배의 어떤 조화로운 조절이 존재해야만 한다고 가정했다. 성게 배는 "조화적인 등퍼텐셜 시스템"(*harmonizing equipotential system*)인 것이었다.

그러나 이것은 순수하게 모자이크 패턴 식으로 발생하는 것처럼 보이는 일부 다른 무척추동물의 배에서는 사실이 아닌 것으로 드러났다. 유즐동물(*Ctenophora*, 빗해파리류—역자)은 유리처럼 투명한 몸체를 가진 아름다운 메두사 모양의 해양 무척추동물이다. 이들은 8열의 즐판대에 의한 추진력으로 바다 속에서 천천히 움직인다. 드리슈와 모건을 위시한 여러 연구자들이 유즐동물 난자의 할구를 분리하였다. 드리슈와 모건(1895)은 처음 세 번의 난할이 수직 방향으로 일어나 거의 평면상에 놓인 8개의 할구로 된 8세포 단계를 거치는 빗해파리의 일종인 베로에 오바타(*Beroe ovata*)를 사용했다. 모건은 다음과 같이 결과를 요약했다.

처음 두 개의 난할을 날카로운 바늘로 서로 분리하거나 작은 가위로 절단하였을 때 각각은 마치 다른 반쪽과 여전히 접촉해 있는 것처럼 반쪽으로서 난할을 계속하였다. 유충에서 기관이 나타날 때 전체 즐판대 개수의 반만 나타났다. 그러나 각각의 즐판대는 완전한 구성원을 모두 갖추고 있었다. 분리된 1/4 할구(즉, 4세포 단계의 할구)도 역시 전체의 일부로서 분열하여 일부의 경우에는 두 개의 즐판대(정상적인 개수의 1/4)만 가진 1/4 유충으로 발생했다. 3/4배(4세포 단계의 3개 세포)는 6개의 즐판대를 발생시켰다(모건, 《개구리 알의 발생: 실험발생학 서론》, 1897: 129~130).

분리된 할구가 전체 배의 일부로 남아 있었다면 형성했을 개수의 즐판대를 가진 유충으로 발생했다는 사실은 엄격한 모자이크 발생을 암시하는 것으로 보였다. 이 사실은 8세포 단계에서 분리한 세포가 하나의 즐판대를 가진 유충을 생산하는 것을 보여준 실험처럼 발생학자들에게 아주 인상적이었다. 이 결과는 배의 모자이크 발생에 대한 최상의 증거이다. 따라서 성게와 유즐동물에서 배의 발생은 근본적으로 다른 두 가지 패턴의 발생을 드러낸다. 첫째는 독립적으로 발생하는 부위에 의한 패턴인 반면에 후자는 정상적으로 주어진 운명보다 더 많이 조절하고 형성할 수 있는 부위에 의한 패턴이다.

조절발생은 혼란스런 개념이다. 2세포 단계의 성게 배에서 개별세포를 억제하여 단일 개체의 일부가 되도록 틀을 짰지만 만일 동일한 세포가 분리되면 그런 억제가 풀리고 각 부위가 전체 유충을 형성하도록 하는 조절 메커니즘은 도대체 무엇일까? 만일 발생이 루가 제안했던 것처럼 시작부터 고정된 것이라면 모두가 아주 분명하고 지적으로 만족할 수 있는 것으로 보였다. 아주 오래전에 배가 난세포에서 미리 형성되어 있다는 전성설도 마찬가지로 만족스러웠고 발생이 후성적이라는 사실이 마침내 확실하게 증명되었을 때도 마찬가지로 만족스러웠다. 드리슈는 자신의 발견이 내포하는바, 즉 자신이 보기에는 뒤로 한 걸음 물러난 것에 대해 당혹스러워했고 결국에는 실험과학을 포기한 채 철학에 전념하였다.

발생에서 새로 나타나는 것

전성설과 모자이크 발생의 개념은 발생의 중심문제인 '어떻게 새로운 것이 생겨나는지'에 대한 문제를 회피하도록 만들었다. 후성설과 조절 발생의 개념은 그 중심문제를 이해하도록 할 것이다.

드리슈가 성게에 관한 자신의 논문을 출간하던 해에 나폴리의 해양 생물학연구소 스타치온네 주올로지카(Stazione Zoologica, 동물박물관 — 역자)에서 일하던 윌슨은 조절발생 대 모자이크 발생의 문제를 해결하려고 시도했다. 그는 창고기의 난자로 드리슈와 동일한 기본 테크닉을 사용하여, 즉 난할 중인 난자를 개별 세포가 떨어질 때까지 격렬하게 흔들어 드리슈의 실험을 반복했다. 다음이 그가 발견한 사실이다.

> 분리된 1/2 할구(즉, 2세포 단계의 한 세포)는 정상적인 배와 동일하거나 근사한 난할을 거친다. 이 할구는 보통 크기의 반인 정상적으로 형성된 포배와 낭배를 만든다. 그리고 마침내 크기를 제외하곤 첫 번째 새열이 형성될 때까지 정상적인 유충과 정확히 일치하는 반 크기의 난쟁이 유충이 된다. 분리된 1/4 할구는 정상적인 난세포와 거의 또는 아주 동일한 난할을 거치기도 하지만 이로부터 다소 크게 벗어난 경우도 종종 일어난다. 척삭을 가진 유충단계에는 거의 도달하지 못해 정상적으로 구성된 것은 전혀 관찰되지 않았다. 1/8 할구는 두 가지 크기(대할구와 소할구)인데 눈으로 구분하기에는 발생 양식상에서 근본적으로 다르지 않다. 분리된 할구는 완전한 난세포와 비슷한 모양으로 분열하지만 결코 낭배 단계에 도달하지 못한다(윌슨, "창고기와 모자이크 발생 이론", 〈형태학회지〉, 1893: 587~589).

이런 결과는 조절 발생이나 모자이크 발생 가설 중 어느 것과도 완전히 맞지는 않다. 분리된 세포의 난할이 전체 배의 난할과 유사하지만 "발생력은 난할이 진행되면서 점차 감소하여" 1/8 할구는 낭배 형성을 할 수 없다. 윌슨은 모든 세포가 동일한 유전 물질을 갖고 있다고 다음처럼 가정하여 결과를 설명했다.

> 개체발생이 진행되면서 세포의 유전 물질은 (배의 여러 부위의 상호작용에 의해 일어나게 되지만) 구성요소의 손실이 없이 점진적으로 진행되는 생리적(*physiological*) 변형을 거치게 된다. 할구가 분리되면 원래의 난세포 조건으로 회복되고, 유전 물질이 원래 생식질의 조건으로 되돌아가 처음부터 발생이 반복된다.

그러나 발생이 계속되면서 유전 물질은 점진적으로 변형된다.

> (창고기에서) 8개의 세포단계에 이르러서는 할구가 원래의 상태로 돌아갈 수 없으며 정상적인 유형의 난할이 더 이상 반복되지 않는다. 세포 전체의 유전 물질처럼 유전 물질의 특성화는 점점 더 고정된 작용양식으로 귀결되는 누적 과정으로 보인다. 따라서 세포의 독립적인 자결력은 난할이 진행되면서 꾸준히 증가한다. 다시 말하자면 개체 발생이 앞으로 진행되면 점점 더 모자이크 작품의 특성을 띠게 된다. 초기 단계에서 세포의 형태학적 가치는 위치에 의해 결정된다. 후기 단계에서는 이것이 덜 엄격하고, 종국에는 세포가 거의 완전히 위치에 대해 독립적이며 내용물질은 최종적이며 영구적으로 변화된다(윌슨, "창고기와 모자이크 발생 이론", 〈형태학회지〉, 1893: 606~610).

윌슨은 우리가 다음처럼 생각하도록 제안하면서 분석을 발생의 시초까지 되돌리려고 했다.

개체 발생은 각 단계에서 서로 이어지는 단계에 있는 할구 간의 서로 연결된 일련의 상호작용으로 여겨져야 한다. 전체 시리즈의 특성은 첫 번째 단계에 달려 있으며 이는 원래 난세포의 조성에 달려 있다. 일련의 전체 사건은 첫 번째 시기를 형성하는 미분열된 난세포의 구성과 그 다음에 이어지는 각 시기의 조건에 의해 일차적으로 결정된다(윌슨, "창고기와 모자이크 발생 이론", 〈형태학회지〉, 1893: 613~614).

세포의 계보

몇 가지 관찰로 1890년대와 1900년대 초기에 미국의 발생학자들이 주요한 공헌을 하게 된 세포의 계보에 난세포의 구성이 미치는 중요성을 너무나 뚜렷하게 드러나게 하였다. 세포의 계보는 미난할 난자로부터 시작하여 배 기관의 흔적이 명백해지는 시기까지 세포분열의 산물을 추적하는 것이다. 이러한 연구는 세포에 고정된 계보가 존재하는지 여부를 알기 위해 시행되었다.

개별적인 세포는 인식이 가능할 경우에만 추적할 수 있다. 즉, 크기나 색깔 또는 위치 등 서로 어떤 면이 달라야만 한다. 발생학자들은 자신들이 연구할 적당한 배를 찾으려고 동물계를 휘젓고 다닐 때 많은 배들, 특히 해양 무척추동물의 배들이 특이한 패턴의 착색을 하거나 다른 크기의 세포로 난할이 나타나는 것을 알게 되었다. 일부 배들은 심지어 투명하여 세포의 내부를 관찰할 수가 있었다. 포그트의 산채로 염색한 배와 같은 목적으로 사용될 수 있는 천연적으로 염색된 난자를 자연계가 제공한 격이다. 알고 보니 난자에서의 착색 패턴이 임의적으로 일어나는 것이 아니라 기본적인 구성 체계의 일부로 드러났다. 난할면은 착색 지역에 대해서 일정하게 나타났고 많은 경우에 난자의 차별적으로 착색된 지역은 배엽층과 형성될 구조와 일정한 관계를 갖는 것처럼 보였다.

일부 난자에서 이런 발생의 시초에 눈에 보이는 기관형성 과정은 막 수정한 난세포를 유전질(idioplasm), 결정인자(determinant), 아구(gemmule), 핵, 염색체 또는 다른 어느 것으로부터 지시를 기다리는 무형의 원형질 덩어리로 보는 것이 힘들도록 만들었다. 그 본질과 과정이 그렇게 뚜렷하고 일정한 것을 보면 기관 형성과정을 부인할 수가 없다. 그러나 미난할 난세포를 균질한(isotropic), 다시 말해 중심축이 없이 모든 세포질 부위가 동등한 것으로 여기는 반대편의 견해도 있다. 이 가설은 드리쉬의 성게 실험과 두 개의 난자를 융합하여 하나의 배를 만든 다른 일부 연구에 감명을 받은 많은 연구자들의 동조를 받았다.

세포의 계보에 대해 최초로 공들인 연구 중의 하나가 찰스 휘트먼(Charles Whitman, 1878)이 거머리의 배를 연구한 것이다. 처음 두 번의 난할은 동일한 크기의 4개의 세포를 만드는데 휘트먼은 이들을 각각 a, b, c, x로 불렀다. 다음 분열에서 이들은 4개의 작은 세포와 4개의 큰 세포로 나뉜다. 4개의 작은 세포는 외배엽의 조상이다. 그 다음부터 난할은 불규칙적으로 된다. x에서 유도된 세포를 추적하였더니 중배엽과 신경계로 되었다. 사실상 휘트먼은 전체 기관계를 원래 기원인 한 쌍의 세포로 추적할 수 있었다. 한 쌍은 중배엽대를, 다른 쌍은 복부 신경대를, 또 다른 쌍은 신관으로 되는 식이었다. 휘트먼은 자신의 관찰결과를 당시의 설명가설과 연관시켰다.

수정란에 잠재적인 미래의 배가 잠들어 있다. 배의 발생구도가 미리 잡혀 있다고 말할 수 없더라도 운명이 미리 정해져 있다고 말할 수는 있다. 배아요소들의 "조직유전학적 분리"(histogenetic sundering)는 난할과 더불어 시작되며 이 과정에서 모든 단계는 그 전과 뒤를 잇는 단계들과 명확하고도 불변인 관계를 가진다. 따라서 어떤 중요한 조직학적 분화와 근본적인 구조적 관계가 난할의 초기 단계에서 예상되며 심지어는 난할이 시작되기 전에도 예시되는 것이 전혀 놀랄 일은 아니다. 어떤 의미에서 난자는 복잡한 구조가 낭비 없이 세워지는 원천이지만 자신의 운명에 대한 개척자인 점에서 그보다 더 큰 역할을 한다(휘트먼, 《민물 거머리의 발생학》, 1878: 263~264).

휘트먼은 히스가 1874년에 제안했고 몇 년 후 루가 지지한 견해를 내세웠다. 즉, 미래 배의 부위는 발생의 시초부터 원기로 존재하며 발생 과정은 조절되는 것이 아니라 결정되어 있다는 견해이다. 드리슈가 조절 발생에 대한 자신의 연구 결과를 출간한 해인 1892년에 윌슨은 해양 다모류인 갯지렁이(Nereis)의 배에서 세포의 계보에 대한 굉장한 연구 결과를 발표했는데, 다음처럼 자신이 밝힌 바를 기술했다.

(1) 첫 번째 난할은 배의 장래에 종축이 될 방향으로 절단되어 난자를 AB라고 부른 작은 전반부 세포와 CD라고 부른 큰 후반부 세포로 나누게 된다(〈그림 86A〉).
(2) 두 번째 난할은 장래의 몸체 중심축과 동일한 방향으로 일어나며 4개의 대할구를 만드는데 AB는 A와 B로 CD는 C와 D로 나뉜다 (〈그림 86B〉, 〈그림 86C〉).
(3) 세 번째 난할(〈그림 86D〉)은 수평 방향이며 불균등하다. 각각의 대할구는 한 개의 소할구를 내놓는다. 윌슨은 이들을 각각 a1, b1, c1, d1이라고 표시했다. 각각의 소할구는 대할구 바로 위에서 나오

지 않고 시계방향으로 약간 회전하여 나온다. 이런 패턴을 나선난할 (*spiral cleavage*) 이라고 한다.

(4) 네 번째 분열(〈그림 86E〉)도 수평 방향이며 불균등하다. 여기서 대할구의 방추극은 반대 방향에서 기울어져 있어 2사분기의 소할구 는 반시계방향으로 나온다. 동시에 1사분기의 소할구도 분열된다.

(5) 다섯 번째 분열(〈그림 86F〉)에서 수평 방향이며 불균등하다. 3사 분기의 소할구는 시계방향으로 대할구에서 나온다. 이 3가지 사분 기의 소할구가 전체 외배엽을 형성한다.

(6) 배 전체에 걸쳐 더 이상 동시에 일어나지 않는 다음 분열에서 D 대 할구는 여전히 D라고 부르는 큰 세포와 d4(〈그림 86〉의 하단에 있 는 배; 이 그림은 소할구의 분열을 생략함으로써 단순화시킨 것이 다)인 작은 세포로 나뉜다. 이 d4는 유명해지는데 바로 이 작은 세 포에 중배엽 구조를 형성할 전체 물질이 들어 있기 때문이다. 나머 지 소할구는 외배엽을 형성하고 대할구는 내배엽을 형성하게 된다.

갯지렁이(*Nereis*)의 완전한 세포계보를 밝혀내는 것은 어려운 과제 였다. 난자는 직경이 0.12에서 0.14㎜ 정도로 아주 작았는데, 윌슨의 광학장비는 오늘날 장비와는 비견되지 않았다. 교배 시기도 아주 불 편하여 해가 진 후였다. 성체의 수컷과 암컷은 해양수의 표면에 몰려 드는 데 여기서 채취하여 별도의 배양기에 둔다. 실험실로 돌아와 수 컷과 암컷을 함께 두면 산란이 일어난다. 배에 대한 관찰은 저녁 9시 경에 시작하여 밤새도록 계속된다.

1890년대 대부분 발생학자는 심지어 실험발생학자까지도 여전히 헤 켈의 패러다임의 영향을 받고 있었다. 윌슨은 자신의 갯지렁이 연구 결과를 나선난할을 하는 다른 배들에 대한 연구와 관련시키려 했다. 그가 우즈홀(Woods Hole) 해양연구소(미국 매사추세츠의 케이프 코드에

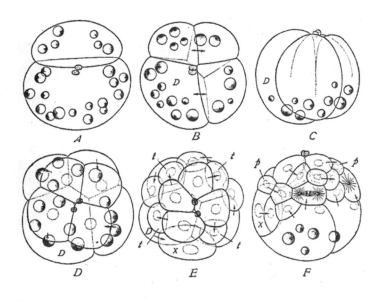

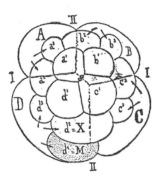

〈그림 86〉 갯지렁이(*Nereis*)의 초기 난할에 대한 윌슨의 연구. C와 F를 제외하곤 모두 위에서 내려다 본 방향이다. A는 2세포 단계로 원은 기름방울이다. B는 4세포 단계이다. C는 4세포 단계의 옆 방향 모습이다. D는 8세포 단계로 소할구의 처음 1/4이 시계방향으로 나와 있다. E는 16세포 단계로 t로 표시된 할구가 섬모환(*prototroch*)의 일부를 형성한다. X는 신경대와 일부 다른 구조를 형성한다. F는 29세포 단계의 옆 방향 모습이다. 하단의 그림은 소할구가 사반구로 나타나는 것을 보여주지만 뒤이어지는 분열을 생략하여 단순화한 그림이다. d^4 또는 M으로 표시된 것이 중배엽이다.

위치한 세계 최고의 해양연구소 — 역자)에서 일할 무렵에 같은 곳에서 콘클린(E. G. Conklin)은 연체동물인 꽃양산조개(*Crepidula*, 1897)에서 세포의 계보를 연구하고 있었다. 이 두 사람은 환형동물인 갯지렁이(*Nereis*)와 연체동물인 꽃양산조개에서 초기 난할의 세부사항이 거의 동일하다는 놀라운 발견을 하였다. 양쪽 다 소할구의 3/4이 나선난할의 전형적인 패턴으로 나왔다. 처음 1/4은 시계방향으로 두 번째 1/4은 반시계방향으로 세 번째 1/4은 시계방향으로 나온다. 그러나 진정으로 놀라운 발견은 둘 다 차후의 발생에서 모든 중배엽 구조가 유도되는 d^4를 형성한다는 점이다. 따라서 성체의 구조에서 너무나 서로 다른 문에 속하는 환형동물과 연체동물이 초기 발생의 세부적인 사실에서 일부 (1895년 논문에서 윌슨이 명명한) "조상의 잔존물"(*ancestralreminiscence*)을 함유하고 있다는 결론을 내리지 않기가 힘들다.

콘클린(1905)은 우렁쉥이(*Cynthia*, 해초 속 또는 멍게류의 생물 — 역자)의 난자를 사용하여 미난할 난세포와 초기 난할단계에서 눈으로 관찰되는 체제구성의 주목할 만한 경우를 다음과 같이 제공했다.

내가 검사한 우렁쉥이의 살아 있는 난자의 첫 시료에서 아주 주목할 만한 현상이 나타나 내 연구의 전체과정과 목적이 변형되었다. 왜냐하면 암회색을 띤 많은 미분할된 난자에 빛나는 주황색 점이 있었는데 이것이 다른 난자에서는 신월환의 형태로 나타났다. 계속 관찰하면 이 신월환이 첫 번째 난할에서 두 개의 동일한 부위로 나뉘는데 후기 난할과 올챙이 단계까지 추적이 가능하다. 따라서 나는 여름의 상당 기간 동안을 우렁쉥이의 살아 있는 난자의 연구에 전념하였다.

당연한 결과로 콘클린은 발생학 분야에서 금맥을 캐게 되었는데, 그는 주의력이 깊은데다 유능한 사람이기에 충분히 그럴 만한 자격을 갖추었다. 그는 난소의 난자로부터 완전히 형성된 유충까지의 변화를 추적했다.

성숙한 난모의 세포는 커다랗고 투명한 배종소포(germinal vesicle)를 갖고 있다. 그 내부는 회색의 난황 덩어리로 구성되어 있고 주변에는 황색의 색소를 함유하고 있다. 감수분열 초기에 배종소포가 터지면서 다량의 투명한 물질이 방출된다. 수정 시에 정자가 식물극 근처로 유입되면 세포질의 극적인 재배열이 시작된다.

콘클린은 첫 번째 난할이 끝나면 배의 이 독특하게 착색된 지역이 차후에 형성될 구조와 정확한 관계가 있는 것을 밝혀내었다. 황색 신월환의 운명은 근육과 간충직(mesenchyme)을 형성하는 것이고 회색의 난황 세포질은 내배엽을 형성하고 동물반구의 투명한 세포질은 외배엽 구조를 형성하게 된다. 콘클린은 심지어 신경판과 척삭을 형성하게 될 지역도 구분할 수 있었다. 이러한 관찰의 특이한 면은 앞으로 형성될 구조의 위치가 발생의 아주 초기에 이미 고정되어 있다는 점이 아니라 색소가 배엽층의 경계면과 상응하여 발생학자가 초기 발생기 동안 이들을 추적할 수 있다는 점이다.

휘트먼, 윌슨, 콘클린을 위시하여 다른 많은 사람들의 세포계보에 관한 이러한 연구들은 성숙한 난세포가 복잡하고 고도로 체계화된 구조라는 것을 보여주었다. 그러나 이러한 연구로 정말로 결론을 내릴 수 있는 전부는 히스가 오래전에 제안했던 것처럼 정상적인 발생 과정에서 아주 초기 배에서 구분되는 부위가 발생이 더 진행된 배의 특정 구조로 발생된다는 것이다. 특정지역의 발생이 더 진행된 배의 특정 구조만을 형성한다고 말할 수 없다. 또한 발생이 더 진행된 배의 구조가 초기 배에서 미리 잡힌 구도대로만 형성된다고도 말할 수 없다.

따라서 운명(*fate*)과 능력(*capacity*)에 대한 주의 깊은 구분이 이뤄져야만 한다. 운명은 어린 배의 어떤 지역이 후기 배에서 무엇을 형성하게 될지를 뜻한다. 능력은 어린 배의 그 지역 세포가 다양한 실험조건에서 무엇을 할 수 있는지를 뜻한다.

초기 배의 어떤 지역의 운명과 능력은 만일 그 지역이 불가역적으로 결정되었다면 동일할 수도 있다. 즉, 배의 다른 부위로부터의 영향이 없이도 특정 후기구조로 될 수 있다. 아니면 초기 배의 그 지역이 다른 조건하에서는 자신의 정상적인 운명이 제시하는 것보다 훨씬 더 많이 생산할 능력, 즉 조절능력을 가질 것이다. 종종 능력(*capacity*)과 동의어로 반응력(*competence*)도 사용된다. 따라서 전체 배에 적용된 모자이크식 발생과 조절식 발생의 차이가 각 부위에도 적용된다. 이런 종류의 문제, 특히 능력의 결정에 대한 문제는 실험에 의해서만 해결될 수 있다.

핵 또는 세포질?

20세기로 접어들면서 실험발생학자가 이용할 수 있는 테크닉의 목록은 한정되어 있었고 아주 조잡했다. 뜨거운 바늘을 세포 속으로 찔러 넣어 세포를 죽이거나 흔들어서 떨어지게 할 수 있었다. 난할 단계에 있는 일부 해양 무척추동물을 칼슘이온 없이 바닷물에 담그면 할구가 분리되는 것이 알려졌다. 이것은 세포의 분리가 훨씬 더 쉬워졌다는 의미이다. 간단한 수동원심분리로 미난할 난자의 더 유동적인 부위층을 따로 분리할 수 있게 되었다. 일부 배는 메스로 절단해도 생존할 수 있다는 게 밝혀졌다.

　이용할 수 있는 실험 테크닉이 많지 않기 때문에 발생학자는 생물학에서 흔히 사용되는 전략을 채택했다. 즉, 자연계에서 이미 사용되던 실험으로 새로운 정보나 통찰력을 제공할 수도 있는 발생의 새로운 패턴을 찾으려는 희망으로 이미 연구했던 것과 다른 생물체를 찾는 일이었다.

　자연계가 제공하는 한 가지 흥미로운 변이는 많은 무척추동물 배의 초기 난할단계에서 극엽(*polar lobe*)이 나타난다는 사실이다. 극엽은 세포 바깥으로 돌출했다가 딸세포 중의 하나로 되돌아가는 핵이 없는 구조물이다. 이것은 초기 난할단계에서 세포질의 물질을 재분배하는 메커니즘으로 보인다. 극엽은 연체동물인 뿔조개(*Dentalium*)의 배에서도 나타난다. 윌슨의 고전적인 연구(〈실험동물학회지 1권〉, 1904a: 1~72)에서 따온 〈그림 87〉은 4세포 단계까지의 사건을 보여준다. 난소에서 떨어지면 난자는 동물극의 투명한 세포질, 가운데의 불그스레한 부위, 그리고 식물극의 또 다른 투명한 지역의 세 구역으로 나뉜다.

　첫 번째 난할이 일어나기 전에 〈그림 87〉에 나타나 있는 것처럼 첫

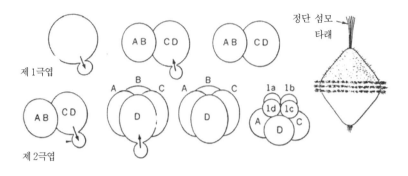

〈그림 87〉 연체동물 뿔조개의 초기 난할 단계와 트로코포아 유충.

번째 극엽이 식물극에 형성된다. 이 극엽은 사실상 식물반구의 모든 투명한 세포질을 함유하고 있다. 첫 번째 난할면은 첫 번째 극엽이 CD 라고 명명한 오직 하나의 할구에만 부착되도록 생겨난다. 그런 후 첫 번째 극엽은 CD로 되돌아 들어간다. 그 결과로 CD는 AB보다 크다. AB는 동물반구에만 투명한 세포질을 갖지만 CD는 그곳뿐만 아니라 식물반구에도 첫 번째 극엽의 내용물인 투명한 세포질을 가진다.

두 번째 극엽은 CD의 식물반구로부터 형성된다. 완결되면 두 번째 극엽의 내용물은 D로 통합된다. 세 번째 난할에서 D는 세 번째 극엽을 형성하는데 이것은 다시 D로 되돌아 들어간다. 이 난할이 시작되기 전에 동물극 근처에 있던 투명한 세포질은 시계방향으로 움직이며 세포가 분열되면 이것은 처음 1/4 소할구로 통합된다.

수정란에서 트로코포아(trochophore, 해양성 환형동물이나 연체동물의 유충 ― 역자)라는 유충으로 변하는 데는 하루밖에 걸리지 않는다. 트로코포아는 정단에 길고 뻣뻣한 섬모 타래와 적도에 운동성 섬모가 3층으로 된 구전섬모환(protptroch)이라고 부르는 띠, 그리고 섬모를 가진 섬모환 상부와 섬모가 없는 섬모환 하부로 구성된 쌍원추 모양이

〈그림 88〉 윌슨(1904)의 극엽 제거 실험. 배 29는 정상적인 트로코포아 유충이다. 배 32
는 첫 번째 극엽이 제거된 유충이다. 배 36은 두 번째 극엽이 제거된 유충이다.

다(〈그림 88〉, 배 29).

　윌슨은 극엽을 메스로 제거하고는 그 뒤에 나타나는 발생을 관찰하
여 극엽의 중요성을 알고자 했다. 그가 첫 번째 극엽을 절단해버리자
두 번째 극엽은 형성되지 않았다. 그 외 난할은 정상이었다. 절단된
극엽에서는 발생이 일어나지 않았다. 그러나 24시간 후에 유충에 커
다란 재앙이 일어났다(배 32). 유충은 정상보다 커다란 3층으로 된
구전섬모환을 이룬 섬모를 갖고 있었다. 섬모를 가진 섬모환 상부는
존재하는데 짧은 섬모로 덮여 있어 구별된다. 정단 섬모 타래와 섬모
가 없는 섬모환 하부 전체가 없어져 끝부분이 구전섬모환 부위가 되
었다. 배 29는 비교를 위해 보여준 동일한 나이의 조작하지 않은 대
조구이다. 배 36은 두 번째 극엽을 제거한 것이다. 이것 역시 비대해
진 구전섬모환을 가지며 섬모환 하부 전체가 없어진 유충을 형성하였
다. 그러나 정상적인 정단 섬모 타래를 갖고 있다. 따라서 첫 번째
극엽은 정단 섬모 타래에 필요한 어떤 것을 갖지만 두 번째 극엽은
그렇지 않다. 섬모환 하부지역을 형성하는 데는 두 가지가 모두 필요

하다.

월슨은 극엽의 중요성에 깊은 인상을 받았는데 특히 "극엽과 함께 제거된 물질의 양이 그 결과로 미치는 영향의 정도와 전혀 비례되지 않았기 때문이다. 극엽은 난자 부피의 1/5보다 더 작은 양을 갖고 있는데도 이것을 제거하면 단지 그 정도만큼의 구조적 영향만을 미치는 게 아니라 섬모환 하부지역의 생장과 분화의 전체 과정을 억제한다" (〈실험동물학회지〉 1권, pp. 56~57).

〈그림 89〉는 할구를 분리한 월슨의 실험 결과를 보여주고 있다. 2세포 단계에서 할구를 잘라내면 그 결과는 현저히 다르다. 배 45와 배 46은 동일한 2세포 단계의 배에서 분리한 것이다. 배 45는 CD 할구에서 발생한 것으로 정단 섬모 타래와 섬모가 있는 섬모환 상부, 정상적인 크기의 구전 섬모환, 그리고 섬모가 없는 섬모환 하부 지역을 갖고 있다. 배 46은 AB 할구에서 발생한 것으로 정상적인 배에서 첫 번째 극엽이 제거된 배와 같다(〈그림 88〉, 배 32). 이것은 놀라운 일이 아닌데 정상적인 배에서는 첫 번째 극엽이 CD 할구로 가기 때문이다.

그런 후 월슨은 4세포 단계에서 할구를 분리하였다. 배 47과 배 48(〈그림 89〉)은 둘 다 분리한 CD 할구에서 나온 것이다. 분리한 D 할구에서 나온 '배 47'은 정단 섬모 타래와 섬모환 하부를 갖고 있어 꽤 정상적이다. 분리한 C 할구에서 나온 '배 48'은 아주 비정상적이다. 이것의 발생능력은 분리한 AB 할구(배 46)나 첫 번째 극엽을 제거한 배(〈그림 88〉, 배 32)와 거의 동일하다. 끝으로 세 번째 난할 후에 소할구를 분리했을 때 중요한 새로운 정보를 얻을 수 있었다. '배 49'(〈그림 89〉)는 1d세포에서 발생했고 배 50은 같은 세포의 1c에서 나온 것이다. 1d세포는 정단 섬모 타래를 만들었지만 1c세포는 그렇게 하지 못했다.

이런 데이터를 모두 규합하여 윌슨은 섬모환 하부지역이 발생하는데 필요한 난자의 물질은 원래 미난할 난자의 식물반구에 있는 투명한 세포질에 있다는 결론을 내렸다. 그런 다음 그것은 단계적으로 첫 번째 극엽, CD 할구, 두 번째 극엽, 그리고 마침내 D 할구에 위치한다.

유사한 방식으로 정단 섬모 타래를 만드는 데 필요한 물질은 처음에 식물반구에서 단계적으로 첫 번째 극엽, CD 할구, D 할구, 그리고 1d 소할구에 위치한다.

극엽은 핵을 함유하고 있지 않기 때문에 정단 섬모 타래와 섬모환 하부지역을 담당하는 물질은 세포질에 있으며 수정 전에 난자에 존재

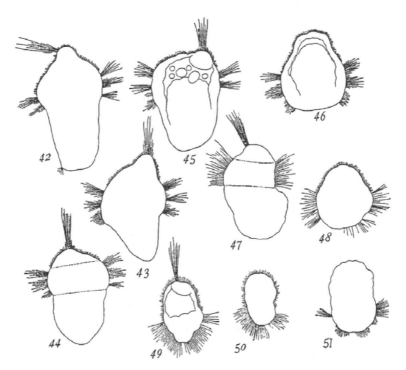

〈그림 89〉 윌슨(1904)의 할구 분리실험.

해야만 한다. 이 결론이 결정인자가 유전자와 무관하다는 의미인가? 물론 확실히 아니다. 결국 나중에 발전된 가설에 따르면 난소에서 난세포가 성숙하는 동안 유전자가 결정인자의 합성을 조절한다. 근본적으로 유사한 결론을 거의 한 세기 전에 윌슨이 내렸다.

> 내 생각에는 나의 관찰이 확실하게 이러한 난자에서 난할의 모자이크적인 특성과 미분열 난자에서 가장 중요한 형태발생 요인 중 일부가 명확하게 미리 어떤 위치에 배치되어 있는 것을 보여주고 있다. 뿔조개 (*Dentalium*)의 난자는 난소에 부착된 부위에서 떨어져 나오기 전에 성숙과정에서 최초의 변화가 일어나기 아주 오래전에도 눈에 띄게 세포질에 있는 물질의 명확한 지형적 배치를 보인다. 미분열 난자에 있는 특정 세포질 지역을 제거한(그는 난자의 일부분을 절단하기도 했다) 난자에서 실험기간 동안 재생이나 조절과정에 의해 복원되지 않는 (루의 후발생은 일어나지 않았다) 명확한 결함을 초래한 바와 같이 난자의 차후 분화에 대해 명확한 인과관계를 보여준 이런 실험에 의해 증명되었다(p. 55).
>
> 따라서 이러한 난자에서 할구의 특정화는 특정 종류의 염색질이 아니라 특정 종류의 세포질에 해당하는 수용체의 탓이며 미난할 난자가 명확한 지형적 배치를 보이는 아주 다른 종류의 세포질을 함유한다는 결론을 피할 수가 없다(p. 56).

그러나 윌슨의 최종 결론은 모든 것이 궁극적으로는 핵의 조절하에 있다는 것이었다.

> 따라서 모든 세포질에 의한 분화는 초기에 나타나든 나중에 나타나든 간에 핵이 직접적으로 관여하는 가정에 의해 결정되며 난자 물질의 지역적인 특정화는 모두 근본적으로 2차적인 기원이라고 확실하게 말할 수는 없더라도 그럴 가능성이 높아 보인다(p. 64).

뿔조개에 관한 윌슨의 실험은 그의 마음에 발생을 포함하여 자신의 오랜 견해인 유전에서 핵, 특히 염색체의 중요성이 확연히 자리 잡고 있던 시기인 1903년 2월에서 8월 사이에 나폴리의 동물박물관에서 행해졌다. 그의 절친한 친구인 보바리는 최근에 두 개의 정자가 수정된 (dispermic) 성게 배에서의 실험 결과를 발표하였는데, 정상적인 발생을 하려면 염색체 세트가 제대로 존재해야 하는 것을 보여주었다. 그러나 더 중요한 것은 그의 학생이던 서턴이 염색체와 멘델의 유전을 연관시킨 뛰어난 논문을 막 출간했다는 사실이다. 수년 내로 윌슨은 발생학 관련 연구를 포기하고 자신의 모든 에너지를 유전학의 세포학적 기초를 확립하는 데 바쳤다. 동시에 컬럼비아대학의 동료 토머스 모건은 얼마 지나지 않아 유전학을 정밀과학으로 변환시켰다.

19세기 말(Fin de Siècle)

만일 우리가 19세기 말 10년과 20세기 초 10년 사이 실험발생학자의 관심을 끈 "가장 커다란 질문이 무엇인가?"라는 질문을 한다면 새로운 것이 별로 없었다는 것을 알게 된다. 주된 질문은 초기 발생이 모자이크식이냐 조절식이냐의 문제로 가장 잘 묘사할 수 있다. 이 질문은 오래된 전성설 대 후성설의 변주곡에 지나지 않는다. 성숙한 난세포의 체제, 초기 난할의 패턴, 세포의 계보, 할구의 분리에 대한 연구는 모두 난세포의 부위가 어느 정도까지 결정되어 있는지(특정 발생 패턴이 되도록 비가역적으로 정해져 있는지) 또는 조절되는지(정상적인 운명이 지시하는 것보다 더 많이 할 수 있는 능력을 가졌는지)를 확인하기 위해 디자인된 것이다.

발생의 근본적인 현상을 분석하려는 이러한 시도는 분화를 더 잘 이해하려는 목적하에서 이뤄졌다. 정상적인 배의 발생을 관찰하면서 이 질문에 대한 답을 구할 수는 없었다. 정상적인 배에서 어떤 배 부위의 능력과 그 부위가 실제로 하는 일은 동일하다. 그러나 어떤 부위의 운명(장래의 중요성)은 그 부위의 능력(장래의 잠재력)과 많이 다를 수도 있다. 능력은 그 부위를 여러 가지 비정상적인 상황에 방치하여 결정해야만 한다. 따라서 "2세포 단계의 성게 배에서 하나의 할구의 능력은 무엇인가?"라는 질문을 놓고 정상적인 발생을 탐구해서 답을 구할 수는 없다. 여기서 결정이 가능한 전부는 배의 반이 유충의 반을 생산한다는 것이다. 그러나 만일 우리가 그 할구를 분리한다면 이것이 전체 배가 할 수 있는 전부를 할 수 있는 능력을 가진 것을 알게 된다.

세기의 전환기에 주요 그룹의 동물들을 통해 이러한 질문들에 대한 잠정적인 답을 얻을 수 있었다. 초기 배는 발생 과정에서 모자이크 방식 또는 조절방식 아니면 기본적으로 다른 이러한 패턴의 혼합방식인 것으로 기술될 수 있었다. 연체동물, 유즐동물, 다지장류(polyclad, 해양성 편형동물로 일반적인 종류와 달리 진체강을 가짐 — 역자), 환형동물은 모자이크 방식이 강한 것으로 생각되었다. 양서류와 극피동물류는 중간형이고 창고기(Amphioxus)는 초기 난할단계에서 가장 조절적인 것으로 여겨졌다. 사람(Homo sapiens)은 단일 수정란으로부터 일란성 쌍둥이나 세쌍둥이가 나오기 때문에 적어도 두 번째 난할이 끝날 때까지는 조절식인 종일 가능성이 아주 높다. 이러한 어떤 종의 특성화는 초기 난할의 단계에서만 관련이 있는데, 왜냐하면 궁극적으로는 모든 배에서 각 부위가 자가분화하는 모자이크 단계로 들어가는 것이 일반적으로 알려져 있기 때문이다.

이러한 다양성의 의미를 찾아내려고 하기 전에 아주 중요하지만 보통은 강조되지 않은 두 가지 중요한 정보가 필요하다. 이미 본 것처럼 첫째는 심지어 가장 조절적인 배도 발생 과정의 어느 단계에서는 모자이크 방식이 되는 경향을 보인다. 둘째는 조절방식인 종에서는 2세포 단계 또는 심지어 4세포 단계에서도 하나의 할구가 정상적인 유충을 생산할 수 있더라도 모든(any) 반쪽 난자가 전체 배를 형성할 수 있다는 결론이 정당화되지 않는다. 이 경우에 자연에서 나타나는 현상은 난자 교반의 실험 결과를 오도할 수도 있다. 연구가 이뤄진 모든 난자에서 미수정 난자도 어느 정도는 조직화가 이뤄져 있는 것이 알려졌다. 동물극과 식물극에서 종종 착색의 차이가 있었으며 세포에서 난황 과립의 양적인 경사가 빈번하게 나타났으며 시험이 가능한 경우에는 모두 난세포의 특정지역에서 극체가 형성되었다. 나중에 밝혀질 세 번째 중요한 사실이 있는데, 가장 엄격한 모자이크 방식 종에서도 모자이크 현상은 일시적 상태에 지나지 않는다는 사실이다. 예를 들면, 비록 환형동물의 난자는 아주 모자이크 방식이 강하지만 성체의 경우에는 놀라운 재생력을 갖고 있다.

2세포 단계에서 분리한 할구의 발생에서 내릴 수 있는 결론의 전부는 동식물극의 축을 따라 난할이 일어난 반쪽의 배는 정해진 방식으로 발생한다는 것이다. 수평 방향으로 난할이 일어나 동물반극 세포와 식물반극 세포로 유도된 반쪽의 배에서 정상적인 발생을 하지 않듯이 어느 반쪽의 배라도 모두 정상적인 발생을 한다고 결론을 내릴 수 없다. 난자를 교반하여 분리한 연구자들이 그런 생각을 떠올렸다. 드리슈는 만일 성게의 난자에서 수직 방향 대신에 수평 방향으로 난할이 일어나면 동일한 결과가 나오는지 궁금해졌다. 그는 그렇지 않을 거라고 추측했는데, 이에 적합한 일부 데이터가 있었다. 그 답은 반세기 후 가장 멋들어진 실험을 통해 해결책을 제공한 회르스타디오스의 몫으로 남게 되었다.

배에서의 모든 변이와 과학자 사이의 모든 논쟁에도 불구하고 일부는 확고하게 조절식 발생의 가설을 일부는 모자이크 발생의 가설을 주장했다. 모든 배에 해당하는 개념적인 틀을 제공하는 것이 가능해 보였다. 1900년에 이르러서 윌슨은 그런 개념적인 틀을 발전시켰다.

> 난세포의 세포질은 비록 보이지는 않지만 처음부터 존재하는 명확한 원기기관을 갖고 있으며 극 분화, 좌우대칭, 그리고 미난할 난자의 다른 명확한 특성에 의해 드러난다. 이러한 난자의 전 형태적 특징은 그 특성이 후기단계에서 보이기 때문에 진정한 발생의 결과물이다. 이들은 전 배아 단계에서 점차적으로 확립되며 난자는 수정할 준비가 되면 앞으로 다가올 것에 대비한 기초를 마련해 둠으로써 자신의 임무 중 일부를 이미 완료한 상태이다(pp. 384, 386). 창고기에서 세포질 물질의 분화는 처음에는 미미하여 쉽게 변형될 수가 있기에 일반적으로 분리한 할구가 즉시 전체 난세포의 조건으로 되돌아 갈 수 있다. 달팽이와 유즐동물은 창고기와 극단적으로 반대인 경우로 세포질의 조건이 너무나 확고히 확립되어 재조정될 수가 없기에 발생은 시초부터 정해진 한계 내에서 진행되어야만 한다. …
>
> 따라서 우리는 다음과 같은 개념에 도달하게 된다. 발생의 일차적 결정원인은 세포질의 연속적인 일련의 특정 대사변화를 설정하는 핵에 있다. 이 과정은 난소의 생장기 동안 시작하여 난자의 외부적 형태, 일차적인 극성, 난자 내 물질의 분포 등을 확립하게 된다. 따라서 세포질의 분화는 추후의 작동이 다른 경우에서도 거의 확고히 결정된 경로로 일어나는 근간이 되도록 하는 형태로 설정된다(pp. 424~425).

월슨이 이용할 수 있었던 데이터는 모든 난자와 심지어 일부 배는 고도로 조절식인 방법으로 시작했다가 점차 모자이크 방식으로 된다는 가설을 지지한다. 이런 조절방식에서 모자이크 방식으로의 전환과 관련하여 배란과 수정이 일어나는 때는 여러 종에서 서로 다르다. 창고기에서 이 시기는 빨리 오고 연체동물과 유즐동물에서는 늦게 온다.

월슨과 다른 이들이 이런 결론에 도달하자 실험발생학의 다음 패러다임이 갖추어졌다. 배에서 분리한 각 부위의 발생보다는 그 부위들의 상호작용에 관심을 두게 되었다. 우리는 두 가지 예를 고려하게 될 터인데 하나는 성게에 관한 회르스타디오스의 연구이고 다른 하나는 양서류의 형성체에 관한 슈페만 학파의 연구이다.

제22장

발생 중의 상호작용

1920년과 1930년대 사이 스웨덴의 실험발생학자 스벤 회르스타디오스(Sven Hörstadius)는 성게(*Paracentrotus lividus*)의 배에 대해 일련의 주목할 만한 실험을 수행하였다. 그는 이런 미세한 배의 조작에 능숙했는데, 이 실험 결과와 그의 해석은 20세기 전반부 발생생물학에 가장 중요한 기여 중의 하나가 되었다.

성숙한 성게의 난자는 편리한 지표가 될 만한 색소를 띤 적도판을 갖고 있다. 다른 아주 많은 종에서 그렇듯이 최초의 난할 두 번은 자오선 방향이며 세 번째 난할은 적도 방향이다(〈그림 90〉). 그 결과로 생긴 8개의 세포는 대략 같은 크기이다. 16개의 세포가 생기게 되는 네 번째 난할은 동물반구의 수직 방향인데 그 결과로 8개의 세포가 단일층이 된다. 식물반구에서의 난할면은 수평 방향이며 불균등하여 4개의 대할구(*macromere*)와 4개의 소할구(*micromere*)가 생긴다. 다섯 번째 난할에서는 동물반구에 있는 8개의 세포층에서 일어나는 일에만 주목할 것이다. 이들은 an_1과 an_2라고 부르는 수평 방향의 두 층으로 나뉜다. 〈그림 90〉은 성게의 운명지도이기도 하다. 세포의 경계면과

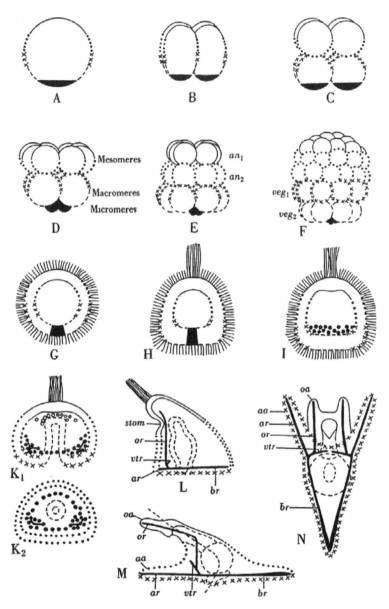

〈그림 90〉 성게 배의 정상적인 발생을 보여주는 스벤 회르스타디오스(1939)의 그림. 동일한 지역은 특정 부호로 표시되어 있다.

비난할 난자에서 그에 해당되는 지역은 다른 부호로 표시되어 플루테우스 유충단계에 이르기까지 난할의 전 과정 추적이 가능하다.

배의 다른 세포층들을 분리하여 재조합하는 실험들은 난자와 초기 배가 동물반극화 물질과 식물반극화 물질의 농도 기울기를 가진다는 가설을 이끌었다. 동물반극화 물질은 보통 외배엽 지역으로부터 형성되는 구조물의 발생에 필요한 것으로 가정되었다. 식물반극화 물질은 보통 추정상 중배엽과 내배엽 지역으로부터 유도되는 부위의 형성에 필요한 것으로 가정되었다. 정상적인 발생은 관련 부위의 문제라기보다는 이 두 가지 가정적인 물질의 적절한 균형이 존재하느냐의 문제로 보였다.

가상의 동물반극화 물질은 동물반극에서 그 농도가 가장 높고 식물반극에서 농도가 가장 낮은 것으로 가정되었다. 편의상 이들의 농도가 an_1에서 5, an_2에서 4, veg_1에서 3, veg_2에서 2, 그리고 소할구에서 1이라고 가정하자. 식물반극화 물질은 소할구에서 가장 높은 농도를 갖고 있어 5라 하고 세포층마다 1씩 감소하여 an_1에서 1이라 가정하자. 또한 전체 배나 실험적으로 만든 배의 조각에서 동물반극화 물질과 식물반극화 물질의 농도가 거의 동일할 때만 정상적인 발생이 가능하다고 가정하자. 따라서 정상적인 배에서 만일 우리가 an_1에서 소할구까지 수치를 합한다면 동물반극화 물질은 총 15$(5 + 4 + 3 + 2 + 1 = 15)$이며 식물반극화 물질의 총합$(1 + 2 + 3 + 4 + 5 = 15)$과 같을 것이다.

발생이 이러한 물질과 관련이 있다는 가설은 배의 an_2와 veg_1 사이를 수평으로 절단하여 검증해볼 수 있다. 동물반구는 $5 + 4 = 9$ 단위의 동물반극화 물질과 $1 + 2 = 3$ 단위의 식물반극화 물질을 갖게 될 것이다. 동물반극화 물질 9에 대한 식물반극화 물질 3의 비율은 전혀 동일하지 않다. 식물반구는 6단위의 동물반극화 물질과 12단위의 식물반극화 물질을 갖게 될 것이다.

이러한 실험의 결과가 〈그림 91〉에 나타나 있다. 위쪽의 열은 동물
반구(모두 외배엽으로 추정되는 $an_1 + an_2$로 구성)에서 유도된 포배를 예
시한 그림이다. 포배단계에 이르면 정단부의 기관이 정상크기(〈그림
90〉, H)로 되는 대신에 전체 배를 거의 덮을 정도로 확장된다. 배 A_1
부터 A_4는 나타난 여러 다른 결과인데 대다수는 A_1이나 A_2와 같다.

아래편의 열은 아래쪽 반구(식물반구; $veg_1 + veg_2 +$ 소할구), 즉 한
층의 외배엽, 주로 간충조직과 골격을 형성하는 대부분 내배엽으로
된 층, 그리고 소할구인 반구의 발생을 보여주고 있다. 이러한 유생
(플루테우스)은 보통 확장된 내장을 갖고 있으며 제대로 발달되지 않
은 팔을 갖고 있거나 아니면 팔을 전혀 갖고 있지 않고 종종 입을 갖
고 있지 않다. 더 초기의 경우 이들은 보통 정단기관을 갖고 있지 않

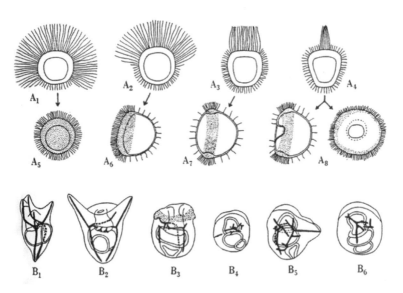

〈그림 91〉 성게 배의 분리한 동물반극(A)과 식물반극(B)의 발생(Hörstadius, 1939).

다. 이러한 결과는 정상적인 발생이 동물반극화 물질과 식물반극화 물질의 영향의 균형에 좌우된다는 가설을 지지하는 것처럼 보인다.

회르스타디오스의 가설은 다른 많은 여러 방법으로 검증되었다. 그는 32개나 64개 세포 단계에서 개별적인 세포층을 분리하는 테크닉을 개발하여 마음대로 조합했다(〈그림 92〉). 일부의 결과가 (괄호 속에 동물반극화 물질과 식물반극화 물질의 가상적 수치와 함께) 그림에 나와 있다.

(1) $an_1 + an_2$의 합은 커다란 정단 타래를 가진 할구; 거의 낭배 형성이 일어나지 않음(9단위의 동물반극화 물질과 3단위의 식물반극화 물질) (〈그림 92〉 A).

(2) $an_1 + an_2 + veg_1$의 합은 정상적인 정단 타래를 가진 할구; 거의 낭배 형성이 일어나지 않음. 이 3층은 전적으로 외배엽으로 구성(12단위의 동물반극화 물질과 6단위의 식물반극화 물질) (〈그림 92〉 B).

(3) $an_1 + an_2 + veg_2$의 합은 정상적인 정단 타래; 대체적으로 정상적인 플루테우스 유생(11단위의 동물반극화 물질과 7단위의 식물반극화 물질) (〈그림 92〉 D).

(4) $an_1 + an_2 + veg_1 +$ 소할구의 합은 정상적인 발생(13단위의 동물반극화 물질과 11단위의 식물반극화 물질) (〈그림 92〉 E).

(5) $an_1 + an_2 +$ 소할구의 합은 정상적인 발생(10단위의 동물반극화 물질과 8단위의 식물반극화 물질) (〈그림 92〉 F).

따라서 동물반극화 물질과 식물반극화 물질의 비율이 13/11이나 10/8처럼 비슷할 때 정상적인 발생이 일어나며 비율이 11/7이면 중간적인 조건이고 비율이 9/3이나 12/6처럼 현저하게 다르면 비정상적인 발생이 일어난다.

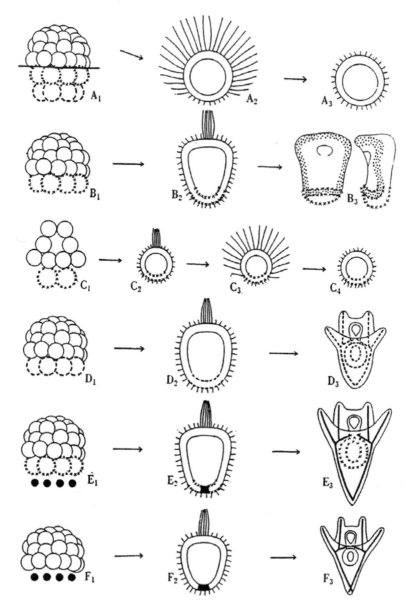

〈그림 92〉 성게 배의 세포층을 조합하여 일어난 발생(Hörstadius, 1939).

실험 3에서 단일 식물반구층인 veg_2의 첨가가 동물반극화 물질의 영향에 균형을 맞추기에 충분한 점을 유의하라. 잠정적 외배엽의 1/3(veg_1)과 보통 일차 간충조직과 골격을 형성하는 소할구가 없더라도 꽤 정상적인 플루테우스를 얻을 수 있다. 그러나 다른 세포는 자신들의 정상적인 운명을 바꿀 수가 있어서 정상적인 배에서는 누락된 층이 형성했을 구조를 만들 수 있다. 실험 4도 유사한 결과를 보여주고 있다. 정상적으로 내배엽을 형성하는 층인 veg_2가 제거되었다. 남아 있는 배는 단지 잠정적 외배엽과 일차 간충조직으로만 구성되어 있다. 그런데도 원장은 형성된다.

이러한 결과와 여기 열거되지 않은 다른 많은 결과는 다음과 같은 많은 중요한 결론을 낳았다.

(1) 2세포 단계의 할구가 분리되었을 때 각각은 동물극-식물극(A-V) 축을 따라 전 범위에 걸쳐 다른 농도로 물질을 갖고 있다. 그러나 방금 기술한 실험에서처럼 반쪽 배가 동물반구와 식물반구를 분리하는 적도면의 절단에 의해 생겼을 경우 발생은 비정상적이다.

(2) 따라서 반구의 분리에 대한 실험들은 성게의 배아 경선면(A-V축)을 따라 분리되면 조절통제형이 되지만 적도면을 따라 분리되면 대체적으로 모자이크형이 된다.

(3) 비록 동물극-식물극(A-V) 축을 따라 분포된 물질의 농도 경사를 가정하면 발생을 설명할 수 있지만 이러한 물질이 특정지역에 국한되어 있지는 않다. 5개의 세포층인, an_1, an_2, veg_1, veg_2, 소할구 중 어느 층을 제거해도 정상적인 유충이 생겨난다. 따라서 부분 기관의 발생은 전체 배에 좌우된다. 즉, 부분기관의 발생은 전체 조각이 허용하는 범위 내에서 되도록 최종 결과가 정상이 되는 방식으로 조절된다.

성게 배에 관한 연구에서 배울 교훈이 많이 있다. 아마도 가장 중요한 점은 자연과학의 "사실"(fact)은 기술하도록 되어 있는 정확한 현상만 수용해야 한다. 성게 배는 동물극으로부터 식물극으로 확장되는 자오선을 따라 할구를 분리해 얻은 반할구의 발생에 바탕을 둔 "사실"로 조절적인 발생에 대한 모델이다. 이 "사실"은 실험으로 동물반구와 식물반구를 분리했을 때 더 나은 "사실"로 대체되었다. 따라서 이제는 더 이상 성게 배를 "조절식"(regulative)이거나 "모자이크식"(mosaic)이라고 기술할 수 없고 어떤 조건과 어느 부위가 논의되는지를 규정해야만 한다.

드리슈가 틀린 것은 아니고 단지 그의 진술이 불완전했을 뿐이다. 그가 제기한 질문은 우리가 발생을 이해하는 데 근본적인 것이기에 다른 이들도 그의 실험을 반복하려고 했다. 다른 이들이 그의 테크닉을 사용했을 때 보통 그와 동일한 결과를 얻었다. 회르스타디오스는 다른 방식으로 질문을 던질 수가 있어서 초기 발생에 대한 우리의 이해를 확장시킨 다른 답을 얻을 수가 있었다. 하나의 연역추론에 대한 검증으로 가설이 "의문의 여지없는 사실"로 확립되는 경우는 거의 없다.

양서류의 형성체 (*Amphibian Organizers*)

1920년대 초에 주목을 끌 만한 새로운 패러다임이 시작되었다. 이것은 양서류 배의 부위들이 어떻게 서로에게 영향을 미치는지를 발견하려고 한 독일의 발생학자 한스 슈페만(Hans Spemann, 1869~1941)에 의해 시작된 일련의 연구였다. 이 결과로 형성체(*organizer*)라는 배의 한 부위가 반응조직(*reacting tissue*)인 다른 부위의 분화에 영향을 미칠 수 있다는 가설이 나오게 되었다.

말기 포배 단계에 있는 양서류 배의 세포들은 본질적으로 동일한 것처럼 보였다. 확실히 가장 작은 세포가 동물극에 가장 큰 세포가 식물극에 배치되는 크기 차에 따른 기울기가 존재한다. 또한 동물극에는 적게, 식물극에는 많이 있는 식으로 난황 과립의 농도 기울기도 존재한다. 동물반구의 세포는 멜라닌 과립으로 차 있지만 식물반구의 세포는 상대적으로 색소가 없는 편이다. 이러한 차이를 제외하곤 다른 지역의 세포들이 전혀 다른 운명을 갖도록 할 만한 것은 없다. 따라서 단일 세포인 접합자가 많은 세포로 된 후기 포배로 전환되는 것은 세포의 분화가 거의 없이 난할에 의해 일어나며 그냥 작아지기만 한다.

양서류의 배에서 최초로 형성되는 기관계는 신경계로서, 발생학자의 주목을 받게 된 것이 놀라운 일은 아니다. 비록 성체에서는 내부에 있지만 초기 배에서는 바깥에 나타난다. 낭배 형성의 종결 시 편평한 지역인 신경판이 보이며 닫힌 원구로부터 앞쪽으로 확장된다. 신경습은 신경판의 가장자리에 나타나서 중심으로 이동하여 신경릉을 따라 융합되어 바깥 표피 아래층에 놓인 신경관을 형성한다(〈그림 74〉, 〈그림 75〉, 〈그림 82〉).

이러한 단계들의 배를 단면으로 절단된 재료로 검사하면 신경판이 형성될 때에 이르러서는 낭배 형성의 운동이 신경판 아래에 차후의 척삭세포층을 유발한 것을 볼 수 있다. 반복적으로 관찰하면 포그트의 운명지도가 암시하듯이 정상적인 발생에서 이러한 사건이 항상 일어나는 것이 드러난다. 신경관은 원구와 원장의 위치와 배의 극성에 따라 일정한 관계로 형성된다. 이러한 일정한 관계는 매우 중요하다. 왜냐하면 어떤 일이 항상 일어난다면 그것은 고정된 현상이며 아마도 인과관계를 가진 것으로 가정되기 때문이다.

따라서 우리의 문제는 그러한 원장의 지붕 바로 위 지역에 있는 잠정적 외배엽이 낭배 형성의 종말 시에 어떻게 신경관이 되며 반면에 동일하게 보이는 나머지 잠정적 외배엽 세포가 몸의 표피세포가 되는지를 이해하는 것이다. 그 차이는 아주 놀랄 만하다. 우리 몸에서 잠정적 외배엽 세포 한 세트는 너무나 변하여 표피가 무엇인지 생각하게 하는데, 누구도 표피세포가 뇌세포가 되리라고는 결코 생각할 수 없을 것이다.

따라서 우리는 "왜 이렇게 다른 운명을 갖게 되는가?"라고 묻게 된다. 답은 오직 실험을 통해서만 얻을 수 있지만 언제나 그렇듯이 무엇을 해야 할지, 즉 답을 구할 수 있는 질문을 어떻게 해야 하는가를 알아야 하는 엄청난 문제가 존재한다. "각 부분이 모자이크식 또는 통합조절식으로 발생하는가?"라는 질문으로 시작할 수 있다. 초기 낭배의 추정적인 신경관 세포가 어떻게 신경관 세포로 되는지를 설명하는 서로 대안적인 두 가지 가설이 제시되었다.

가설 1) 초기 낭배의 잠정적인 신경관 세포는 신경조직을 형성하게 되는 고유의 능력을 함유하고 있다. 이들은 결정된 상태, 즉 자신 내에 신경관으로 분화되는 데 필요한 모든 것을 갖고 있다.

가설 2) 초기 낭배의 잠정적인 신경관 세포는 신경조직을 형성하는 고유의 능력을 함유하고 있지 않다. 즉, 이들은 여전히 통제조절되는 단계에 있으며 신경관으로 분화되려면 외부의 잠정적인 신경관 지역의 영향이 필요하다.

서로 대안적인 이러한 가설은 동일한 실험으로 검증할 수가 있다. 따라서 잠정적인 신경관 세포가 이미 결정되어 있고 자신 내에 신경관으로 분화되는 데 필요한 모든 것을 갖고 있다면 이 연역은 논리적으로 다음과 같이 귀결된다.

잠정적인 신경관 세포는 만일 배의 나머지 세포와 분리되어 있더라도 신경관으로 분화될 수 있어야만 한다.

이제는 이 연역을 증명하거나 부인할 실험적 방법을 고안할 수 있어야 한다. 이러한 한 가지 실험이 슈페만의 제자였던 요하네스 홀트프레터(Johannes Holtfreter, 1901~1992)에 의해 수행되었다. 그는 초기 포배에서 포배강 천정의 조각을 잘라 묽은 소금 용액에 배양하였다. 각각의 세포는 많은 난황 과립을 갖고 있어서 외부 영양원을 필요로 하지 않았다. 이러한 외식체(*explant*)는 낭배를 형성하여 신경조직을 형성하는 데 필요한 날짜보다 더 많은 기간인 수일 동안 살아남았다. 외식체는 잠정적인 신경관 지역과 표피 지역의 두 군데서 채취되었다. 많은 실험 결과가 동일하였는데 어느 유형의 외식체도 신경조직으로 분화되지 못했다. 양쪽 다 단순한 표피세포만을 형성하였다

(〈그림 93〉위쪽). 만일 이러한 결과가 연역에 대한 적절한 검증으로 수용될 수 있다면 가설 1을 지지하지는 못했지만 가설 2는 지지한다는 결론을 내려야만 한다. 물론 이 실험은 포배강 천정의 절편 조각을 손상했기 때문에 비판을 받을 수가 있다. 그러나 다음에 바로 보게 되듯이 다른 외식체들에 의한 자가분화가 가능하기 때문에 이러한 가능성을 일부나마 제외할 수 있다.

이런 첫 번째 실험의 증거는 이들이 자가분화를 할 수 없기 때문에 낭배 형성의 시작에 의해 잠정적인 신경관 세포가 결정되는 것이 아니라는 것을 제시하고 있다. 그렇더라도 이들은 하루 내에 결정되는 것이 틀림없는데, 왜냐하면 그 기간에 신경관을 형성하기 시작하기 때문이다.

이제 홀트프레터는 낭배 형성은 끝났지만 신경판의 흔적이 나타나기 전에 실험을 수행했다. 그 결과는 파격적으로 달라져 잠정적인 표피조직이 아니라 잠정적인 신경조직에 의해 신경조직이 형성되었다 (〈그림 93〉아래쪽). 홀트프레터는 아주 우연히 그의 가설을 검증할 다른 방법을 발견하였다. 전혀 다른 문제를 해결하려고 고안한 어떤 실험에서 필요 이상의 염이 첨가된 물에 초기 낭배를 방치하였다. 그러나 낭배를 둘러싼 젤리 막이 제거되어 동물반구가 아래쪽으로 향하도록 배가 회전되었다. 이러한 조건하에서 낭배 형성의 운동은 비정상적이었다. 잠정적인 외배엽 세포가 식물성 반극으로 이동하지 않았으며 배의 나머지 지역으로부터 멀어지려는 경향을 보였다. 그 결과로 외형성 낭배(exogastrula)라고 알려진 아령 모양의 배가 생겼다. 극단적인 경우에 잠정적인 외배엽 세포는 단지 가는 실 같은 잠정적 외배엽과 중배엽 세포들에 의해서만 연결된 불규칙한 덩어리를 형성하였다 (〈그림 94〉).

두 부위의 발생은 매우 달랐다. 잠정적 외배엽과 중배엽은 심장, 근육, 소화관의 일부, 그리고 이런 두 층의 세포에서 정상적으로 형성되는 다른 기관으로 분화되었다. 이러한 세포층은 자가분화를 할 수 있었다. 이와는 뚜렷이 대조적으로 잠정적인 외배엽에서는 근본적으로 분화가 일어나지 않아서 신경관의 흔적이 나타나지 않았다.

외형성 낭배는 잠정적인 외배엽이 다른 지역과 이런 식으로 분리되는 면에서뿐만 아니라 다른 두 잠정적인 지역의 비정상적인 운동에서도 이상하다. 배는 안과 바깥이 뒤집어져 있다. 그 결과로 중배엽이 외배엽의 내부에 있고 원장의 내층이 바깥을 향하고 있다(〈그림 94〉).

또다시 데이터는 잠정적인 신경조직이 낭배 형성의 시작단계에는

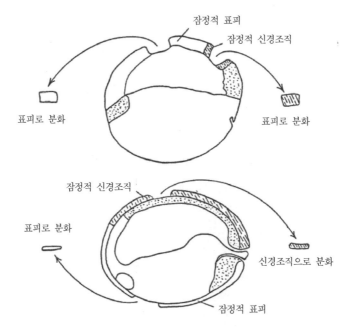

〈그림 93〉 초기(위)와 후기(아래) 낭배에서 잠정적 신경 조직과 잠정적 표피를 이식한 요하네스 홀트프레터의 실험.

결정되어 있지 않다고 암시하고 있다. 그러나 신경조직이 낭배 형성의 종말 시기에 결정된다는 사실은 알려져 있다. 따라서 초기 낭배와 말기 낭배 사이의 기간 동안 어떤 변화가 일어나는 것이 틀림없다. 그러나 외식체이든 외형성 낭배의 일부이든 간에 이 시기에 이들 세포는 결정되어 있지 않기 때문에 이런 변화가 잠정적인 신경관 조직에서는 일어나지 않는다. 따라서 그 변화가 배의 다른 부분에서 온 영향때문이라고 의심할 수 있으며 이는 거의 확실히 잠정적인 중배엽이나 잠정적인 내배엽 또는 양쪽 모두에서 영향을 받는다는 의미이다. 이것은 잠정적인 외배엽이 낭배 형성의 시작단계에서 완전히 결정되어 있지 않고 어떤 외부의 영향이 외배엽의 일부가 신경조직이 되도록

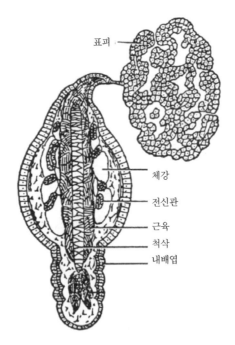

〈그림 94〉 외형성 낭배 부위의 분화(홀트프레터, 1933b).

결정한다는 두 번째 가설과 들어맞는다. 오직 잠정적인 외배엽의 일부만 신경조직이 되기 때문에 외부의 자극은 국소적이어야만 한다. 이 경우가 사실이라면 다음의 연역을 내릴 수가 있다.

> 만일 잠정적인 외배엽을 함유한 동물반극과 배의 나머지 지역의 상대적 위치가 변경된다면 그에 맞추어서 신경관의 위치가 변경되어야만 한다.

슈페만에 의해 이러한 연역에 대한 실험적인 검증이 이뤄졌다. 그는 초기 낭배의 동물반극 윗부분 일부를 절단하여 180 회전하여 배의 아래 부분에 끼워 넣었다. 잘린 두 부분이 아물어서 배는 정상적인 유충을 형성하였는데, 동물반극의 잠정적인 지역에 관해서가 아니라 복부 면에 대해서 형성되었다.

〈그림 95〉에 그 실험이 나타나 있다. 위의 그림은 조작하지 않은 정상적인 배의 것이다. 포그트가 확립하였듯이 (그림에서 점으로 표시된) 잠정적인 척삭지역이 원구배순 위에 있고 잠정적인 신경관은 그 위에 있다. 아래쪽의 두 그림은 조작내용을 보여준다. 빗금을 친 지역을 따라 동물반극을 절단하여 반대편으로 회전하였다. 그 결과로 잠정적인 신경관 지역은 이제 정상적인 위치에서 180 회전하였고 잠정적인 표피는 잠정적인 척삭 옆에 위치하게 되었다. 조작된 배는 계속 발생하지만 신경습은 원구배순과 연관되어 형성된다. 이것은 잠정적인 표피가 신경관을 형성하고 잠정적인 신경관 세포가 표피를 형성한다는 의미이다.

이 실험은 잠정적인 외배엽의 분화가 배의 등 쪽 부위에 의해 크게 영향을 받는다는 것을 보여주고 있다. 그렇다면 어떤 부위일까? 정상적인 발생과 지금 언급한 동물반극의 회전에 관한 실험 모두에서 신

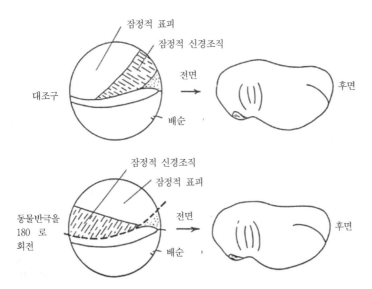

<그림 95> 동물반극의 회전과 관련된 한스 슈페만의 실험을 나타낸 도해.

경판과 신경관의 위치에 대한 원구배순의 일정한 관계는 배순이 관여
한다고 제시하고 있다. 배순은 잠정적인 척삭세포가 나타나는 장소로
원장의 지붕을 형성하며 신경판 아래에 놓여 있다.

　이러한 실험들과 그 분석은 가설 2를 변형한 가설을 제시한다.

　　가설 2a) 초기 낭배의 잠정적인 신경판 세포는 신경조직을 형성하는 고
　　　　　　유의 능력을 함유하고 있지 않다. 대신에 잠정적인 신경판 세
　　　　　　포는 천장 지붕의 잠정적인 척삭세포들의 자극의 결과로 결정
　　　　　　된다.

　만일 이 가설을 맞는 것으로 받아들인다면 다음의 연역이 그에 대
한 검증이 될 수 있다.

만일 제공자 배로부터 배순세포들이 제거되어 숙주 배에 이식된다면, 그리고 그 세포들이 함입될 수 있다면 신경관이 숙주의 그 위에 놓인 잠정적인 외배엽으로부터 만들어져야만 한다.

이런 어려운 실험이 1924년 당시 슈페만의 제자였던 힐다 망골드 (Hilda Mangold)에 의해 수행되었다. 이 실험은 발생학의 고전 중의 하나로서 1935년 슈페만에게 노벨상을 안겼다(힐다 망골드는 실험이 수행된 후 얼마 지나지 않아 사망했다. 노벨상은 수상 당시 생존해 있는 사람에게만 수여된다 ─ 역자).

세포의 기원을 알아내기 위하여 두 가지 종의 도롱뇽 배를 사용했는데 한 종은 배가 거의 흰색이었고 다른 종의 배는 갈색이었다. 작은 조각의 조직을 제공자 배의 배순지역에서 제거하여 숙주의 배순에서 180 방향인 부위로 이식하였다(〈그림 96〉). 따라서 숙주는 자신의 것과 제공자의 것인 두 개의 배순을 갖게 되었다. 두 종의 색소 착색의 차이 때문에 제공자의 배순세포가 함입된 것이 확인될 수 있었다. 숙주의 신경릉(1차배)이 형성될 때 제공자의 배순세포가 함입된 지역 위에서도 신경릉(2차배)이 형성되었다.

이제 우리 앞에 중요한 질문이 던져졌다. 2차배가 제공자의 조직 또는 숙주의 조직, 아니면 양쪽 모두의 조직에서 형성되었는가? 또다시 숙주와 제공자 세포의 색소 착색의 차이 때문에 차이를 구분할 수가 있었는데 그 답은 모두 '그렇다' 였다. 제공자 조직은 나중에 척삭을 형성하는 2차배의 원장 지붕을 형성한다. 또한 주로 중배엽에 해당하는 다른 구조들도 형성한다. 그러나 신경관은 거의 전적으로 숙주조직으로부터 형성되었다. 따라서 정상적으로는 표피를 형성해야 할 숙주세포가 지금은 신경관을 형성한다.

따라서 슈페만과 망골드는 배순에서 함입하여 원장의 지붕을 형성하는 차후의 척삭세포는 발생에 중대한 영향을 미친다는 사실을 보여주었다. 이들은 이러한 세포들을 형성체(organizer)라고 하였고 미결정된 외배엽 세포에 대한 이들의 작용을 유도(induction)라고 했다.

이제까지 기술한 실험들은 정상적인 배에서 신경관은 형성체의 영향하에서 형성되는 것을 제시하고 있다. 낭배 형성의 시초에 형성체 지역은 포그트의 예정배역도(fate map)에서 대략 잠정적인 척삭지역에 일치하는 배순 위에 있는 세포들로 구성된다(〈그림 79〉). 이 지역은 함입되어 원장의 지붕을 형성한다. 그런 다음 원장의 지붕은 그 위를 덮는 외배엽을 유도하여 신경관을 형성한다. 이런 유도적인 영향이 없으면 이런 세포는 단순한 표피만을 형성하게 된다.

이제 우리는 외형성 낭배 형성(exogastrulation)이라는 조직의 이식과 동물반극의 회전에 의해 나온 실험 결과를 해석할 수 있는 이론적인 바탕을 갖게 되었다. 잠정적인 신경판 세포가 초기 낭배로부터 이식되면 이들은 형성체에 의해 자극을 받지 못하게 되어서 신경조직을 형성할 수가 없다. 외형성 낭배에서도 마찬가지로 잠정적인 외배엽은 형성체와 결코 접촉하지 못하게 된다. 그러나 이 경우에 홀트프레터는 어떤 아주 흥미로운 관찰을 했다. 그는 배양조건을 변화시킴으로써 부분적인 외형성 낭배를 얻을 수 있다는 사실을 알아냈다. 이런 경우에 잠정적인 중배엽 및 내배엽과 접촉하게 된 잠정적인 외배엽은 신경조직을 형성하도록 유도된다.

포배강의 지붕을 회전시킨 실험도 유사한 설명이 가능하다. 원래의 잠정적인 신경관 지역이 원장의 지붕이 접촉할 수 없는 위치로 옮겨져 표피로 남게 된 것이다. 그러나 잠정적인 표피는 원장 지붕 위에 놓여 신경관을 형성하도록 유도된 것이다.

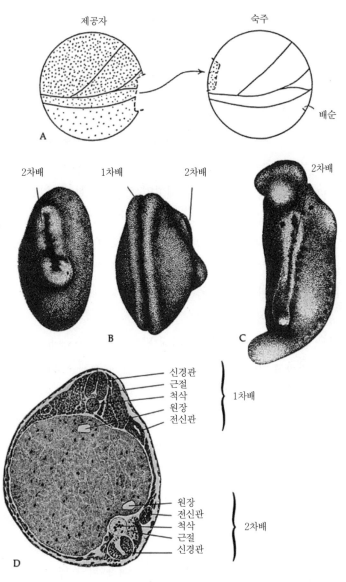

제공자   숙주

A

배순

2차배   1차배   2차배   2차배

B   C

신경관
근절
척삭   } 1차배
원장
전신관

원장
전신관
척삭   } 2차배
근절
신경관

D

〈그림 96〉 숙주 슈페만과 망골드의 배순 이식 실험. A는 조작 내용의 도해도. 상세한 부호는 〈그림 79〉를 참조하시오. B와 C는 2차배를 나타낸다. D는 1차배와 2차배의 구조를 보여주는 종단면이다(B, C, D는 슈페만과 망골드의 자료(1924)에서 변형한 것이다).

2차 형성체 (*Secondary Organizers*)

나중에 원장의 천정을 형성하는 배순조직과 연관된 1차 형성체 외에도 다른 형성체들이 곧 발견되었다. 입, 심장, 눈, 수정체, 안구, 후각기관, 전신관, 그리고 다른 많은 구조들에 대한 2차 형성체가 발견되었다. 실제로 초기 배의 1차축 구조가 원장의 벽을 형성하는 함입된 물질에 의해 조절된다고 제시할 만한 증거가 많다.

시배(*optic cup*)와 눈의 수정체 형성이 한 예가 될 수 있다. 포그트의 운명 지도에서 양서류의 눈은 기원이 두 곳인 것을 볼 수 있다(〈그림 79〉). 아래의 도표는 잠정적인 신경관 지역의 중간에 있는 잠정적인 시배를 보여주고 있다. 그러나 수정체는 잠정적인 표피 조직 지역에서 왼쪽과 오른쪽 위에 있는 작은 타원체이다. 이것들은 도표의 위에 표시되어 나타난다.

완전한 눈은 정상적인 시각을 위해 당연히 필요하듯이 수정체가 가운데에 위치하고 있다. 가운데에서 벗어난 수정체는 아무런 쓸모가 없을 것이다. 낭배 형성과 신경배 형성 동안 잠정적인 지역의 복잡한 이동을 생각하면 이 과정은 너무나 정확히 수정체가 항상 있어야 할 곳에 나타나 놀라울 뿐이다. 그 이유가 있다.

시배는 원장 지붕에 의해 유도된다. 이것은 1차 형성체가 다수의 특정한 영향을 미친다는 것을 암시하는 것처럼 보인다. 즉, 이것(들)은 신경관을 형성하기 위해 그 위를 덮는 외배엽뿐만 아니라 또한 다른 구조들도 유도한다.

신경릉이 닫힌 후 얼마 지나지 않아 시배가 뇌의 바닥에서부터 측면방향으로 자라기 시작한다(〈그림 83〉, 80시간). 시배가 표피에 도달하면 시배와 인접한 표피의 내층으로부터 수정체가 형성되기 시작한다. 뒤이어 여전히 색소과립으로 차있으며 〈그림 83〉에서 아주 불투명한 표피의 바깥층이 투명해지기 시작하면서 각막을 형성한다.

이러한 사건의 상호관계를 실험적으로 검증할 수 있다. 시배가 형성되기 시작할 때 머리 표피에 갈라진 틈을 만들고 한쪽 편에 있는 시배를 자른다. 그런 다음 표피를 뒤쪽의 위치로 밀쳐내어 몇 분 내에 자른 부위를 아물게 한다. 이틀 동안 배가 발생하도록 둔 뒤에 고정하여 현미경으로 검사할 수 있도록 처리한다. 우리는 이제 한 개체에서 실험용에다 대조구용 동물을 함께 가진 셈이다. 처리하지 않은 쪽의 시배는 수정체를 가진 정상적인 눈을 만드는 것으로 드러났다. 그러나 처리한 쪽은 뇌는 아물었지만 시배와 수정체가 모두 없었다. 그러므로 뇌세포는 절단된 시배를 대신할 수 있게끔 조절할 수가 없다. 따라서 시배가 없이는 수정체의 분화가 일어나지 않는다. 이 결과는 시배가 수정체의 형성체인 것을 의미한다.

그 다음 실험은 이 결론을 지지한다. 시배가 형성되기 시작할 때 이것을 제거하여 몸통 지역의 표피 아래에 둔다. 상처가 아물어 수정체가 정상적으로 형성될 무렵에 이식된 시배에 인접한 몸통의 표피는 렌즈를 형성한다. 따라서 시배가 그 위에 놓인 표피를 유도하여 수정체가 형성되도록 한 것은 의심의 여지없는 사실이다. 그 몸통 표피는 정상적으로 계속 분화하여 표피가 되었을 것이다. 그러나 이 실험은 몸통 표피가 여전히 운명이 제시하는 것 이상을 할 능력, 발생학자의 용어로는 반응력(competence)을 갖고 있다는 것을 보여준다.

옆구리에 위치한 그 수정체는 구조적으로 정상으로 보일지라도 기능이 없다. 올챙이가 어디에 있었는지 또는 적어도 누가 뒤에서 기습해오는지를 볼 수 있도록 하지 않는다. 이식된 눈은 전혀 적절한 신경연결을 하지 못한다. 우리는 눈이 아니라 뇌로 "보게"(see) 된다.

반응조직

이러한 신경관과 수정체의 유도에 대한 기재는 유도 물질의 역할을 강조하고 있다. 이것은 반응조직(*The Reacting Tissue*)이 형성체에 의해 수동적으로 모양을 갖춘다는 인상을 주지만 사실이 아니다. 형성체에 반응하는 조직의 능력은 여러 가지 면에서 제한되어 있다.

나이가 한 가지 한계에 해당된다. 전에 기술한 실험은 초기 낭배의 잠정적인 외배엽 어느 부분도 신경관을 형성하도록 유도될 수 있지만 이런 특정 능력은 오래 유지되지 않는다. 신경릉이 닫힐 무렵의 단계에서 잠정적인 표피 조직은 더 이상 원장의 천정 형성체에 의해 유도될 수가 없다. 그러나 여전히 다른 형성체, 예를 들면 시배에 반응하는 능력을 가져 수정체를 형성한다.

조직 특이성은 또 다른 한계가 된다. 이식은 이식할 시기에 조직이 어느 정도 결정되었는지를 시험해 볼 수 있는 방법이다. 따라서 배로부터의 영향이 없이 어느 정도로 자가분화할 수 있는지를 알 수 있다. 그러한 시험은 초기 낭배의 잠정적인 외배엽이 불가역적으로 결정되지 않았다는 것을 보여준다. 만일 유사한 이식 실험을 초기 낭배의 잠정적인 척삭과 인접한 중배엽 지역을 가지고 행하면 다른 결과를 얻게 된다. 두 종류의 외식체(*explant*)는 모두 너무 작아서 기관을 만들 수는 없지만 척삭, 신경조직, 다른 유형의 조직으로 분화된다. 그러므로 이러한 세포는 부분적으로 결정된 것이다. 이들은 분화된 조직을 형성할 수는 있지만 완전히 결정되어 있지는 않다. 즉, 그들의 운명이 제시하는 대로만 형성될 수 있다. 내배엽 외식체는 세포가 서로 떨어져나가는 경향을 보이기에 문제가 있지만 간접적인 증거로 보면 낭배의 잠정적인 내배엽은 완전히 결정되어 있는 것이 아마도 거의 확실하다.

조직이 반응하는 능력, 즉 반응력(competence)은 다른 방식으로도 검사할 수가 있다. 초기 낭배의 작은 조각을 신경배처럼 오래된 배의 몸의 여러 부위에 이식하면 반응조직의 또 다른 중요한 성질을 알 수 있다. 잠정적인 외배엽의 조각을 이식하면 이들이 옮겨진 위치에 어떤 구조가 존재하든 그 조직의 형성에 참여하는 것으로 밝혀졌다(〈그림 97〉). 만일 심장 지역으로 이식되면 심장 조직이 형성되고 간 지역으로 이식되면 간 조직이 형성되며 신장 지역은 신장으로 뇌 지역은 뇌로 형성된다. 잠정적인 척삭-중배엽(chorda-mesoderm)에서도 마찬가지이다. 따라서 잠정적인 외배엽과 잠정적인 척삭-중배엽은 배엽(germ-layer) 특이성을 보이지 않는다. 외견상으로 이들 지역의 세포들은 어느 배엽에 속하는지 모르는 것 같다. 〈그림 98〉은 초기 낭배의 각 부위에 대한 발생학적 상태를 요약한 것이다.

유전적 특이성은 반응조직의 또 다른 한계이다. 슈페만과 망골드의 배순이식실험에서는 색소를 띤 트리톤 타에니아투스(Triton taeniatus, 도롱뇽의 일종으로 영원류에 속함—역자) 배와 엷은 색깔의 트리톤 크리스타투스(Triton cristatus)의 배가 사용되었다. 이런 착색의 차이는 조직학적인 시료에서도 드러났다. 따라서 크리스타투스의 배순을 타에니아투스에게 이식했을 때 숙주인 타에니아투스의 외배엽이 신경관을 형성한 것을 알아내는 게 가능했다.

그러나 어떤 종류의 신경관일까? 타에니아투스의 신경관일까 아니면 크리스타투스의 신경관일까? 즉, 유도된 신경관의 구조가 숙주에게 아니면 제공자에게 순응할까? 그 질문에 대한 답은 구할 수 없었는데, 두 종의 신경관이 모양이나 전체적인 외관에서 동일하기 때문이다. 숙주와 제공자의 배에서 유도된 구조가 인식이 가능하도록 다른 체제가 필요했다.

또다시 자연은 필요한 재료를 제공했다. 개구리의 입 지역은 도롱농과 크게 다르다. 개구리 유충의 입은 검은색의 뿔 모양의 턱과 작은 치열(이들은 외배엽에 의해 형성되며 진정한 턱이나 치아와 다르다)과 접하고 있다. 도롱농 유충은 외배엽에서 나온 턱과 치아가 없으며 입은 머리에 있는 구멍에 지나지 않는다.

개구리와 도롱농의 배에서 입이 형성될 외배엽 지역을 서로 교환하

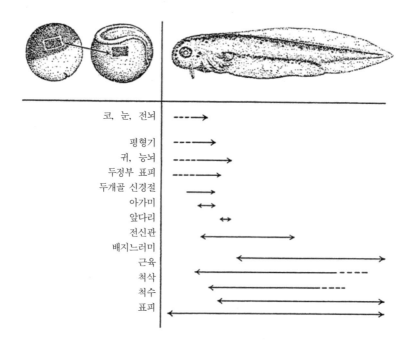

〈그림 97〉 초기 낭배의 잠정적인 외배엽의 반응력을 시험하는 홀트프레터의 실험(1933). 도롱농의 낭배조직을 숙주의 위치에 걸맞은 구조를 형성하는 나이든 배의 여러 부위에 이식했다. 화살표는 왼쪽에 열거된 제공자 조직에서 유도된 구조를 보여준다. 따라서 유충 아가미의 바로 전면에 있는 두 지점에서 직접 그린 선은 이식한 외배엽이 숙주에서 그 부위에 놓였을 때 후각기관, 눈, 전뇌, 중뇌, 평형기, 귀, 능뇌, 두정부 표피, 신경릉, 아가미, 전신관, 근육, 표피, 연결 조직을 형성할 수 있다는 것을 보여준다.

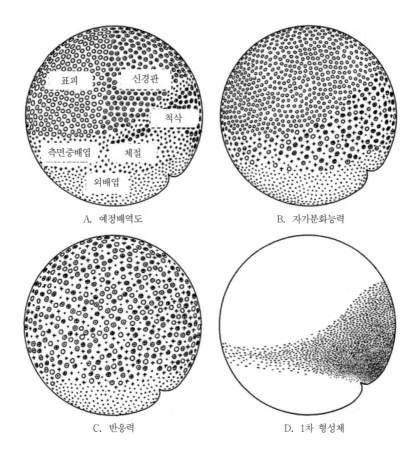

A. 예정배역도

표피   신경판

척삭

측면중배엽   체절

외배엽

B. 자가분화능력

C. 반응력

D. 1차 형성체

〈그림 98〉 초기 낭배 세포의 발생 상태를 보여주는 홀트프레터의 실험(1936). A는 예정 배역, 즉 잠정적인 지역을 나타낸다(〈그림 79〉와 비교하시오). B와 C에서도 동일한 부호 가 사용되었다. B는 낭배의 여러 부위로부터 나온 조각 외식체가 이식되었을 때 자가분화하 는 능력을 나타낸다. C는 나이든 배의 여러 부위에 이식되었을 때 나타나는 세포의 반응력 을 보여준다. D는 1차 형성체의 분포와 상대적인 잠재력을 보여준다.

는 것이 가능하다. 따라서 앞의 질문에 대한 답을 얻을 가능성이 생겼다. "만일 입 지역이 유도된다면 숙주나 제공자의 특성을 가질까?" 그러한 실험의 결과는 명백했다. 도롱뇽 배에 이식된 개구리의 외배엽은 비록 도롱뇽 입 지역의 형성체에 의해 유도되었지만 뿔 모양의 턱과 치아를 가진 개구리의 입을 형성했다. 숙주와 제공자를 뒤바꾼 실험에서 개구리에 이식된 도롱뇽의 외배엽은 도롱뇽의 입을 만들었다.

이런 유형의 다른 실험들도 시도되어 조직은 자신의 유전적인 조성에 부합되게 반응한다는 일반적 규칙을 얻게 되었다. 반응력을 가진 조직은 형성체에 대해 반응할 수 있지만 자신의 방식대로 해야만 한다. 형성체는 일반적 자극이며 이들 작용의 최종 결과는 반응조직의 유전적 한계에 의해 조정된다는 느낌을 받게 된다. 물론 정상적인 배에서는 형성체조직과 반응조직이 같은 개체의 것이며 따라서 같은 유전자를 지니기에 전혀 문제가 없다. 다른 유전형의 유도조직과 반응조직을 합치게 되는 경우는 반응조직의 반응한계에 대한 원리를 밝히기 위한 실험적 조건하에서만 벌어진다.

이런 양서류의 실험발생학에 대한 광범위하면서도 상세한 연구는 우리가 발생반복을 이해하는 데 중요한 공헌을 했다. 예를 들면, 왜 "쓸모없는"(useless) 구조인 척삭이 양서류의 유충에서 형성되어 성체의 척추로 대체되는지 쉽게 이해할 수 있다. 실험적인 증거는 중추신경계의 유도에서 절대적인 역할을 한다고 보여주고 있다. 다른 실험들은 척삭이 다른 척추동물에서 같은 역할을 하는 것을 보여주었다. 그러므로 척삭은 비록 근육 요소로서 일시적인 중요성을 갖지만 척추동물 배의 기본적인 기구이다. 이것은 배가 낭배 단계를 거치는 데 필요하기 때문에 모든 척추동물에 존재한다.

모든 척추동물의 배에서 마찬가지로 반복 발생하는 전신관에 대해서도 유사한 유형의 실험이 이뤄졌다. 전신관은 양서류의 유충에서는 기능하지만 올챙이와 개구리 성체에서는 기능적인 신장인 중신관에 의해 대체된다. 병아리의 배도 전신관으로 시작되지만 전혀 기능하지 않는다. 이들의 배아에서 기능적인 신장은 중신관이며 성체의 신장은 후신관이다. 왜 그 쓸모없는 전신관을 만드는 귀찮은 짓을 할까? 알고 보니 전혀 쓸모없는 짓이 아니었다. 양서류나 병아리에서 전신관의 관을 절단하면 중신관이 발생되지 않는다. 척삭처럼 전신관도 잠깐이지만 배 발생에서 절대적인 역할을 한다.

일부 반복 발생하는 구조들의 유도적인 역할을 알고 나니 19세기 발생학자들과 형태학자들에게 너무나 중요하면서도 수수께끼 같았던 개념을 재평가할 수 있게 된다. 그들은 두 가지의 근본적인 오류를 범했다. 첫째는 척삭이나 전신관 같은 구조가 더 복잡한 척추동물에서는 "쓸모없는" 구조라고 가정한 것이다. 그리고 둘째는 발생과 진화는 너무나 엄격하여 "쓸모없는" 구조의 생산과 같은 비효율적인 것은 자연선택에 의해 급속히 제거될 거라고 가정한 것이다.

우리의 마지막 결론은 일부 구조들이 반복 발생하는데 그럴 만한 충분한 이유가 있다. 척삭지역은 골격근육계의 필요한 부분이 아닐 수는 있어도 형성체로는 필요하다. 이것은 대체로 폰 바에르가 상상했던 반복 발생으로 자연적인 그룹의 다양한 생물체가 공통적인 발생 패턴을 공유하는 것이다. 그것이 실제 경우이기에 사실이라면 개체발생이 어느 정도는 유연관계를 반복 발생하는 것처럼 보이며 더 나아가서는 개체발생이 개체발생을 반복 발생하는 것이 필연적이다.

형성체의 화학적 본성

명백히 배순 형성체는 발생에서 아주 중요하기에 이것의 화학적 본성을 배우려는 열의가 대단했던 것이 그리 놀랄 일은 아니다. 1930년대에 내분비학자들이 점점 더 많은 호르몬을 찾아내서 일부를 분리할 수 있게 되었을 때 이런 종류의 질문들이 나오게 되었다. 형성체가 호르몬과 같은 물질일까? 원장의 천정에서 그 위에 놓인 외배엽이 신경관을 형성하도록 하는 이런 호르몬과 같은 물질이 분비된다는 가설을 세울 수도 있다.

형성체는 널리 분포하는 것으로 밝혀졌다. 양서류의 배에 상응하는 어류, 파충류, 조류, 포유류 등 다른 척추동물의 구조도 양서류의 배에 시험했더니 형성체로 작용했다. 다시 말해 이들이 2차배를 유도했다. 이것은 흥분할 만한 일이지만 더욱 놀라운 발견은 배순이나 원장 지붕의 일부 조각을 열이나 화학물질의 처리로 죽인 후에도 이들이 여전히 미결정된 외배엽이 신경조직을 형성하도록 유도한다는 사실이다. 이것은 너무나 중요한 사실인데 왜냐하면 형성체가 안전한 화학물질이라는 것을 암시했고 추출하여 정제할 수 있다는 것을 의미했기 때문이다.

그러나 곧 이해할 수 없는 여러 가지 사실이 드러났는데 적어도 이론과 부합되지 않았다. 죽인 배순만 형성을 유도하는 것이 아니라 양서류 낭배의 어느 부위라도 죽인 조직은 형성을 유도했다. 형성체로 작용할 수 있는 조직의 범위를 결정하기 위한 초기 실험들은 그런 능력이 주로 살아 있는 배에서 잠정적인 척삭지역과 배순의 위에 놓인 잠정적인 내배엽에 한정되어 있었다(〈그림 98〉). 살아 있는 잠정적인 외배엽은 형성력이 없는데 죽었더니 생겼다.

많은 무척추동물의 조직은 척삭이나 배신경관을 하나도 갖고 있지 않은데 죽은 상태에서 역시 형성을 유도할 수 있다는 사실이 발견되었다. 마찬가지로 당혹스러운 것은 신장이나 간과 같은 죽은 성체의 조직도 형성을 유도할 수 있다는 사실이다. 여기에 추가된 목록은 점차 이상해져 실리카, 고령토(카올린), 메틸렌 블루, 스테로이드, 계란의 알부민, 그리고 다고리형 탄화수소 등도 모두 유도능력을 갖고 있는 것으로 밝혀졌다. 일부 연구자는 이러한 물질들이 실제로는 형성체가 아니며 어떤 식으로든 양서류 배세포가 신경조직을 형성하도록 촉진하는 독성물질이라고 제안했다. 이것이 만족스런 설명은 아닐지라도 다른 방도로는 설명이 불가능했다.

원장의 지붕과 아무런 명백한 관계도 없는 일부 조직이 강력한 형성체로 작용하는 것에는 의문의 여지가 없다. 성체 쥐나 기니피그(*guinea pig*)의 간은 특히 알코올로 처리한 후에는 양서류 배에서 머리 구조를 유도할 수가 있다. 반면에 기니피그의 신장은 몸통 구조의 강력한 유도체이다. 이 문제는 해결이 불가능해 보인다. 만일 그렇게 다양하게 다른 물질들이 동일한 효과를 나타낸다면 원장의 지붕에서 그 위에 위치한 외배엽이 신경관을 형성하도록 하는 물질을 꼭 집어서 동정할 수 있는 방법은 있을 수가 없다. 원래의 시험 방법은 원장의 지붕이 반응력을 가진 외배엽에서 신경조직을 유도하는 능력을 보는 것이었다. 그러나 사실상 죽은 상태의 모든 조직이 유도할 수 있기 때문에 진짜(*real*) 형성체 물질을 찾아낼 방법이 남지 않았다. 반세기가 지난 지금도 막강한 분자생물학적 테크닉을 사용하여 여전히 그 물질을 찾는 중이다.

전체를 모두 종합하면

19세기와 20세기 동안 이뤄진 연구는 우리가 발생을 유전자와 세포질의 상호작용의 결과로서 이해하도록 만들었다. 이것이 세포와 조직수준에서 발생이론으로 오늘날 분자 수준까지 급속히 확장되고 있다. 다음 사항들은 이 이론을 발전시키는 데 필요한 주요 단계의 일부이다.

다세포생물의 유성생식은 단일 세포로 된 접합자를 형성한다. 이 접합자를 다양하게 분화된 유형의 세포를 가진 다세포 성체로 전환시키는 데는 복잡한 메커니즘이 필요하다. 발생의 주요 사건은 세포 수의 증가, 세포의 재배열, 그리고 마지막으로 조직과 기관으로 이들의 분화(*differentiation*)와 연합이다.

체세포분열은 개체가 자신의 세포 수를 증가시키는 공통적인 방법이다. 배의 세포는 보통 철저하게 재배열되어 최종위치에서 미래에 나올 구조의 원기(*primordia*)가 된다. 그러나 발생생물학의 가장 근본적인 문제는 분화이며 다음의 4가지 원리로 생각해 볼 수 있다.

원리 1) 세포는 구조와 기능의 생물학적 단위이다.
원리 2) 유전자는 세포 내 합성을 조절하며 따라서 유전자 활성을 되먹임(*feedback*) 조절한다.
원리 3) 유전자로 조절되는 세포질은 유전자 활성을 되먹임 조절한다.
원리 4) 개개의 생물체는 자신의 개별 부위에 대해 종합적인 조절을 하는 통합된 체계이다.

원리 1과 2는 매우 잘 확립되어 있어서 더 이상 이야기할 필요가 없다. 발생에 대한 그들의 관계에 관한 원리 3과 4는 설명이 필요하다. 원리 3은 성숙한 난세포가 고도로 구조화되어 있으며 주로 초기 발생을 조절하는 표층과 세포질의 결정인자가 세포의 특정 지역에 배치되어 있다고 주장한다. 이 진술은 많은 다른 종에 대한 관찰과 실험에 바탕을 둔 것인데도 유전자가 세포 내 사건에 대해 거의 독립적인 통제를 한다고 생각했던 20세기 초반부에는 대체적으로 무시당했다. 그런데도 유전자의 역할이 이들이 기능하는 세포질에 의해 영향을 받는다는 증거가 있었다. 좀더 균형 잡힌 시각은 유전자와 세포질을 서로 상호작용하는 실체로 여긴다. 세포, 기관, 개체, 종의 특정성은 궁극적으로 그들의 DNA에 새겨진 정보에 달려 있다. 그러나 유전자 작용의 산물인 세포 내 물질과 활성은 유전자 자체를 되먹임 조절한다. 이러한 세포질의 조절은 초기 발생에서 엄청난 중요성을 지닌다.

세포질의 중요성에 대한 증거는 19세기 후반에 축적되었다. 현대적 사고에 크게 영향을 미친 경우가 보바리의 발견으로 회충의 체세포 조직의 세포로 가는 염색체의 수가 배우체로 가는 염색체의 수와 많이 다르다는 것이다. 그 차이는 세포질에 있는 물질의 차이로 생긴다. 초기 배에서 세포질의 한 작은 부위로 통합되는 핵만이 단독으로 생식세포로 분화될 수 있다.

또 다른 유사한 예로 핵질(pole plasm)이라고 불리는 확연히 다른 세포질이 일부 곤충의 난자에서 특정 부위에 존재한다. 이 지역으로 유입되는 핵은 배우체로 되는 세포 속으로 통합된다. 만일 핵이 핵질로 들어가는 것이 차단되면 배는 배우체를 형성하지 못하는 성체로 발생한다. 핵을 조작하여 어떤 핵이라도 억지로 핵질에 들어가도록 하면 그 핵이 배우체의 일부가 되는 사실을 확립하는 것이 가능하다.

더 최근에 구던과 브라운(1965)에 의해 극적인 예가 제공되었다. 이들은 개구리 배의 초기 발생에서 리보솜 RNA의 생성에 대해 연구했다. 낭배 형성 전에는 실질적으로 RNA가 전혀 생성되지 않았지만 그 후로 합성 속도는 급격히 증가되었다. 이 사실이 낭배 형성 전에는 rRNA 유전자가 "미작동 상태"(*turned off*) 그 뒤로 "작동 상태"(*turned on*)가 된다는 의미로 해석할 수 있다. 핵 이전 테크닉을 사용하여 구던과 브라운은 신경배로부터 rRNA를 합성 중인 핵을 제거하여 핵을 제거한 난할이 일어나지 않은 난자에 주입했다. 발생이 시작되었는데 의문점은 "핵이 계속 rRNA을 합성할 것인지 아니면 유전자가 작용을 멈추어 아무것도 합성하지 않을 것인가?"였다.

한 그룹의 실험용 배를 포배 단계까지 발생하도록 한 후에 이들의 rRNA 양을 측정하였다. 아무것도 합성하지 않았다. 또 다른 그룹의 실험용 배를 신경배 단계까지 발생하도록 한 후에 이들의 rRNA 양을 측정하였다. 이들은 rRNA의 합성을 시작하였다. 따라서 신경배의 핵은 초기 배의 세포질로 돌아갔을 때에는 정상적인 초기 배의 핵으로 행동했다. 그렇다면 이식된 핵은 세포질의 정상적인 시기에서 rRNA를 합성하기 시작했다. 신경배에서 rRNA의 유전자를 작동하도록 만든 것이 초기 배의 세포질에 의해 작동을 멈추다가 정상적인 시기에 다시 작동하게 된다고 말할 수도 있다.

성숙한 난자와 초기 배아세포에서 기본기관 생성을 담당하는 분자들은 주로 표층에 위치하고 있다. 초기 발생이 놀랍도록 사건이 일관성을 보이는 것을 되새겨보면 더 액체 상태인 세포질과 비교할 때 상대적으로 더 안정된 표층에서 기관 생성이 일어나는 것이 놀라운 일은 아니다. 더 액체 상태인 세포질에서도 일부 기관 생성이 일어나는 증거가 있다. 윌슨이 뿔조개(*Dentalium*)에서 정단 다발(*apical tuft*)의 결정인자에 대해 관찰한 바는 매우 강하게 결정인자가 처음에 식물반극 근처에 위치하고 있다가 몇 번의 난할을 거친 후 동물반극 근처의 세포에 위치하게 된다고 제시하고 있다. 그러한 전환이 표층에서 일어나기는 힘들 것이다.

그러나 대부분의 데이터는 결정인자가 표층에 있는 것으로 암시하고 있다. 삿갓조개(Crepidula)와 다른 난자 표층의 아주 현저하게 다른 색소를 띤 지역은 특정 배아 구조의 형성과 너무나 밀접하게 연관되어 있어서 이들이 최소한 표지이며 일부 경우에는 결정인자일 수도 있다.

원심분리한 난자에서 얻은 놀라운 결과는 표층의 중요성을 지적한다. 예를 들면, 수정란의 세포질은 밀도가 다른 물질들의 층으로 나뉘어져 모든 난황 과립은 바닥에, 모든 기름방울은 위에 갈 때까지 원심분리할 수 있다. 그런데도 이런 배는 정상적으로 또는 정상에 가깝게 발생한다. 그러나 표층의 패턴을 무너뜨릴 만큼의 강한 원심력이 사용되면 비정상적인 현상이 관찰된다.

세포질에서의 위치 할당은 발생학의 대가들에게는 잘 알려져 있었지만 다른 사람들이 항상 이해할 수는 없었다. 1900년 이후 발생학의 느린 진보와 비교할 때 유전학의 급속한 발전은 많은 생물학자들이 세포, 특히 배의 세포가 유전자의 지시를 기다리는 다채로운 분자가 들어 있는 약간 새는 주머니라는 의견을 갖도록 만들었다. 새로운 발견으로 유전자가 점점 더 많은 일을 하는 것이 알려지면서 곧 세포질의 역할이 없는 것처럼 보였다. 따라서 1890년 초반까지 월슨과 다른 이들에게 명백하던 사실이 더 이상 발생의 일반적 이론의 일부가 될 수 없었다.

그러자 문제는 "세포질에 의한 분화의 원인은 무엇인가?"로 바뀌게 되었다. 증거는 난세포의 기관 생성이 대부분 기관 생성 전의 난세포에서 나온 자극에 의해 결정된다고 제시했다. 동물종의 성숙한 난세포는 배란 시에 상당히 조직화되어 있는 것처럼 보인다. 이런 기본 체제는 모계 유전자의 영향으로 확립된다. 난세포가 난소에 있을 때는 분리된 상태가 아니다. 기존하던 모태의 세포로부터 형성되어 생존에 필수적인 것을 공급받는 모체의 세포들이다. 난세포는 암컷 성체의 세포이기 때문에 모체의 신경이나 신장 세포가 고도로 조직화되어 있다는 사실을 받아들이는 것이 문제가 되지 않듯이 난세포가 조직화되어 있다는 사실을 받아들이는 것이 문제가 되지 않아야 한다.

난자의 형성 과정 동안 난세포가 분화된다는 것을 받아들이면 발생 생물학자에게는 기술적으로 어려운 문제가 생긴다. 난소의 난자를 양서류, 성게 또는 유즐동물(ctenophore, 해파리나 산호가 속한 자포동물과 가까운 부류로 주로 빗해파리가 속한 동물문 — 역자)의 초기 배처럼 쉽게 조작할 수 없기 때문이다. 따라서 난모 세포의 조직화와 외부 조건 사이의 상관관계를 통해 단서를 찾아야만 한다. 많은 단서가 발견되었다. 예를 들면, 해양성 무척추동물의 일부 종에서 기본 극성인 동물극-식물극 축이 난소에서 난자의 위치에 의해 결정된다. 또 다른 예는 곤충에서 나온 것인데 곤충의 대다수는 길게 생긴 난세포를 갖는데 긴 축이 종종 암컷 몸체의 중심축과 나란한 방향이다.

배란 시에 난세포가 가장 덜 조직화되어 있는 것으로 보이는 것은 휘태커(D. M. Whittaker)에 의해 연구된 바다조류 푸커스(Fucus)의 난세포이다. 그러나 미분열된 세포에 돌출 부위가 나타나며 첫 번째 난할 시 난자는 두 개의 불균등한 세포로 나뉜다. 이 두 세포의 운명은 이때 결정된다. 큰 세포는 엽상체(thallus)가 되고 돌출 부위가 있는 세포는 뿌리(rhizoid)가 된다. 휘태커가 판단하기에는 미래의 발생 패턴을 결정하는 돌출 부위의 형성은 어떤 외부의 영향 탓이었다. 그는 일부 그룹의 세포에서 돌출 부위가 반대쪽으로 형성되는 것을 관찰한 후, 그렇게 판단했다(〈그림 99〉). 이 사실은 아마도 세포에 의해 생성되는 어떤 물질의 농도가 자극이라는 것을 암시한다. 더욱이 pH, 빛, 그리고 온도와 같은 여러 가지 환경요인을 시험해보니 돌출 부위를 마음대로 조절할 수 있었다.

그러므로 실험적인 수단에 의해 분화에서 기본적인 단계가 조절될 수 있었다. 첫 번째 체세포분열 동안 돌출 부위를 가진 세포로 할당된 유전자들은 뿌리의 형성에 참여하게 된다. 첫 번째 체세포분열 동안 다른 세포로 할당된 유전자들은 엽상체의 형성에 참여하게 된다. 따라서 유전자가 하는 일이 그들이 기능하는 세포질에 의해 영향을 받는 것이 분명하다. 세포질의 영향에 대한 또 다른 고전적인 예는 형성체의 작용이다. 원장 지붕의 형성체에 의해 형성된 화학물질은 그 위에 놓인 외배엽으로 확산되어 신경관, 시배, 뇌의 부위 등을 형성하도록 유도한다.

초기 배의 조직화에 영향을 미치는 외부 자극에 대한 최초의 예는 좌우대칭성의 기원과 관련이 있다. 이것이 뉴포트와 루를 비롯하여 다른 이들이 정자의 유입 지점에 대해 관찰한 후, 그렇게 흥분한 이유이다. 신월환의 위치를 결정할 뿐만 아니라 배순이 나타나는 위치와 마침내는 배와 성체의 전후축이 되는 첫 번째 난할면도 표지하는 자극이 등장했던 것이다. 따라서 이 증거는 각각의 세포가 완전한 세트의 유전자를 받지만 다른 배아세포에서는 다른 유전자가 다른 식으로 발현되며 이 발현은 표층과 비표층 지역 모두에 있는 세포질 분자에 의해 부분적으로 조절된다는 것을 강력히 제시한다.

질적으로 다른 핵분열이 일어난다는 루-바이스만 가설은 오래 유지되지 못했고 대부분의 대가들은 모든 세포가 동일한 세트의 유전자를 받으며 아주 초기의 발생 과정 동안 이들이 하는 역할은 주로 세포질에 좌우된다는 가설을 받아들이게 되었다. 이 가설은 증명하기가 아주 힘들었는데, 당시에는 체세포의 유전학을 공부할 수가 없었기 때문이다. 그런데도 간접적 증거가 상당히 신빙성이 있었다. 플라나리아와 히드라의 재생에 대한 데이터는 모든 세포가 그 종의 완전한 유전적 능력을 함유하는 것으로 암시하고 있었다. 남아 있는 세포가 제거된 부위를 회복시킬 수 있었다.

조절능력을 가진 난자세포의 분리로 완전한 세트의 유전자가 적어도 첫 번째 난할 시에는 각각의 세포로 가는 것이 증명되었다. 체세포 염색체의 차이를 인식하게 되었을 때 연속적인 체세포분열 동안 이들을 추적하는 것이 가능해졌고 모든 체세포가 동일한 세트의 염색체를 갖는 것이 밝혀졌다. 이런 염색체의 개별성은 모든 세포가 유전적으로 동일하다는 증거이다.

이런 초기의 연구는 어느 것도 전적으로 납득이 가는 것이 없었지만 브릭스와 킹(1952), 그리고 나중에 구던(1962)이 나이든 배와 분화된 세포로부터 핵이 제거된 난세포로 핵을 이전하는 완벽한 방법을 만들어 더 나은 데이터가 이용 가능해지고 나서야 믿음이 갔다(〈그림 100〉). 핵의 출처에 따라 다른 비율로 정상적인 발생이 일어났다.

심지어 분화된 세포로부터 나온 일부 핵이 정상적인 발생을 뒷받침할 능력을 가진다는 것은 어느 핵이라도 그럴 수 있다는 증거로 받아들여졌다. 그러나 그런 결과로 모든 체세포 핵이 미분화된 것이라는 결론을 내릴 수는 없다. 단지 이들이 불가역적으로 분화된 것이 아니라는 결론은 내릴 수 있다. 분화된 세포의 핵이 분화되는 사실에는 논란의 여지가 없다. 개구리 적혈구가 헤모글로빈은 합성하지만 펩시노겐은 합성하지 않는다는 사실은 두 가지 세포유형에서 다른 유전자가 활성을 갖고 있다는 것을 보여준다.

배는 전체가 부분에 대한 종합적인 통제력을 갖는 통합된 시스템이

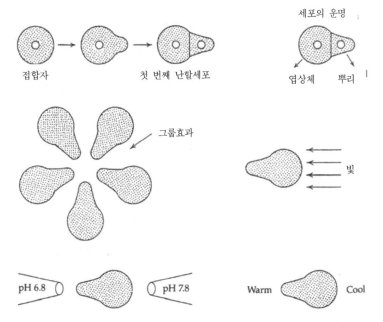

세포의 운명

접합자 → 첫 번째 난할세포

엽상체   뿌리

그룹효과

빛

pH 6.8   pH 7.8   Warm   Cool

〈그림 99〉 푸커스(Fucus)의 초기 발생과 돌출 부위의 형성에 영향을 미치는 일부 요인들. 따라서 외부요인은 배의 1차 극성과 미래 발생의 경로를 조절할 수 있다.

다. 전체 배가 성체 개체가 자신의 부위를 조절하는 예는 수도 없이 많으며 그 메커니즘은 경우에 따라 다르다. 홀트프레터의 초기 낭배 외배엽 조각을 나이든 배에 이식한 실험과 각각이 그 주변의 환경에 따라 발생한다는 사실의 발견이 훌륭한 예의 하나이다(〈그림 97〉). 회르스타디오스가 성게에서 다른 세포층을 조합하여 얻은 결과는 관여한 특정 층보다는 그 층이 함유하는 물질의 농도 경사를 나타내는 부위로 설명할 수 있다. 2세포 단계에서 창고기(Amphioxus)나 성게 (Echinus)의 각 할구는 전체 배를 형성할 능력을 갖고 있지만 그 능력은 전체 배 내에서는 억제되어 있다. 배아세포의 운명은 자신의 내재적인 능력보다는 배에서의 위치를 반영한다.

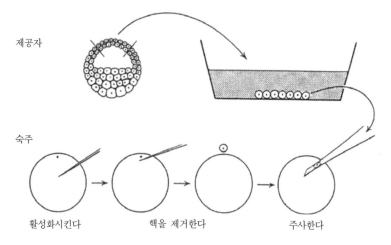

제공자

숙주

활성화시킨다   핵을 제거한다   주사한다

〈그림 100〉 로버트 브릭스와 토머스 킹의 핵 이식법. 발생이 더 많이 일어난 제공자 배 한 조각. 이 경우에는 포배강의 지붕을 제거하여 세포의 해체를 유도하는 용액에 담근다. 그런 후 자궁으로부터 막 꺼낸 제공자 난자를 툭 건드려 활성화시키고는 유리 침으로 찔러 핵을 제거한다. 단일 세포 제공자를 피펫으로 끌어당겨 숙주 배에 주사한다. 정자의 참여 없이, 주입된 제공자의 핵을 가진 숙주는 발생을 한다.

부분에 대한 전체의 조절에 대한 더 극적인 예의 일부를 재생실험에서 볼 수 있다. 몸의 긴 축을 따라 반으로 잘려진 편형동물 플라나리아의 경우를 고려해보자. 각 반쪽은 광범위한 재구성을 거쳐 완전한 플라나리아를 만들게 된다. 재생의 사건은 농도 경사가 존재하는 것을 가정하면 설명될 수 있다. 농도 경사가 "높은"(high) 지점은 머리 끝이며 꼬리에 도달하기까지 그 효과가 점차적으로 감소한다. 몸체가 가로 방향으로 절단되면 앞쪽의 반은 후미에 꼬리를 재생한다. 뒤쪽의 반은 전방 부위에 머리를 재생한다. 앞쪽 반의 뒤편에 있는 세포와 뒤쪽 반의 전방에 있는 세포는 절단되기 전에 인접하여 있었기에 서로 유사할 것으로 상상할 수 있다. 그런데도 재생 시에 이들의 운명은 완전히 다르다. 전체의 재생이 각 부위에서의 사건을 조절한다는 결론이 불가피해진다.

그 마지막 진술은 진정으로 범상치 않은 생물학적 현상을 반영하고 있다. 그 내포된 의미를 일부 고려해보자. 플라나리아는 절단되었을 때 재생을 시작하고 몸이 완전하게 되면 재생을 멈춘다. 무엇이 이 재생을 멈추게 하는 것일까? 암세포처럼 왜 영원히 자라지 않는 것일까? 각각의 조각은 "전체 플라나리아를 만드는 법"과 재생이 완료되면 멈추는 메커니즘에 대한 정보도 갖고 있음에 틀림없다. 플라나리아의 경우에는 손실된 부위가 회복될 뿐만 아니라 각 조각이 완전히 원상 복귀되는 것이 놀랍다. 즉, 각 조각의 전체 구조가 변형되어 재생이 끝나면 크기는 작지만 완벽한 플라나리아가 생긴다.

따라서 우리는 배아발생의 일반적 특징을 설명할 수 있는 개념적인 골격을 갖게 되었다. 예를 들면, 부분에 대한 전체의 조절과 같은 일부 기본 개념은 명확하게 정의할 수 없지만 그러한 조절이 존재한다는 것에는 의심의 여지가 없다. 이 골격은 이제까지 밝혀낸 것을 우리가 이해하도록 하며 세포와 개체의 수준에서 더 이상의 분석에 대한 바탕이 된다. 또한 분자적 수준으로 분석을 확장하는 데 도움이 된다.

결 론

20세기가 저물면서 우리는 가장 특이하면서도 이해하기 어려운 생명의 특징인 자기복제의 능력에 대해 과학자나 비과학자를 막론하고 거의 모든 사람이 만족할 정도로 깊이 이해하게 되었다. 그 난제에 대한 답은 꽤 간단했다. 생명의 기본 단위는 세포이며 자기복제에는 새로운 세포의 생산이 관여한다. 우리는 세포가 어떻게 복제할 수 있는가 뿐만 아니라 개체의 발생에서 세포가 어떻게 분화되는지와 DNA 복제의 오류를 통해 세포 생식 메커니즘이 어떻게 진화의 바탕이 되었는지에 대해 보편적인 답을 갖게 되었다.

이제 생물학은 학문으로서 더 이상 연구할 필요가 없단 말인가? 전혀 그렇지 않다. 분자 수준에서의 발견으로 전체론적 생물학(holistic biology)이라는 주로 개체군이나 생물체 전체 또는 세포 수준에서 이해토록 한 개념들에 대변혁이 일어나고 있다. 한때는 완전히 블랙박스였던 세포 내에서의 사건을 이제는 특정 화학반응으로 설명할 수 있다. 분자생물학의 진화에 대한 기여도는 다른 종 개체의 유전적 조성을 상세히 비교할 수 있게 하여 진화적 유연관계를 더 잘 이해할 수 있도록 한 데서도 드러난다. 심지어는 수백만 년 전에 살았던 생물체의 화석 잔재물에서도 DNA를 뽑아 현존하는 생물체의 DNA와 비교하는 것이 가능해졌다. 그리고 유전학 분야에서는 분자적인 도구가 상세한 유전자 구조와 그것에 담긴 정보가 세포 내에서 어떻게 물질을 생산하고 활성을 조절하는지에 대해 점차 더 정확한 데이터를 제공한다. 이렇게 얻은 지식은 발생에 대해서도 훨씬 더 잘 이해하는 터전이 되었다. 이제는 유전자가 언제 작동되고 멈추는지 알 수 있게 되어 유전자 산물과 발생 과정을 연관시킬 수 있다.

일부 사람은 분자생물학에서 나온 이 새로운 지식을 두려워한다. 그 까닭은 머지않아 우리가 생물체를 전에는 결코 가능하지 않았던 방식으로 조작할 수 있기 때문이다. 이미 한 개체에서 다른 개체로 유전자를 옮길 수가 있는데, 이것은 많은 이들이 생각하고 싶지 않은 심각한 윤리적 문제를 야기한다. 그러나 지식 그 자체가 나쁜 것은 아니다. 지식은 위협이 되거나 또는 기회가 될 수도 있는 잠재력을 지닌다. 어느 편이 될지는 누가 어떤 목적으로 사용하는지에 달려 있다. 결국 인간이 여전히 통제권을 쥐게 된다.

생물학의 근본 질문에 대한 답은 너무나 특이하여 그 답을 얻은 방법을 고려하는 것도 중요한 일이다. 지난 19세기는 이러한 탐구방법으로 말미암아 과학과 그 작동 동반자인 기술이 지배한 세상이 되었다. 그러므로 우리 생애에서 왜 과학이 강력하고도 광범위한 영향을 미치게 되었는지 탐구하는 것이 중요하다. 다른 지식탐구의 방식과 비교하여 탐구방식으로서 과학이 특이한 점은 무엇인가?

과학은 자연주의적인 용어로 표현된 자연세계의 지식이자 그 지식을 얻는 과정이다. 과학적인 지식탐구 방식이 유일한 탐구방식이 아니며 인류역사의 대부분 시기 동안 지배적인 양식도 아니었다. 사물의 본질은 그것이 아닌 것을 먼저 묘사함으로써 가장 잘 이해할 수가 있다. 아주 초기 시대부터 지배적인 양식은 자연적인 사물과 과정을 초자연적인 힘의 결과라고 "설명"(explain) 해 왔다. 질병은 신의 분노 탓이며 모든 동식물은 신에 의해 창조되었다. 기도로 가뭄과 병환을 벗어날 수 있고 번개는 제우스의 분노가 내린 벼락이며 태양은 아폴로의 불꽃마차였다. 즉, 자연계의 사건은 형태가 없고 알 수 없으며 밝히기도 불가능한 많은 사람의 견해로는 존재하지 않는 가상의 초자연세계에 의해 조절된다. 자연세계와 초자연세계의 관계는 일정하지도 않고 예측할 수도 없다. 신은 자신만의 이유를 갖고 있으며 자신이 바라는 대로 행동한다. 따라서 만일 자연현상의 원인이 신의 변덕이라면 그 현상은 예측할 수 없거니와 완전히 이해할 수도 없다.

과학은 천상의 신을 다루는 게 아니라 세속의 인간세상을 다룬다. 과학은 신을 반박하는 것이 아니라 단지 자연계를 설명할 때 그들을 무시해버린다. 과학의 기본과정에서 자연은 원칙상으로 탐구할 수 있는 것이고 그 현상은 일정한 인과관계를 갖는 것으로 가정한다. 만일 오늘 산소와 수소가 결합하여 물을 형성하면 내일도 물을 형성할 거라고 가정한다. 이런 인과관계를 밝히는 데 과학자는 오직 관찰과 실험을 통해서 얻은 데이터만 받아들이려고 한다.

과학에서의 설명은 자연현상을 서로 관련짓는 것으로 구성되어 있다. 산은 단지 흙더미에 지나지 않는 것이 아니다. 산은 지각 융기의 결과로 생긴 것이며 침식에 의해 깎이게 된다. 용해된 용암에서 형성된 바위나 고대 해저 바닥에서 형성된 퇴적암으로 구성되어 있기도 하다. 보통은 생명체로 인해 형성된 얇은 토양층을 가지며 여기서 동식물의 많은 종이 부양된다. 만일 산이 높으면 고도에 따라 기후가 변하며 이것은 그곳에 존재하는 종의 차이로 반영될 것이다.

또 다른 예를 들자면 염색체는 세포분열 동안 이들의 행동이 밝혀지고 유전에 대한 관계가 의심의 여지없이 확립되자 중요해지게 되었다. "의심의 여지없이"(beyond all resonable doubt)라는 표현은 모든 과학적인 진술의 목표이다. 이 말은 잠정적인 의미를 함유하는데 경험으로 볼 때 오늘날의 과학이 내일의 더 나은 과학으로 교체될 것이기 때문이다. 다윈의 유전에 대한 이해는 너무나 의혹이 많았다. 멘델에 의해 많이 향상되었고 서턴은 그의 선임자 중 누구보다도 훨씬 더 나았다. 그런데도 오늘날 우리가 아는 것에 비하면 아주 많이 모자란다.

과학은 관찰과 실험을 통해 얻은 데이터를 축적하여 그 데이터와 다른 자연현상과의 관계를 찾아서 초자연인 설명이나 개인적인 희망사항을 배제하는 지식탐구 방식이다. 이것이 자연을 이해하는 데 강력히 효과적인 과정임이 증명되었다. 그러나 세포 복제가 모든 자기 복제의 바탕이라는 것을 알아내는 것은 왜 그렇게 오래 걸렸을까? 이 질문에 대한 답은 해결이 가능한 과학적 과제가 그 당시 사회 상태에 달려 있기 때문이다. 기원전 4세기에 아리스토텔레스가 이런 질문에 대한 답을 할 수 있는 방법은 전혀 없었다. 그 답은 16세기 후반에 들어 현미경이 발명되기 전까지는 드러나지 않을 보이지 않는 세계에 감추어져 있었다. 그러나 더 중요한 점은 아리스토텔레스가 어떻게 이에 대한 탐구를 시작할 수 있었겠는가? 그는 어떻게 검증이 가능한 질문을 해야 할지, 즉 가설을 세워야 할지를 알 수 없었다.

사실상 궁극적으로 답을 찾게 만든 단서는 유전과 전혀 관계가 없는 것처럼 보였다. 세포의 발견과 그에 대한 초기의 연구는 이론에 바탕을 둔 것이 아니라 단지 자연계의 한 면에 대해 따로 단편적으로 기술한 것에 지나지 않았다. 반면에 멘델의 실험은 이론에 바탕을 둔 것으로 유전에서 벌어지는 일에 대해 더 분명한 설명을 찾으려고 했다.

멘델은 유전의 물리적인 기초를 찾으려고 하지 않았지만 그의 법칙은 물리적 기초가 무엇인지를 예측하도록 만들었다. 서턴에 와서야 염색체의 행동이 그 전제에 부합되는 것을 보여줄 수 있었다.

따라서 과학은 자연에 대해 많은 것을 우리에게 알려줄 수 있다. 그 방법은 간단하다. 과학에는 관찰을 정확하게 기록하여 그런 관찰로부터 얻은 데이터를 사용해서 잠정적인 설명(가설)을 만들어 그 가설에서 나오기 마련인 연역적 추론을 검증하여 의심의 여지없이 사실인 결론을 기존의 과학정보와 관련지을 수 있는 자제력을 가진 지성이 필요하다. 가설의 검증은 과학을 자기교정이 가능한 일로 만들 뿐만 아니라 그로 인해 한 과학자가 다른 과학자의 결론을 검증할 수 있도록 만든다. 그 결과로 과학은 자연계에 대해 확인 가능한 정보를 얻는 우리가 가진 가장 강력한 메커니즘이 된다. 그러나 강력한 만큼 인간에게 영향을 미치는 결정이 과학으로부터 나오는 것이 아니라 인간에 의해 결정되어야 한다는 사실을 결코 잊어서는 안 된다. 그렇다고 하더라도 인간이 어떤 목표를 택할 때 종종 과학적 데이터와 과정이 그 목표를 달성하는 데 도움이 될 수 있다. 그렇지 않으면 과학이 그 목표가 달성 불가능한 것임을 알려줄 수도 있다. 결국 인간도 자연의 일부이기에 인간의 삶은 항상 신도 폐기할 수 없는 자연의 기본법칙에 의해 구속받게 된다.

《지식탐구를 위한 과학: 현대생물학의 기초》(*Science as a Way of Knowing: The Foundations of Modern Biology*)는 원래 존 무어(John Moore) 교수가 1984년부터 1990년에 이르기까지 〈미국 동물학자〉 (*American Zoologist*)지에 "지식탐구를 위한 과학" 프로젝트의 일환이자 일반인을 대상으로 연재한 8개의 에세이를 엮은 책이다. 무어 교수는 이 책을 통해 지난 시대 동안 생물학의 주요 분야인 생물학적 개념이 어떻게 확립되고 발전했는가를 설명하는 데 주안점을 두었다. 따라서 일반적인 생물학 교재와 달리 지루한 내용이나 생물학적 사실을 설명 하기보다는 생물학의 가장 중요한 분야라고 할 진화와 고전 유전학 및 발생학 분야에서 새로운 사실을 어떻게 과학적 사고에 맞게 밝혀 냈는지 역사적 사실과 일화 등을 첨가하여 흥미롭게 서술하고 있다. 그 결과 이 책은 저자가 의도한 대로 중·고등학생이나 생물학을 전 공하지 않은 일반인들도 쉽게 접근할 수 있도록 만들어져, 생물학에 대한 일반인의 이해와 흥미를 높이고 생물학에 대한 저변을 넓히는

데 큰 도움이 될 것이다. 또 한편으로는 다른 각도에서 문제를 보고 생각하도록 하며 앞선 생물학자들이 어떻게 문제해결을 위해 사고를 발전시켰는지 여러 가지 예를 보여주고 있어 생물학 전공인 학생과 전문인에게도 좋은 안내자 역할을 할 수가 있다. 오랫동안 대학 강단 에서 생물학을 가르쳐왔던 역자도 이 저서를 번역하는 동안 아주 흥 미로운 사실을 많이 배웠으며, 사고의 유연성에 대해 생각해볼 기회 를 가졌다.

이 책은 크게 네 부분으로 구성되어 있다. 제1부에서는 유사 이전 구석기시대부터 근세에 이르기까지 생물학과 관련된 자연과학사를 다 루면서 생물학적 개념의 변화와 확립, 생물학적으로 중요한 발견에 대해 다루고 있다. 여기서 그리스인들의 뛰어난 과학적 사고를 엿볼 수 있으며 종교에 의한 과학적 사고의 후퇴와 정체, 근세에 이르러 과 학혁명에 의한 새로운 과학적 사고의 발달을 이해할 수 있다. 작은 생 물체와 화석에 대한 이전의 사고도 매우 흥미롭다. 제2부는 다윈에 의해 처음 진화론이 제창된 이래로 진화론이 어떻게 받아들여졌는지 를 설명하고 과거에서부터 생명체가 어떻게 변천했는지를 보여준다. 다윈의 진화론이 어떻게 싹트고 발전해왔는지를 자연신학과 대조하 고, 연역추론을 통한 검증을 거쳐 진화론의 타당성을 확인해본다. 또 한 진화론을 뒷받침하는 증거들을 살펴보고 지구상에서 생물체가 변 천해온 과정을 설명하여 생물계 전반에 대한 이해를 높여주고 있다. 제3부에서는 세포학과 고전 유전학이 어떻게 탄생했는지를 보여주는 데, 생명체의 기원부터 세포설의 정립까지의 과정을 단계적으로 설명 한다. 또한 유전 물질을 밝혀내는 과정과 멘델의 유전법칙 등을 설명 하면서 세포학과 유전학이 함께 발전해온 과정을 보여주고 있다. 또한 초파리로 인한 유전학의 발달과 유전자의 실체가 어떻게 밝혀졌는지를 다루고 있다. 여러 과학자들이 협력하여 새로운 사실을 밝혀내는 이 과정은 매우 흥미롭다. 마지막으로 제4부에서는 발생학의 발전과정을 다루면서 발생에 대해 상세한 설명도 덧붙였다. 관찰사실을 단순히 기록하는 단계에서 어떻게 복잡한 발생 과정을 분석, 이해하게 되었는지를 생생히 보여준다.

대부분의 대학 교재는 분량이 너무 많은데다 생물학 전 분야를 다루다보니 지루하면서도 장황하다는 약점을 갖고 있어 일반인들이 접근하기 힘들다. 그러나 이 책은 개념 그 자체의 내용보다는 사건과 개념 발달 위주로 꼭 필요한 분야만 알기 쉽게 다루어 대중의 접근이 용이하다.

인류는 고대와 그리스 시대 이후 줄곧 '생명은 무엇인가'라는 의문을 품었고, 이에 대한 대답뿐만 아니라 생명체의 생식법과 다양성에 대해 깊은 관심을 보였다. 근세 이후 현대 과학, 특히 분자생물학의 발달로 생명의 본질과 생명체의 신비에 대해 많은 것이 밝혀졌지만 그 내용과 개념이 복잡하고 어려워 생물학 교재나 대학생물학 책을 보고 일반인이 이해하기는 힘든 실정이다. 이 책은 원래 저자의 기획의도 대로 고등학생과 일반대중에게 역사적인 발전과정을 바탕으로 생물학의 기초를 명료하면서도 알기 쉽게 설명하고 있어 이들이 생명을 이해하는 데 많은 도움이 될 것으로 생각된다.

저자인 존 무어는 캘리포니아 주립대학 리버사이드 분교(University of California at Riverside) 생물학 명예교수로서 왕성한 집필활동을 하였다. 대표작으로는 이 책을 비롯해《창세기에서 유전학까지: 진화와 창조론의 경우》(*From Genesis to Genetics: The Case of Evolution and Crea-*

tionism),《유전과 발생》(*Heredity and Development*) 등이 있으며 다수의 생물학 및 유전학 대학교재를 저술하였다. 그는 지난 수십 년간 철학자와 과학자가 추구하던 생명의 본질에 대한 질문을 강조하며 생물학 강사와 교사에게 생물학 교수법을 가르쳤다.

존 무어 (John A. Moore, 1915~2002)
캘리포니아주립대학 리버사이드 분교(University of California at River-side) 생물학 명예교수였다. 그는 지난 수십 년간 철학자와 과학자가 추구하던 생명의 본질에 대한 질문을 강조하며 생물학 강사와 교사에게 생물학 교수법을 가르쳤다. 주요 저서로는 《창세기에서 유전학까지: 진화와 창조론의 경우》, 《유전과 발생》 등이 있다.

一 지은이 약력 一

전 성 수
서울대 식물학과 이학사, 동대학원 이학석사. 미국 브랜다이스대학 생물학과 이학박사. 미국 브라운대학 생화학과 연구원과 네덜란드 위트레흐트대학 분자생물학과 연구원을 역임하였다. 현재 가천대 과학영재교육원 교수로 재직 중이다. 역서로는 《게놈》, 《이브의 일곱 딸》, 《인간되기》, 《식물생리학》, 《생명과학》 등이 있다.

一 옮긴이 약력 一